ISDN am Computer

Springer-Verlag Berlin Heidelberg GmbH

Torsten Schulz

ISDN
am Computer

Mit 123 Abbildungen und 27 Tabellen

Springer

Torsten Schulz

Additional material to this book can be downloaded from http://extras.springer.com.

ISBN 978-3-540-62783-8   ISBN 978-3-642-80391-8 (eBook)
DOI 10.1007/978-3-642-80391-8

Die Deutsche Bibliothek – CIP-Einheitsaufnahme
ISDN am Computer / Torsten Schulz.
ISBN 978-3-540-62783-8
Buch.1998 brosch.   CD-ROM. 1998

Umschlaggestaltung: Künkel + Lopka, Heidelberg
Satz: Datenkonvertierung durch U. Kunkel Textservice, Reichartshausen
SPIN: 10567258   33/3142 543210   Gedruckt auf säurefreiem Papier

Vorwort

Die Kommunikationstechnik ist zur Zeit einer der am dynamischsten wachsenden Industriezweige. In kaum einer anderen Branche wird soviel entwickelt, wie in dieser. Das bedeutet auch, daß auf diesem Gebiet ein hohes Maß an Aufklärung benötigt wird. ISDN bildet eines der modernsten Kommunikationsmedien. Es ist schnell, stabil und vielfältig einsetzbar. Gerade diese Vielfältigkeit bedarf ausführlicher Erklärung.

Der Computer hat sich, neben dem Telefon, zu dem am häufigsten eingesetzten ISDN-Endgerät entwickelt. Im Computer lassen sich viele, fast alle Leistungsmerkmale des ISDN umsetzen, was aber auch die Wahl der Komponenten wie Betriebssystem, Adapter oder Schnittstelle schwierig macht und bei der Konfiguration zu den unterschiedlichsten Problemen führen kann.

Das vorliegende Buch bietet eine Vielzahl an Informationen, die ein umfassendes Bild von der ISDN-Technik liefern. Es soll nicht für jedes Problem eine passende Lösung anbieten, sondern dem Leser die Grundlagen vermitteln, sich seine Lösung selbst zusammenzustellen.

In den ersten Kapiteln wird das ISDN selbst beschrieben – von den allgemeinen Leistungsmerkmalen über die nutzbaren Protokolle bis zur Klassifizierung der einsetzbaren Hardware. Ein großes Einsatzgebiet des ISDN-Computers ist die Computervernetzung. Kapitel 5 führt in die Grundbegriffe der Netzwerktechnik ein, wobei der Schwerpunkt auf die WAN-Verbindungen gelegt ist. In den letzten Kapiteln wird auf verschiedene, ISDN-fähige Softwareschnittstellen in unterschiedlichen Betriebssystemen eingegangen.

Für die Leser, denen die Technik noch nicht tiefgreifend genug erklärt ist, wird an vielen Stellen auf entsprechende Standards und Spezifikationen hingewiesen.

Ich möchte an dieser Stelle nicht versäumen, mich bei den vielen Leuten zu bedanken, die mir die Erstellung des Buches ermöglicht haben. An erster Stelle waren das die Mitarbeiter der Firma Eicon.Diehl und meine Familie, der ich für ihre Rücksichtnahme danke. Für die technische Unterstützung bedanke ich mich bei Wolfgang Schau (Comtes), Herbert Feichtinger (MegaSoft), Dietmar Paulke (Acotec) und Udo Birke (E-Plus) sowie bei der Firma AVM und der Deutschen Telekom.

Brieselang, September 1997

Torsten Schulz

Inhaltsverzeichnis

1 Einleitung 1

1.1 Das ISDN-Netzwerk 1
1.2 Dienste und Dienstübergänge 3
1.2.1 ISDN-Telefonie 4
1.2.2 ISDN-Telefax 4
1.2.3 Telefax analog 5
1.2.4 ISDN-Telex/-Teletex 5
1.2.5 T-Online 6
1.2.6 ISDN-Datenübertragung 6
1.3 Leistungsmerkmale des ISDN 7
1.4 Primärmultiplexanschluß 11
1.5 ISDN-Festverbindung 12
1.6 Standardisierung 13

2 Referenzkonfiguration 15

2.1 Netzabschluß (NT1) 17
2.2 ISDN-Teilnehmeranschluß 18
2.3 ISDN-Telefonanlagen 23
2.4 ISDN-Terminaladapter 24

3 Protokolle 27

3.1 Protokolle im D-Kanal 28
3.1.1 Schicht 1 28
3.1.2 Schicht 2 30
3.1.3 Schicht 3 32
3.2 Protokolle im B-Kanal 35
3.2.1 Sprachübertragung 36
3.2.2 Netzwerkverbindungen 37
3.2.3 Bitratenadaption 38
3.2.4 Telematik 41
3.3 Dienstübergänge 42
3.3.1 Telefax Gruppe 3 42
3.3.2 Teletex-Telex-Umsetzer 46
3.3.3 Übergang zum X.25-Netz 49
3.3.4 Übergang zum GSM 52

4   Hardware 57

4.1   Terminaladapter 57
4.1.1   Terminaladapter a/b... 57
4.1.2   Terminaladapter V.24.. 58
4.1.3   Terminaladapter X.21.. 59
4.1.4   Terminaladapter X.25.. 60
4.2   PC-Adapter.. 60
4.2.1   PC-Card (PCMCIA) 60
4.2.2   ISDN-Adapter am USB 62
4.2.3   PC-Einsteckkarten... 63
4.3   Leistungsmerkmale ISDN-Adapter 64
4.3.1   Anpassung an das PC-Bussystem..................................... 64
4.3.2   Unterschied aktiv / passiv.. 65
4.3.3   Telefonanschluß 66
4.4   DIVA-Adapterfamilie 67

5   Networking 71

5.1   Local Area Network (LAN) 71
5.2   Netzwerkprotokolle.. 74
5.2.1   System Network Architecture (SNA).................................. 75
5.2.2   Interwork Packet Exchange (IPX)..................................... 75
5.2.3   NetBEUI... 77
5.2.4   Transmission Control Protocol / Internet Protocol (TCP/IP) 78
5.2.5   Standardisierung.. 80
5.3   Repeater, Bridges, Router und Gateways............................. 82
5.3.1   Repeater (Verstärker) 82
5.3.2   Bridge... 83
5.3.3   Router... 84
5.3.4   Gateway... 85
5.4   Wide Area Network (WAN) 86
5.4.1   Short Hold Mode... 86
5.4.2   Protokollfilter und Spoofing... 87
5.4.3   Rückruf.. 87
5.4.4   Kanalbündelung 88
5.4.5   Kompression... 88
5.4.6   Sicherheit.. 89
5.4.7   Zugriffsstatistik, Monitoring und Gebührenerfassung 91
5.4.8   Netzwerkmanagement mit SNMP...................................... 91
5.5   Point-to-Point Protocol (PPP).. 92

6   Schnittstellen 101

6.1   Common-ISDN-API (CAPI).. 101
6.1.1   CAPI-Funktionen 103
6.1.2   CAPI-Nachrichten.. 111

6.1.3	Verbindungsaufbau	113
6.1.4	Datenübertragung	114
6.1.5	Verbindungsabbau	115
6.2	Applikationsschnittstelle APPLI/COM	116
6.3	COM-Port Emulation	119
6.4	Telephony API (TAPI)	122
6.4.1	WAN-Miniport	123
6.4.2	TAPI Client-Server Architektur	125
6.4.3	Programmieren einer TAPI-Applikation	126
6.5	Netzwerkverbindungen (NDIS)	129

7 Betriebssysteme 131

7.1	MS-DOS / Windows 3.1	131
7.2	Windows for Workgroups / Windows NT 3.1	132
7.2.1	Windows for Workgroups CAPI-Implementation	132
7.2.2	GroupGate	133
7.2.3	Remote Access Service	135
7.3	Windows 95	135
7.3.1	CAPI-Subsystem	135
7.3.2	ISDN Accelerator Pack	143
7.4	Windows NT	144
7.4.1	Windows NT CAPI-Implementation	145
7.4.2	WAN-Miniport	146
7.4.3	NDIS	150
7.5	OS/2	151
7.5.1	OS/2 CAPI-Implementation	152
7.5.2	Port-Connection Manager	152
7.6	Novell	154
7.6.1	Multiprotokollrouter MPR	155
7.6.2	Fax-Server (FaxWare)	155
7.6.3	Virtuelle CAPI	155

8 Anwendungen 157

8.1	Telematik	157
8.1.1	Telefax	157
8.1.2	Euro-Filetransfer	160
8.2	Online-Dienste	161
8.2.1	Compuserve	161
8.2.2	T-Online	162
8.2.3	Microsoft Network (MSN)	165
8.2.4	American Online (AOL)	165
8.3	Telefonie	166
8.4	Videokonferenz über ISDN	168

9   Ausblick 171

9.1   ISDN in Nordamerika 171
9.1.1   56k-Switches 171
9.1.2   Service Profile Identification (SPID) 172
9.1.3   Always On / Dynamic ISDN (AO/DI) 172
9.2   Breitband-ISDN 174
9.2.1   ATM 174
9.2.2   Protokoll-Referenzmodell 175
9.2.3   Dienste und Protokolle im Breitband-ISDN 176

Anhang

Literatur 179

Informationen zur beiliegenden CD-ROM 181

Sachverzeichnis 183

1 Einleitung

Dieses Buch soll das diensteintegrierende, digitale Netzwerk – ISDN als modernes Kommunikationsnetz speziell dem Nutzer am PC vertraut machen. Dazu ist es notwendig, die Grundlagen der ISDN-Technik kennenzulernen. Im ersten Teil des Buches wird deshalb die ISDN-Technik

- für ambitionierte ISDN-Computer Benutzer,
- für Systemhäuser, die auf dem ISDN-Gebiet Fuß fassen möchten,
- für Entwickler, die bestehende Programme an das ISDN anpassen wollen oder neue ISDN-Programme entwickeln möchten und nicht zuletzt
- für EDV-Leiter oder andere Entscheidungsträger, die sich über das ISDN informieren möchten,

beschrieben.

In den ersten Jahren der ISDN-Nutzung hat sich gezeigt, daß die Projektierung und Installation von ISDN-Anwendungen aufgrund von Inkompatibilitäten immer wieder verworfen und neu begonnen werden mußte. Speziell bei dem vielfältig konfigurierbaren Computer ist die Zahl möglicher Fehler groß. Das Buch hat zum Ziel, die Kompatibilität zwischen Protokollen und Schnittstellen transparent zu machen. Die Anpassung der Komponenten von der Applikation über Betriebssystem und Hardware bis hin zur Art des ISDN-Anschlusses wird dabei genauso betrachtet wie die Verständigung mit der Gegenstelle.

Der zweite Teil des Buches zeigt Nutzungsmöglichkeiten mit dem Computer als ISDN-Gerät auf und stellt einige ISDN-Adapter und -Applikationen vor.

Am Schluß des Buches wird noch ein kurzer Ausblick auf die mögliche, weitere Entwicklung des ISDN gegeben werden.

1.1 Das ISDN-Netzwerk

Die Leistungsfähigkeit der Gesellschaft hängt wesentlich von ihrer Kommunikationsfähigkeit ab. Die Idee des ISDN beruht darauf, möglichst viele Kommunikationsdienste in einem neuen, modernen, digitalen Netz zu verbinden. Dabei werden teilweise die bestehenden Netze ersetzt, oder es werden Übergänge zu anderen Netzen geschaffen.

Jahreszahlen zur ISDN-Entwicklung in Deutschland:

1979	Erste Ortsvermittlungsstelle auf digitale Technik umgestellt.
1982	Beschluß der damaligen Deutschen Bundespost, ein integriertes Netz (ISDN) bis zum Teilnehmer digital zu führen.
1987	Pilotprojekt zwischen Mannheim und Stuttgart digital in Betrieb genommen.
1989	Zur CeBIT wird ISDN der Öffentlichkeit übergeben.
1989	18 Telekommunikations-Firmen verschiedener europäischer Länder unterzeichnen ein „Memorandum of Understanding" zur Einführung eines Euro-ISDN bis 1993.

Die Einführung des ISDN wurde in den Ländern sehr unterschiedlich begonnen. So waren ISDN-Dienste und Leistungsmerkmale in einigen Ländern verfügbar und in anderen nicht. Auch das Steuerungsprotokoll (D-Kanal) war unterschiedlich definiert. Zur Vereinheitlichung und um die Probleme der länderübergreifenden Verbindungen zu verringern, entstand eine europäische Kommission zur Definition eines einheitlichen Standards mit einem Mindestangebot an Diensten und Leistungsmerkmalen. Entstanden ist das Euro-ISDN, das auf den definierten internationalen Standards beruht durch das ETSI (European Telecommunication Standards Institute), das europäische Standardisierungsgremium, und von 18 nationalen Telekommunikationsanbietern in einem „Memorandum of Understanding", einer Art Einverständniserklärung, unterschrieben wurde (Tabelle 1.1).

Tabelle 1.1. Telekommunikationsanbieter für Euro-ISDN

Anbieter	Land
PTT Austria	Österreich
Belgacom	Belgien
TeleDanmark	Dänemark
Telecom Finland	Finnland
ATC Finland	Finnland
France Telecom	Frankreich
Deutsche Telekom	Deutschland
OTE Greece	Griechenland
Telecom Eirann	Irland
SIP Italia	Italien
P&T Luxemborg	Luxemburg
PTT Netherlands	Niederlande
Telecom Portugal	Portugal
Telefonica	Spanien
Telia Sweden	Schweden
Swiss PTT	Schweiz
British Telecom	Großbritannien
Mercury	Großbritannien

1.2 Dienste und Dienstübergänge

ISDN steht für Integrated Services Digital Network – diensteintegrierendes digitales Netzwerk (Abb. 1.1). Die Dienste des ISDN entsprechen in ihrer Funktionalität einem eigenem Netzwerk. So entspricht z.B. der Dienst Telefonie dem Fernsprechnetz, und der Telex-Dienst entspricht dem Fernschreibnetz. Der Dienstübergang ist die Schnittstelle zwischen dem ISDN und dem funktionell gleichartigem Netz. In dem o.g. Memorandum of Understanding wurde vereinbart, daß jeder ISDN-Anbieter ein Mindestangebot an Diensten und Leistungsmerkmalen bereitstellen muß. Darüber hinaus steht es jedem ISDN-Anbieter frei, weitere Dienste und Leistungsmerkmale anzubieten, die den vereinbarten Standards entsprechen.

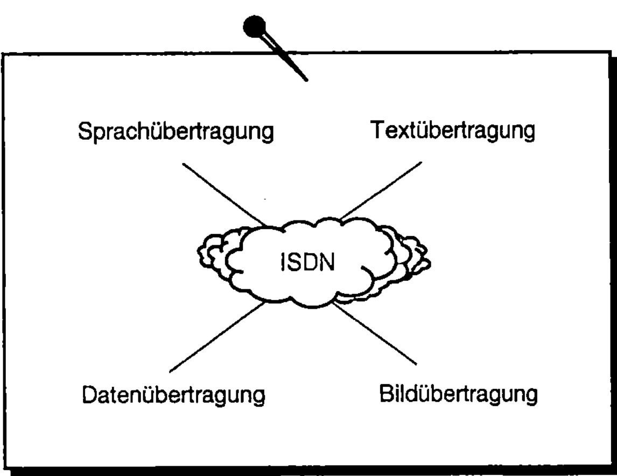

Abb. 1.1. Diensteintegration im ISDN

Die wichtigsten Dienste im ISDN sind in Tabele 1.2 aufgeführt.

Tabelle 1.2. Die wichtigsten Dienste im ISDN

Gruppe	Dienst
Telematik	Telefonie 3,1 kHz
	Telefonie 7 kHz
	Telefax digital
	Telefax analog
	ISDN-Telex/-Teletex
	ISDN-BTX
	Bildtelefonie
Datentransfer	Datentransfer 64 kBit/s
	a/b-Übermittlung 3,1 kHz
	X.25-Paketübertragung 9,6 kBit/s
	X.25-Paketübertragung 64 kBit/s

1.2.1 ISDN-Telefonie

Die ISDN-Telefonie ist die Weiterführung des konventionellen Fernsprechdienstes, ergänzt durch eine Reihe ISDN-typischer Dienst- und Leistungsmerkmale. Dazu gehören:

- schneller Verbindungsaufbau durch die Teilnehmersignalisierung im D-Kanal,
- Rufnummernübertragung zum Angerufenen vor dem Verbindungsaufbau,
- automatische Weiterleitung zu einem vorbestimmten Ziel,
- automatischer Rückruf,
- elektronische Anrufliste,
- bessere Verständlichkeit durch höhere Sprachqualität,
- Konferenz zwischen drei Teilnehmern,
- Makeln,
- Anklopfen, bei bestehender Verbindung kann ein weiterer Anrufer sich bemerkbar machen,
- Ruhe vor dem Telefon.

Der Übergang zum analogen Fernsprechnetz ist ohne spezielle Einstellungen auf der ISDN-Seite ständig verfügbar. Es gibt Sprachcodierverfahren, die auf einer Bandbreite von 3,1 kHz nach ITU-Standard G.711 arbeiten. Über eine spezielle Differenz-Pulscode-Modulation erreicht man für Telefonie eine Bandbreite von 7 kHz. Dieser Dienst wird in Deutschland noch nicht angeboten.

1.2.2 ISDN-Telefax

ISDN-Telefax ist ein Faxdienst mit hoher Übertragungsgeschwindigkeit und mit erweitertem Vorrat an Dienst- und Leistungsmerkmalen gegenüber dem konventionellen Dienst im Fernsprechnetz. Da ISDN-Telefax-Geräte relativ teuer sind, hat sich der PC als wichtigstes Endgerät für ISDN-Telefax herausgebildet. Weil die Kommunikation von PC zu PC aber ohne Faxkonvertierung einfacher und schneller arbeitet, wird der ISDN-Telefax-Dienst kaum noch genutzt.

Die wichtigsten Merkmale des ISDN-Telefax-Dienstes sind:

- große Übertragungsgeschwindigkeit von 64 kBit/s (damit kann eine DIN-A4-Seite in weniger als 10 s übertragen werden),
- Nutzung des X.75-Protokolls zur Sicherung der Datenübertragung,
- hohes Auflösungsvermögen (üblicherweise 300 × 300 dpi).

Das ISDN-Telefax wird auch als Fax Gruppe 4 bezeichnet und ist nicht abwärtskompatibel zum analogen Fax, dem Fax Gruppe 3.

1.2.3 Telefax analog

Die Kommunikation mit analogen Faxgeräten basiert auf dem analogen Fernsprechdienst des ISDN (Abb. 1.2).

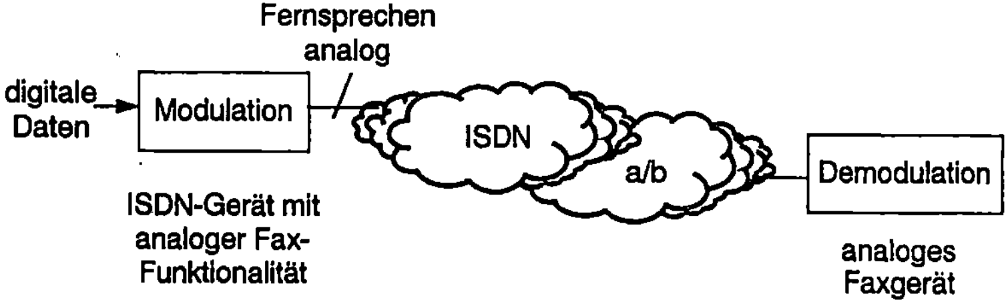

Abb. 1.2. Verbindung zwischen ISDN- und analogen Faxgeräten

Das ISDN-Gerät hat neben der Faxkonvertierung auch die Frequenzmodulation der digitalen Daten durchzuführen, die das analoge Faxgerät verarbeiten kann.

Eine andere Variante stellt der Anschluß eines analogen Endgerätes über einen Terminaladapter a/b an das ISDN dar. Die Übertragung erfolgt dann zwischen zwei analogen Faxgeräten auf dem Übertragungsmedium ISDN.

1.2.4 ISDN-Telex/-Teletex

Der ISDN-Telex-Dienst (TELeprinter EXchange) entspricht der Einbindung des konventionellen Fernschreibdienstes (Telex) in das ISDN. Die hohe Übertragungsgeschwindigkeit bei Verbindungen im ISDN erlaubt es, etwa vier DIN-A4-Seiten pro Sekunde zu übertragen. Die kürzere Übertragungszeit bedeutet auch günstigere Gebühren für die Kommunikation. Im Telex-Netz ist nur ein eingeschränkter Zeichensatz verfügbar. So sind keine Großbuchstaben und keine Zeichen zur Formatierung wie Tabulator oder Zeilenende zulässig. Der Teletex-Dienst ist eine deutsche Erweiterung des Telex-Dienstes zur Übertragung formatierter Texte, der von der Deutschen Telekom allerdings nicht mehr unterstützt wird.

Der Übergang in andere Netzwerke wird von der Deutschen Telekom über spezielle Umsetzer realisiert (Abb. 1.3). Der Telex-/Teletex-Umsetzer ist das Bindeglied zwischen ISDN und dem Telex- bzw. dem Teletex-Netz. Während der Teletex-Dienst in Deutschland schon überholt ist, hat der Telex-Dienst zur Datenkommunikation unter anderem in afrikanischen und östlichen Ländern immer noch eine große Bedeutung. Der Teletex-/Telex-Umsetzer (TTU) kann Textdokumente aus dem ISDN ins Telex-Netz und umgekehrt übertragen. Ein Online-Betrieb über die TTU ist wegen der unterschiedlichen Geschwindigkeiten beider Netze nicht möglich. Will man beispielsweise ein Telex-Dokument versenden, wird der Text an die Rufnummer für den Telex-Zugang der TTU, gefolgt von der Telex-Nummer gesendet. Die TTU empfängt das Dokument und sendet es an den gewünschten Empfänger in passender Geschwindigkeit. Zusätzlich sendet die TTU eine Quittung an den Absender im ISDN zurück.

Der Telex-/Teletex-Umsetzer wird auf längere Sicht in Deutschland nicht erhalten bleiben. Dieser Übergang wird durch ein Gateway in den T-Online-Dienst übernommen.

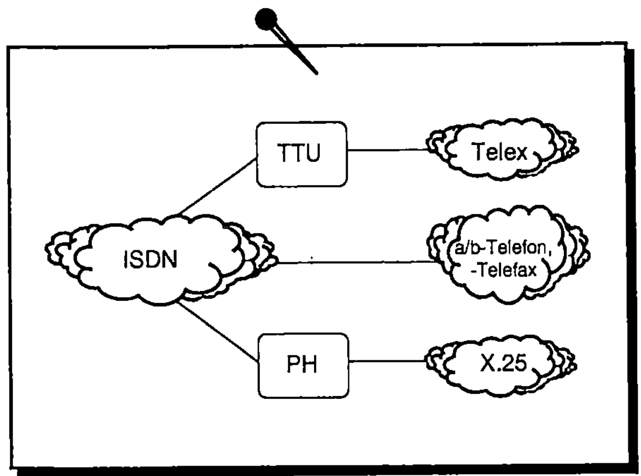

Abb. 1.3. ISDN-Netzübergänge.

TTU Teletex-Telex-Umsetzer   PH Packet Handler

1.2.5 T-Online

Der ISDN T-Online-Dienst ist die Realisierung des Bildschirmtextdienstes BTX (früher BTX) mit ISDN-Leistungsmerkmalen. Wesentliche Merkmale gegenüber der konventionellen Lösung sind:

- der schnelle Verbindungsaufbau, reduziert auf etwa 2 s im ISDN und
- die größere Übertragungsgeschwindigkeit von 64 kBit/s, wodurch für die Übertragung einer Datex-J-Seite nur etwa 0,5 s benötigt werden.

Im Zuge der Weiterentwicklung des BTX in Datex-J und jetzt in T-Online hat sich die Notwendigkeit eines eigenen Dienstes im ISDN erübrigt. Eine Reihe von Übergängen realisiert z.B. die Kommunikation mit verschiedenen Mailsystemen, Nachrichten für Mobiltelefone, Telefax, Telex und mit Videotextsystemen anderer Länder.

1.2.6 ISDN-Datenübertragung

Die ISDN-Datenübertragung vereinigt die leitungs- und paketvermittelten Datendienste mit den Dienst- und Leistungsmerkmalen des ISDN. Die Basismerkmale sind dabei im vollen Umfang verfügbar und werden durch dienstspezifische Merkmale vervollständigt. Grundlage ist der Nutzkanal mit seiner Übertragungskapazität von 64 kBit/s. Auch bei der ISDN-Datenübertragung können die Datenendgeräte nur mit gleichartigen, kompatiblen Einrichtungen und vorgegebenen Schnittstellen kommunizieren.

Ein weiterer Übergang ist zum paketorientierten X.25-Netz (Datex-P) verfügbar. Der Packet Handler (PH) realisiert dabei den Übergang aus dem leitungsorientierten Netz ins paketorientierte Netz und umgekehrt. Auf der ISDN-Seite kann die Übertragung auf dem Datenkanal mit 64 kBit/s bzw. über den Steuerkanal mit 9,6 kBit/s erfolgen.

Der Übergang zum Datex-P Datennetz steht seit der Einführung des ISDN in Deutschland zur Verfügung. Dabei dient das ISDN einfach als Verlängerungsleitung für Datex-P-Anschlüsse. Dieser Übergang wird als Minimalintegration bezeichnet. Mit Einführung des Euro-ISDN ist das Angebot für den paketvermittelten Dienst erweitert worden. Seither können die X.25-Datenpakete sowohl im Datenkanal als auch im Steuerkanal des ISDN übertragen werden. Dieses Angebot wird als Maximalintegration bezeichnet. Im Euro-ISDN ist der paketvermittelte Übertragungsmodus nach ITU-T Empfehlung X.31 CASE B unterstützt. Der X.31-Standard gewährleistet die Kompatibilität zwischen ISDN und allen öffentlichen X.25-Netzen. Zwei wichtige Einschränkungen sind für X.31 zu beachten. Die Übertragung von X.25-Paketen im Steuerkanal kann nur an Euro-ISDN (nicht am nationalen ISDN nach 1TR6) genutzt werden. Am Primärmultiplexanschluß kann die Übertragung ebenfalls nur im Datenkanal erfolgen.

1.3 Leistungsmerkmale des ISDN

Gegenüber vielen älteren Netzen sind für das ISDN eine Reihe von neuen Leistungsmerkmalen entstanden. Die wichtigsten Leistungsmerkmale des ISDN sind:

- Rufnummernübertragung, Anzeige der Rufnummer im Display des fernen Teilnehmers (Calling Line Identification Presentation – CLIP),
- Unterdrücken der Rufnummernanzeige (Calling Line Identification Restriction – CLIR),
- Rufnummernübertragung vom gerufenen zum rufenden Teilnehmer (Connected Line Identification Presentation – COLP),
- Unterdrückung der Rufnummernübertragung vom angerufenen Teilnehmer (Connected Line Identification Restriction – COLR),
- Halten einer Verbindung, Rückfragen, Makeln,
- Gerät während der Verbindung umstecken (Terminal Portability – TP),
- Anrufweiterschaltung, Umleitung auf einen anderen Teilnehmer (Call Forwarding – CF),
- Mehrfachrufnummer (Multiple Subscriber Number – MSN),
- Anklopfen, Signalisierung weiterer eingehender Rufe (Call Waiting – CW),
- Durchwahl zur Endstelle (Direct Dial In – DDI),
- geschlossene Benutzergruppen (GBG bzw. Closed User Group – CUG),
- Gebührenanzeige (Advice of Charge – AOC),
- Dreierkonferenz,
- Subadressierung (SUB),
- Teilnehmer- zu-Teilnehmer-Zeichengabe (User User Signaling – UUS).

Die deutsche Telekom bietet eine große Palette von Leistungsmerkmalen an. In den von der Telekom vermarkteten Paketen (Standard- und Komfortpaket) sind bereits eine Reihe von Leistungsmerkmalen im Grundpreis enthalten, die individuell ergänzt werden können. Einige Leistungsmerkmale lassen sich nur am Mehrgeräteanschluß realisieren, andere wiederum nur am Anlagenanschluß (Tabellen 1.3–1.5).

Tabelle 1.3. Leistungsmerkmale am Basisanschluß als Mehrgeräteanschluß

Leistungsmerkmal	Standardpaket	Komfortpaket
Halten der Verbindung	+	+
Umstecken am Bus	+	+
Mehrfachrufnummer	+	+
Rufnummernübertragung	+	+
Gebührenanzeige	–	+
Anrufweiterschaltung	–	+
Anklopfen	–	+

Tabelle 1.4. Leistungsmerkmale am Basisanschluß als Anlagenanschluß

Leistungsmerkmal	Standardpaket	Komfortpaket
Durchwahlfähigkeit	+	+
Dauerüberwachung der Funktionsfähigkeit	+	+
Rufnummernübertragung	+	+
Gebührenanzeige	–	+
Anrufweiterschaltung	–	+

Tabelle 1.5. Leistungsmerkmale am Primärmultiplexanschluß als Anlagenanschluß

Leistungsmerkmal	Standardpaket	Komfortpaket
Durchwahlfähigkeit	+	+
Dauerüberwachung der Funktionsfähigkeit	+	+
Rufnummernübertragung	+	+
Gebührenanzeige	–	+
Anrufweiterschaltung	–	+

Rufnummernübertragung erlaubt die Übermittlung der Rufnummer des rufenden Teilnehmers zum angerufenen Teilnehmer. Dies steht sowohl für den Basis- als auch für den Primärmultiplexanschluß zur Verfügung. Dabei kann zusätzlich zur Rufnummer des rufenden Teilnehmers eine Subadresse transparent übertragen werden. Die Rufnummernübertragung erfolgt kostenlos über den Steuerkanal schon vor dem Aufbau der Verbindung und ermöglicht einen zusätzlichen Schutz. Die Möglichkeit einer Nichtanzeige der Rufnummer ist optional gegeben.

Rufnummerunterdrückung ermöglicht die Unterdrückung der Übermittlung der Rufnummer des rufenden Teilnehmers an Basis- und an Primärmultiplexanschlüssen. Das verhindert bei einem Verbindungsaufbau, daß die Rufnummer bzw. die Subadresse des rufenden Teilnehmers beim gerufenen Teilnehmer angezeigt wird. Die Rufnummerunterdrückung kann in einem temporären oder permanenten Modus aktiviert werden.

Die Rufnummer wird auch vom gerufenen Teilnehmer zum Anrufer übertragen. Durch diese Präsentation der gewählten Rufnummer kann der Anrufer überwachen, welchen Anschluß sein Verbindungswunsch erreicht hat. Stimmt die Rufnummer nicht mit der vermeintlich gewählten Rufnummer überein, kann es sein, daß eine Falschwahl vorliegt oder der gerufene Teilnehmer eine Rufumleitung eingerichtet hat. Die Unterdrückung der Rufnummernübertragung vom gerufenen Anschluß zum Rufenden beinhaltet das Dienstmerkmal CLOR.

Wird während eines Gespräches ein zweiter Anruf signalisiert, kann das erste Gespräch in den Haltezustand gebracht werden, um das zweite Gespräch abfragen zu können. Nach Beendigung des zweiten Gesprächs kann das erste Gespräch fortgesetzt werden. Das Leistungsmerkmal *Halten der Verbindung* ist Voraussetzung für weitere Leistungsmerkmale wie Makeln und Dreierkonferenz.

Während einer bestehenden Verbindung kann das Endgerät vom Bus getrennt werden, um an einem anderen ISDN-Anschluß die Verbindung wieder fortzusetzen (*Umstecken am Bus*). Die Verbindung wird von der Vermittlungsstelle maximal 3 Minuten gehalten.

Bei der *Anrufweiterschaltung* hat der Angerufene die Möglichkeit, eingehende Rufe automatisch auf ein anderes Gerät weiterzuleiten. Dabei übernimmt der Anrufer die Kosten bis zum Anschluß mit Umleitung. Die Kosten durch Weiterleitung übernimmt derjenige, der umgeleitet hat. Die Umleitung ist nicht nur innerhalb der Nebenstelle, sondern im gesamten ISDN, zu analogen Gegenstellen und zum Mobilfunknetz möglich. Die Anrufweiterschaltung kann in 3 Varianten konfiguriert werden:

1. Direkt: Eingehende Rufe werden sofort zum eingestellten Ziel weitergeleitet (CFU – Call Forwarding Unconditional).
2. Nach 15 Sekunden: Ist nach 15 Sekunden keine Verbindung zustande gekommen, wird der Anruf weitergeleitet (CFNR – Call Forwarding no Reply).
3. Bei Besetzt: Der eingehende Ruf wird bei besetztem Gerät sofort weitergeleitet (CFB – Call Forwarding on Busy).

Durchwahl zur Endstelle ist ein Leistungsmerkmal für Basis- und für Primärmultiplexanschlüsse, das die Durchwahl bis zur Endstelle des fernen Teilnehmers im ISDN ermöglicht. Dabei wird innerhalb der Signalisierung die komplette Teilnehmer-Rufnummer übermittelt. Es ist die Alternative zur Durchwahltechnologie in der klassischen Nebenstellentechnik.

Die *geschlossene Benutzergruppe* schützt vor dem unbefugten Zugriff Dritter. Nur Mitglieder haben Zugriff auf die Rufnummern der Gruppe. Besonders beim Datenaustausch ist dieser Schutz von Vorteil. Geschlossene Benutzergruppen können je Mehrfachrufnummer und je Dienst eingerichtet werden, bei Anschlüssen mit Durchwahl nur für den gesamten Rufnummernblock am Anschluß. Berechtigte Benutzer können Teilnehmer aus den verschiedenen öffentlichen Netzen sein. Bis zu 100 verschiedene GBG sind pro Anschluß möglich, jedoch maximal 20 pro Dienst. Der Zugang zum öffentlichen Netz (Außenverkehr) kann zusätzlich vorgesehen werden, die Notrufnummern sind in jedem Fall zu erreichen.

Damit die Endgeräte voneinander zu unterscheiden sind, kann man jedem Endgerät eine oder mehrere, bis zu 8 Ziffern umfassende *Mehrfachrufnummer* (Multiple Subscriber Number – MSN) aus dem Rufnummernvolumen des Anschlußbereiches zuteilen. So sind, durch entsprechende Publikation der jeweiligen Rufnummer, spezielle Ansprechpartner oder spezielle Dienste direkt anwählbar. Auch die Auswahl der genutzten Leistungsmerkmale kann für jede Mehrfachrufnummer individuell getroffen werden. Dieses mehrfachrufnummernbezogene Dienst- und Leistungsprofil ermöglicht beispielsweise die Anrufweiterschaltung einer speziellen Mehrfachrufnummer, d.h. nur Anrufe für diese Mehrfachrufnummer werden umgeleitet. Pro Basisanschluß sind maximal 10 Mehrfachrufnummern einrichtbar, wobei die Deutsche Telekom bereits drei Mehrfachrufnummern zum Standardpaket eines Basisanschlusses liefert. Die Mehrfachrufnummer ist ein Leistungsmerkmal für den Basisanschluß. Dieses Merkmal ist mit der Sammel- bzw. Folgerufnummer der konventionellen Vermittlungstechnik oder mit der Endgeräteauswahlziffer (EAZ) des nationalen ISDN technologisch vergleichbar. Charakteristisch im Euro-ISDN ist, daß Dienste und Dienstmerkmale der ISDN-Rufnummer (MSN-bezogen) zugeordnet werden. Der Teilnehmer verwaltet seine MSN selbständig. Eine Überprüfung durch das Netz ist nur mittels der empfangenen MSN möglich. Wird keine MSN empfangen, dann wird entsprechend dem jeweiligen Dienstmerkmal verfahren.

Das Merkmal *Anklopfen* ermöglicht bei Basis- und bei Primärmultiplexanschlüssen das Signalisieren eingehender Rufe beim gerufenen Teilnehmer, wenn bereits eine Verbindung besteht. Das Merkmal ist auch schon in Vorläuferlösungen des ISDN möglich gewesen.

Die *Gebührenanzeige* erlaubt die Auswertung von Gebühreninformationen an Basis- und an Primärmultiplexanschlüssen. Es entspricht der Gebührenanzeige in konventionellen Fernmeldenetzen. Man unterscheidet zwischen Gebührenanzeige:

- während einer Verbindung (AOCD – Advice of Charge During the Call),
- am Ende der Verbindung (AOCE – Advice of Charge at the End of the Call),
- für den Abruf der bis zum Abrufzeitpunkt aufgetretenen Verbindungsgebühren einer bestehenden Verbindung (AOCR – Advice of Charge on User Request),
- für den Abruf der verbindungsbezogenen Gebühren pro Zeiteinheit beim Aufbau einer Verbindung (AOCS – Advice of Charge at Call Setup Time).

Die Gebühreninformation auf Abruf (AOCR und AOCS) sind für die Ersteinführung bei der Deutschen Telekom nicht vorgesehen. Weiterhin wird die Art der Gebühreninformation unterschieden. Sie kann in Anzahl der Gebührenimpulse präsentiert werden, wobei die Umrechnung mit dem Preis von der Applikation bzw. dem Gerät erfolgen muß. Die zweite Art der Gebühreninformation erfolgt in der Angabe des Preises inklusive der Währung.

Bei der *Dreierkonferenz* können drei Gesprächspartner, und zwar jeder mit jedem, gleichzeitig telefonieren. Hierzu wird in der Teilnehmervermittlungsstelle des Konferenzeinleitenden ein Konferenzsatz belegt. Für die zwei Verbindungen, die zum Aufbau einer Konferenzschaltung notwendig sind, werden die bekannten Verbindungstarife erhoben. Zusätzlich wird ein Nutzungsentgelt für die Belegung des Konferenzsatzes fällig. Das Leistungsmerkmal Dreierkonferenz muß durch das ISDN-Telefon unterstützt werden. Die Dreierkonferenz bietet z.B. die Möglichkeit bei einem Gespräch mit einem wichtigen Kunden, seinen Vorgesetzten mit einzubeziehen, wenn wichtige Entscheidungen getroffen werden sollen.

Subadressierung des Euro-ISDN bietet die Möglichkeit, während des Verbindungsaufbaus bestimmte zusätzliche Informationen als Subadresse an den Kommunikationspartner zu senden. Der Dienst bedarf einer Freischaltung der Telekom und ist gesondert zu beantragen. Die Länge der Subadresse beträgt maximal 20 Bytes, wobei 1 Byte 8 Bit darstellt. Dieser zusätzliche Informationsstrom ist in einer Richtung, vom Anrufer zum Angerufenen möglich und kann beispielsweise dazu genutzt werden, beim angewählten Endgerät bestimmte Prozeduren, z.B. Aufruf eines Anwendungsprogramms, auszulösen oder verschiedene Endgeräte unter der gleichen Rufnummer auszuwählen.

Teilnehmer-zu-Teilnehmer-Signalisierung (User-User Signaling – UUS). Ähnlich wie bei der Subadressierung lassen sich durch die Teilnehmer-zu-Teilnehmer-Signalisierung zusätzliche Informationen während des Verbindungsauf- oder -abbaus über den D-Kanal austauschen. Hierbei können die Informationen eine Länge von maximal 32 Byte haben. Interessant ist dies auch, da die Übermittlung der Informationen über den D-Kanal pauschal tarifiert werden. Beispielsweise können auf diese Art bei der Kommunikation zwischen Computern, bereits während des Verbindungsaufbaus ein Abgleich des Computerstatus durchgeführt oder Paßwörter und Berechtigungen abgefragt werden. Im Gegensatz zur Subadressierung ist für UUS die Übermittlung in beide Richtungen möglich.

1.4 Primärmultiplexanschluß

Der ISDN-Anschluß mit 2 Kanälen wird auch als Basisanschluß (Basic Rate Interface – BRI) bezeichnet. Der Primärmultiplexanschluß stellt eine weitere Zugriffsmöglichkeit zum ISDN dar. Die internationale Bezeichnung lautet Primary Rate Interface (PRI). Der Anschluß wird technisch als S_{2M} bezeichnet, wobei 2M für die gesamte Übertragungsgeschwindigkeit von 2 MBit/s steht.

Dem Anwender stehen damit 30 Kanäle mit einer Bitrate von je 64 kBit/s zur Verfügung. Die Kanäle können für 30 verschiedene Gegenstellen genützt werden oder zur schnellen Datenübertragung gebündelt werden. Damit ist eine Übertragungsgeschwindigkeit (netto) bis zu 1 920 kBit/s realisierbar.

Der Primärmultiplexanschluß ist nur als Anlagenanschluß (Punkt-zu-Punkt) verfügbar, kann also nur von einem Gerät benutzt werden. Ein Bus für mehrere Geräte läßt sich nicht konfigurieren. Hauptsächlich wird dieser Anschluß für Telefonanlagen oder Netzwerk-Server genutzt.

Für den S_{2M}-Anschluß wird nur eine Rufnummer für alle 30 Kanäle vergeben. Sollen die Leitungen direkt angesprochen werden, kann ein Rufnummernblock vergeben werden, der von dem S_{2M}-Gerät selbständig verwaltet werden muß (Durchwahlfähigkeit).

1.5 ISDN-Festverbindungen

Eine ISDN-Festverbindung ist eine Verbindung zwischen zwei Systemen, die ohne Aufbau durch eine Wahloperation den Nutzern zur Verfügung steht. Die Festverbindungen sind an den ISDN-Kanalstrukturen, den ISDN-Informationsarten und ISDN-typischen Kommunikationsprotokollen orientiert. Häufig dienen sie zur Kopplung von Telefonnebenstellenanlagen (Kaskadierung) oder zur Kopplung von Computernetzwerken. Die Endgeräte an dem ISDN-Festanschluß müssen für die Merkmale des Anschlusses ausgelegt sein (Tabelle 1.6).

Tabelle 1.6. ISDN-Festverbindungen der Deutschen Telekom

Bezeichnung	Übertragungsrate in kBit/s
64U	1 × 64, unstrukturiert
64S	1 × 64, strukturiert
64S2	2 × 64, strukturiert
Digital S01	1 × 64 mit D-Kanal, unstrukturiert
Digital TS01	1 × 64 mit D-Kanal, telefongeeignet
Digital S02	2 × 64 mit D-Kanal, unstrukturiert
Digital TS02	2 × 64 mit D-Kanal, telefongeeignet
Digital 2MS	1 × 1 984, strukturiert
Digital T2MS	1 × 1 984, telefongeeignet
Digital 2MU	1 × 2 048, unstrukturiert

Die Schnittstellen werden als S_0 bzw. als S_{2M} dem Teilnehmer angeboten. Unstrukturierte Festanschlüsse besitzen auch auf Schicht 1 keine Protokollvorgabe. Diese Verbindungen werden für den Computer-Anschluß kaum genutzt.

Die strukturierten Verbindungen arbeiten auf physikalischen Ebene nach ITU-Empfehlung I.430, die auch bei den Wählverbindungen genutzt wird. Dadurch können viele ISDN-Adapter diesen Anschluß auch bedienen, ohne daß Änderungen an der Hardware vorgenommen werden müssen. Für die strukturierten Festanschlüsse mit D-Kanal muß in der Regel der Treiber für den ISDN-Adapter für Wählverbindungen nur umkonfiguriert werden. Innerhalb der Applikation wird dann vor der Nutzung der geschalteten Verbindung eine beliebige Rufnummer (Dummy) gewählt. Zur Nutzung der Festverbindung ohne D-Kanal sind spezielle, geeignete Treiber notwendig.

Das ISDN ist von der Geschichte her betrachtet eine logische Weiterführung der bisherigen Entwicklung der Datenkommunikation. Aber auch mit ISDN ist diese Entwicklung nicht beendet. So ist der Wunsch nach schnellerer Datenübertragung im Multimediazeitalter sehr verständlich. Der heutige Nutzen im ISDN liegt einerseits in den verschiedenen Leistungsmerkmalen, die besonders von der Telefonie genutzt werden. Leistungsmerkmale wie Dreierkonferenz, Anrufweiterschaltung, Rückruf und Makeln erhöhen den Komfort beim Telefonieren erheblich. Für die PC-Vernetzung ist die Geschwindigkeit im ISDN der große Qualitätsgewinn. Mit Kanalbündelung und Datenkompression können Übertragungsraten von etwa 300–400 kBit/s erreicht werden. Nicht zu vergessen sind die vielen Übergänge zu verschiedenen Netzen, wie dem X.25-Netz (Datex-P), dem analogen Fernsprechnetz, dem Telex-Netz und anderen.

1.6 Standardisierung

Die weltumspannende Kommunikation verlangt nach globalen, anerkannten Standards für Informations- und Kommunikationstechnik. Das international wichtigste Normungsgremium ist die International Telecommunication Union.

Am 17. Mai 1865 unterzeichneten 20 Teilnehmerländer ein Abkommen, das die Gründung der International Telegraph Union betraf. Am 1. Januar 1934 wurde diese Union zu einer Unterorganisation der Vereinten Nationen und in International Telecommunication Union (ITU) umbenannt. Für die Standardisierung im öffentlichen Fernmeldedienst ist hauptsächlich das ITU-Gremium CCITT (Comité Consultativ International Télégraphique et Téléphonique) international aktiv. Seit der Vollversammlung 1992 in Genf ist die ITU neu strukturiert in 3 Sektoren:

- Radiocommunication Sector (ITU-R)
- Telecommunication Sector (ITU-T)
- Development Sector (ITU-D)

Auch die Aufgaben der ITU wurden 1992 neu definiert:

- Technische Assistenz für unterentwickelte Länder im Bereich Telekommunikation,
- Förderung und Entwicklung technischer Einrichtungen zur Verbesserung der Telekommunikation,
- Förderung neuer Telekommunikations-Technologien,
- Harmonisierung der nationalen Aktionen,
- Förderung nationaler und internationaler Organisationen,
- Zuordnung von Frequenzbereichen,
- Durchführung von Studien, Regulierungen und Empfehlungen sowie die Veröffentlichung dieser Informationen (Tabelle 1.7).

ITU-Standards werden mit einem Buchstaben und einer 2–3stelligen Zahl, getrennt durch einen Punkt, bezeichnet. Die Buchstaben kennzeichnen bestimmte Reihen von Standards.

Tabelle 1.7. Die für ISDN wichtigsten ITU-T Serien

ITU-Serie	Inhalt
F	Telegraphendienste, Telematikdienste, Mitteilungsdienste und Verzeichnisdienste
G	Empfehlungen für allgemeine Netzfragen wie Synchronisation, Übertragungsqualität und Multiplexing auf drahtgebundenen Verbindungen, Satelliten- und Funkverbindungen
I	Empfehlungen, die das ISDN aus der Sicht des Teilnehmers definieren
Q	Empfehlungen für digitale Vermittlungsstellen und für die Signalisierung zwischen Teilnehmer und Vermittlungsstelle
V	Datenübertragung über das Telefonnetz
X	Empfehlungen für die Protokollarchitektur der Datenübertragung und für die Übergänge in andere Netze

In Europa gründete sich 1988 das europäische Normungsgremium ETSI (European Telecommunication Standard Institute). Die herausgegebenen Standards ETS stehen nicht als Gegensatz zu den ITU-Standards, sondern ergänzen und präzisieren diese.

Für den Bereich ISDN ist bei ETSI die ISDN Standard Management Group (ISM) zuständig. Um zu überprüfen, ob die Einrichtungen vom Hersteller oder der Zulassungsstelle den Normen entsprechen, hat ETSI die Technical Basis for Regulations (TBR) geschaffen. Für die Standardisierung der digitalen Funktelefonie ist die Special Mobile Group (SMG) zuständig.

Neben den internationalen Normungsgremien der Informations- und Kommunikationstechnik gibt es eine Vielzahl nationaler Gremien und Institute, die sich den globalen Richtlinien der ITU anpassen.

2 Referenzkonfiguration

In diesem Kapitel sollen die technischen Grundlagen des ISDN, als allgemeines Telekommunikationsnetz, beschrieben werden. Das Hauptaugenmerk gilt dabei dem Teilnehmerbereich. Die Technik und die Verbindung der Ortsvermittlungsstellen sollen nur kurz erwähnt werden, da sie im allgemeinen als gegeben und nicht veränderbar angenommen werden können.

Im Teilnehmerbereich arbeiten eine große Anzahl von Geräten und Schnittstellen miteinander. Der Teilnehmerbereich ist immerhin so komplex, daß sich auch die ITU einer Referenzkonfiguration zur Beschreibung bedient. Sie ist in der I.200-Reihe des ITU-Standards beschrieben.

Die Referenzkonfiguration ist eine Kombination aus Funktionsgruppen und Referenzpunkten, die das Zusammenwirken der Teilsysteme im ISDN-Teilnehmerbereich definieren. Die Umsetzung der Referenzpunkte erfolgt durch Schnittstellen, die die Zusammenarbeit der Funktionsgruppen gewährleisten (Abb. 2.1 und Tabelle 2.1).

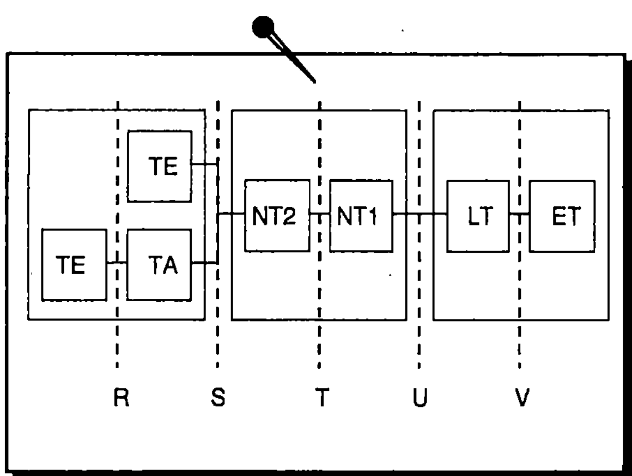

Abb. 2.1. ISDN-Referenzkonfiguration

Im allgemeinen wird in Europa von den ISDN-Anbietern, z.B. der Deutschen Telekom, die S-Schnittstelle angeboten. In Nordamerika wird oft nur die U-Schnittstelle angeboten, um dem Kunden somit die freie Wahl des Netzabschlusses NT1 zu bieten.

Die für dieses Buch vereinfachte Referenzkonfiguration beginnt daher bei der U-Schnittstelle am NT1 (Abb. 2.2).

Tabelle 2.1. Referenzpunkte und Funktionsgruppen

V	zur Definition innerhalb der Vermittlungsstelle
U	beschreibt die Bedingung zwischen Teilnehmerabschluß und Vermittlungsstellenabschluß
T	zur Anpassung der Anschlußleitung für unterschiedliche Anschlußvarianten
S	zum Anschluß für ISDN-Geräte oder -Adapter
R	Schnittstelle für Geräte, die nicht für ISDN ausgelegt sind
ET	Vermittlungsabschluß: B-Kanal Zuweisung
LT	Leitungsabschluß: Umwandlung 2 Draht- in 4 Drahtübertragung
NT1	Netzabschluß 1: übernimmt Anpassung auf der Bit-Übertragungsschicht
NT2	Netzabschluß 2: B-Kanal Zuweisung für Schicht 2 und 3 (Sicherungs-, Adressierungsaufgaben), realisiert Durchwahlfähigkeit
TA	Endgeräteanpassung: Schnittstellenanpassung und Bitratenanpassung
TE1	ISDN-Endgeräte: Benutzerschnittstelle
TE2	Endgeräte: adaptive Benutzerschnittstelle

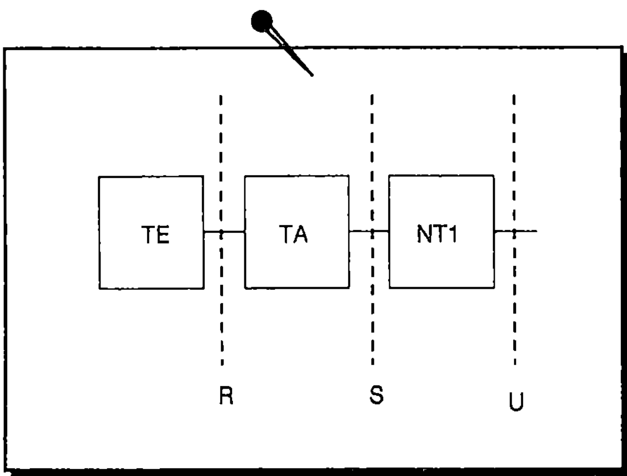

Abb. 2.2. vereinfachte Referenzkonfiguration

Die U-Schnittstelle wird als U_{K0} und U_{K2} zur Verfügung gestellt. Während U den Referenzpunkt bezeichnet, steht das K für das Leitungsmaterial Kupfer und die Zahl 0 oder 2 steht für den Anschluß als Basis- oder Primärmultiplexanschluß.

Die U-Schnittstelle wird über eine 2-Drahtleitung zur Verfügung gestellt, die für die Richtungssteuerung der Übertragung eine Echokompensation benutzt (Abb. 2.3). Die Signale werden zeitgleich in Sende- und Empfangsrichtung auf der 2-Drahtleitung übertragen. Durch Reflexion an den Stoßstellen treten Echos

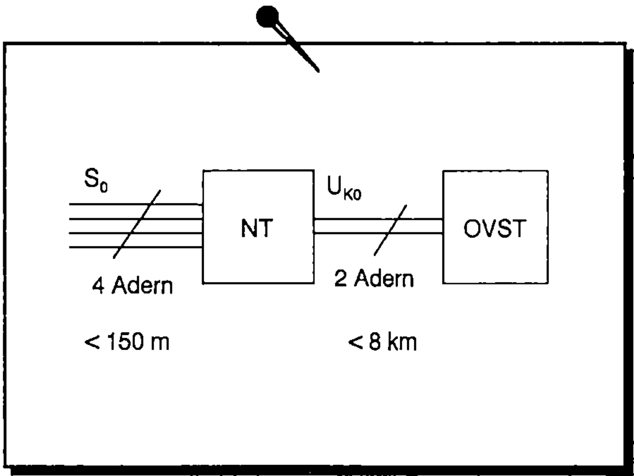

Abb. 2.3. ISDN-Teilnehmeranschluß

auf, die das Signal verfälschen. Ein Echokompensator berechnet das Korrektursignal und zieht dieses Signal vom Eingangssignal wieder ab. Die Reichweite dieser Verbindung beträgt bis zu 8 km bei einem Kabelquerschnitt von 0,6 mm und 4,2 km bei einem Querschnitt von 0,4 mm, so daß in der Regel zwischen Ortsvermittlungsstelle (OVST) und Teilnehmer keine Zwischenverstärkung benötigt wird.

2.1 Netzabschluß (NT1)

Die Hauptaufgabe des NT1 ist die Umsetzung der bis ins Haus gelegten U_{KO}-Schnittstelle in eine nutzbare S_0-Schnittstelle. Damit die S_0-Schnittstelle als Bus für mehrere Endgeräte zur Verfügung stehen kann, übernimmt der NT1 auch die Stromversorgung für den Bus. Bei Stromausfall schaltet der NT1 auf Ferneinspeisung aus der Vermittlungsstelle um. Die Leistung, die für den S_0-Bus über Ferneinspeisung zur Verfügung steht (380 mW), reicht dann immer noch aus, um mindestens ein Telefon betriebsbereit zu halten. Da der S_0-Bus als Vierleitungssystem ausgelegt ist, trennt der NT1 die bidirektionale U_{KO}-Leitung in Sende- und Empfangsrichtung auf (Abb. 2.4).

Die Widerstände an der S_0-Schnittstelle sind die Abschlußwiderstände für die Buskonfiguration. Sie können, entsprechend der Buskonfiguration genutzt oder abgeklemmt werden.

Von einigen Schaltkreisherstellern werden Chips angeboten, die mehrere Funktionen des NT1 ausführen. Die Richtungstrennung sowie die U-/S-Schnittstellenumsetzung realisiert z.B. der NTC-T PEB 8090 von Siemens. Der Chip ISFC PEB 3023 realisiert die Entkopplung der S-Schnittstelle und die Umschaltung der Stromversorgung.

Der NT2 hat zwei wichtige Aufgaben zu erfüllen. Er realisiert einerseits die Buskonfiguration, so daß mehrere Teilnehmer angeschlossen werden können. Diese Aufgabe wird in der Regel vom NT1 mit übernommen. Die andere Aufgabe besteht in der Vermittlungsfunktion für den internen Verkehr bzw. die Durchwahlfähigkeit. Diese Aufgabe wird von ISDN-Nebenstellenanlagen und Telematikservern erfüllt.

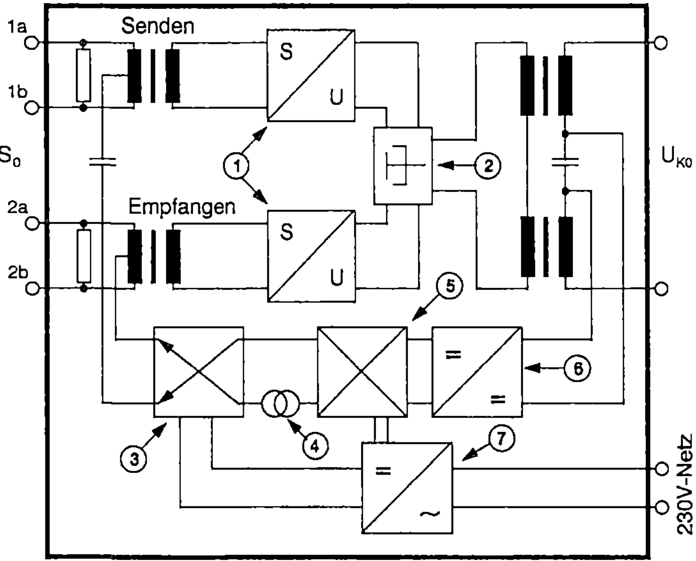

Abb. 2.4. Blockschaltbild eines NT1

1 S/U-Umsetzer	5 Spannungswandler
2 Richtungstrennung	6 Stromversorgung über Vermittlungsstelle
3 Umschalter für Notstromversorgung	7 Netzteil
4 Überlastschutz	

2.2 ISDN-Teilnehmeranschluß

Auch im Teilnehmerbereich werden U-Schnittstellen von vielen Herstellern von TK-Anlagen angeboten wie z.B. U_{P0} von Siemens und $U_{alcatel}$ von Alcatel. Die U-Schnittstellen im Teilnehmerbereich sind jedoch private Schnittstellen und hauptsächlich entwickelt worden wegen der großen Reichweite und der Fähigkeit, mit einer 2-Drahtleitung, die oft schon vorhanden ist, auszukommen. Die U-Schnittstellen im Teilnehmerbereich sind von dem jeweiligen Anbieter definiert und daher in diesem Kapitel außer Acht gelassen.

Der Netzabschluß NT1 wandelt die U-Schnittstelle in eine S-Schnittstelle um (Abb. 2.5). Die S-Schnittstelle dient dem Teilnehmer zum Anschluß seiner Geräte. Sie wird als 4-Drahtleitung angeboten – für jede Richtung eine Doppelader. Die Reichweiten sind je nach Konfiguration 150, 500 oder 1 000 m. Die S-Schnittstelle wird je nach Anschlußart als S_0, für den Basisanschluß, oder S_{2M}, für den Primärmultiplexanschluß, angeboten. Weiterhin kann die S_0-Schnittstelle auch unterschiedlich konfiguriert werden: als Punkt-zu-Punkt Anschluß für ein Endgerät oder als Bussystem für mehrere Geräte. Der Punkt-zu-Punkt Anschluß wird hauptsächlich für Telefonanlagen oder Telematikserver genutzt. Sie arbeiten in

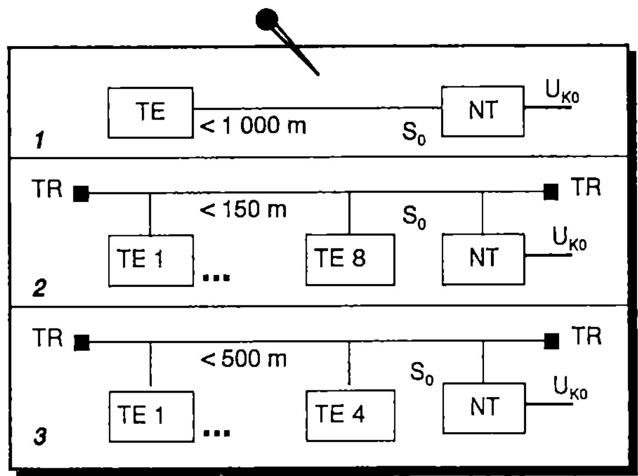

Abb. 2.5. Konfigurationen am S_0-Anschluß

1   Punkt-zu-Punkt Konfiguration
2   Punkt-zu-Mehrpunkt Konfiguration (kurzer Bus)
3   Punkt-zu-Mehrpunkt Konfiguration (erweiterter Bus)
TR Terminal Resistor (Abschlußwiderstand)

der Regel alleine am S_0-Anschluß und bedienen alle weiteren Geräte über eigene Wege, wie firmenspezifische Telefonanschlüsse oder das lokale Computernetzwerk. An die Punkt-zu-Mehrpunkt Konfiguration (Bus) können bis zu 8 Geräte gleichzeitig angeschlossen werden. Die genaue Anzahl ist abhängig von der Leistungsaufnahme die der NT1 bis maximal 4 Watt zur Verfügung stellt. So können z.B. nur maximal 4 Telefone betrieben werden, da sie in der Regel keine eigene Stromversorgung besitzen. Die normale Buskonfiguration kann auf eine Länge von 150 m ausgedehnt werden. Eine spezielle Konfiguration, als erweiterter Bus, erlaubt die Überbrückung von mehr als 500 m. Wegen der längeren Signallaufzeit können jedoch nur maximal 4 Teilnehmer angeschlossen werden. Der Primärmultiplexanschluß wird ausschließlich in der Punkt-zu-Punkt Konfiguration angeboten.

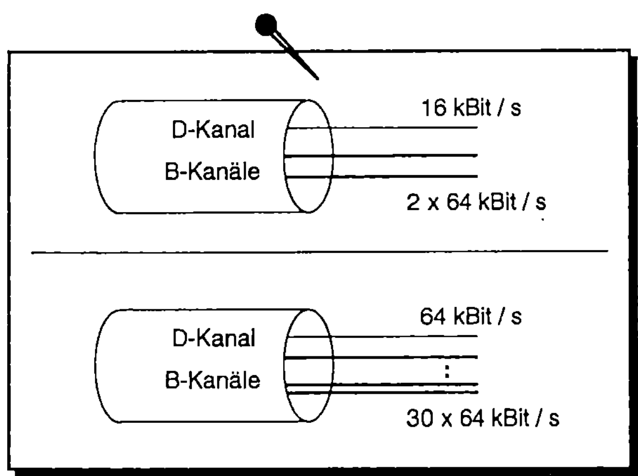

Abb. 2.6. Varianten des ISDN-Anschlusses

Für den Basisanschluß werden 2 Datenkanäle mit je 64 kBit/s und ein Steuerkanal mit 16 kBit/s zur Verfügung gestellt (Abb. 2.6). Zusammen mit 48 kBit/s für Steuerung und Synchronisation ergibt sich eine effektive Übertragungsrate von 192 kBit/s. Für den Primärmultiplexanschluß stehen 30 Datenkanäle mit je 64 kBit/s und einem Steuerkanal ebenfalls mit 64 kBit/s zur Verfügung. Zusammen mit weiteren 64 kBit/s zur Steuerung und Synchronisation ergibt sich eine effektive Übertragungsrate von 2 MBit/s, von denen nur maximal 1 920 kBit/s zum Informationsaustausch genutzt werden können. In Nordamerika und Japan wird eine Primärmultiplexvariante mit 23 Datenkanälen genutzt, deren Übertragungsrate nur 1 544 kBit/s entspricht.

Interessant in diesem Zusammenhang ist, daß 64 kBit/s nicht, wie oft zu lesen ist, mit 65 536 Bit/s umgerechnet werden kann, sondern einfach 64 000 Bit/s sind. Das „Kilo" stammt ursprünglich aus der Abtastrate von 8 kHz und entspricht daher dem Umrechnungsfaktor 1 000. Für den Umrechnungsfaktor 1 024 ist eine Kennzeichnung durch den Großbuchstaben K üblich, womit eine Geschwindigkeitsangabe von 64 KBit/s im ISDN ebenfalls falsch ist.

In Deutschland werden die Netzabschlüsse (NT) für Basisanschluß (S_0) mit NTBA und für den Primärmultiplexanschluß (S_{2M}) mit NTPM bezeichnet.

Der NTBA wird von der Vermittlungsstelle aus ferngespeist. Dazu wird die von der Vermittlungsstelle kommende Spannung von 40 V am U_{K0}-Übertrager ausgekoppelt und auf den Fernspeisewandler geführt. Dieser erzeugt die für die S_0- und U_{K0}-Bausteine benötigte Betriebsspannung von 5 V und eine Notspeisespannung von 40 V für die S_0-Schnittstelle.

Die Stromversorgung für die vier ISDN-Telefone (max. 1W pro Gerät) erfolgt über das Netzteil des NTBA, das an das 230 V-Netz angeschaltet ist. Bei Netzausfall wird auf Notbetrieb umgeschaltet. Die Stromversorgung erfolgt dann wieder aus der Ferneinspeisung und stellt sie einem notspeiseberechtigten Telefon, das weniger als 380 mW zum Betrieb benötigt, zur Verfügung. Telefonanlagen benötigen eine eigene Stromversorgung. Sie können auch nicht im Notbetrieb versorgt werden.

Die Spannung von 40 V für die S_0-Teilnehmer wird normalerweise über die 4-Drahtleitung übertragen. Sie kann aber auch extra geführt werden.

Für den Anschluß der Endstellenleitung stehen am NTBA zwei parallel geschaltete Westernstecker (RJ 45) und eine Klemmverbindung für nicht konfektionierte Leitungen zur Verfügung.

Die Endstellenleitung ist als Kabel mit Sternvierer oder paarweise verdrillte Adern ausgelegt. Abgeschirmte Kabel sind nicht notwendig (Abb. 2.7).

Aufgrund der internationalen Standardisierung hat die Deutsche Telekom die ISDN-Anschlußtechnik von TAE auf die sogenannte Western-Technik umgestellt. Diese Technik entspricht der europäischen Norm (EN) 28 877. Die Steckdosen sind für ein oder zwei ISDN-Geräte für die Aufputz- oder die Unterputzinstallation erhältlich. Die Schaltung und die Bezeichnung der Klemmen sind in Abbildung 2.8 gezeigt. Die Klemmen 7 und 8 sind für getrennt geführte Stromversorgung vorgesehen.

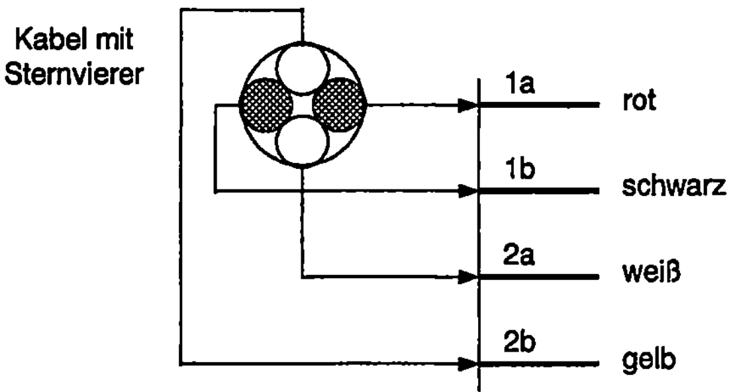

Abb. 2.7. Installationskabel für den S_0-Bus

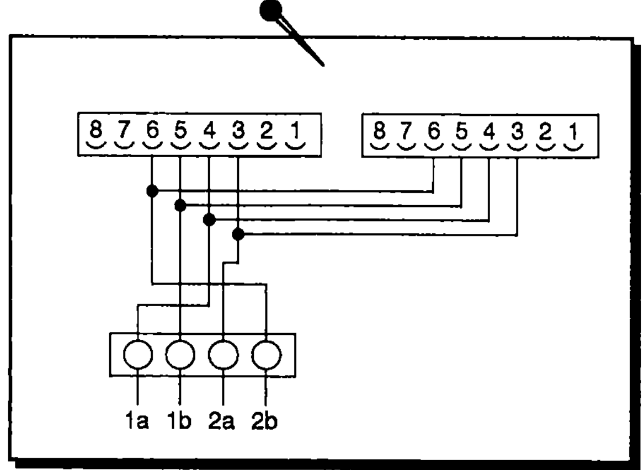

Abb. 2.8. Anschlußbelegung an der Westernsteckdose

Die Steckdosen am S_0-Bus werden parallel geschaltet. An der letzten Steckdose wird der 100Ω Abschlußwiderstand angeklemmt (Abb. 2.9).

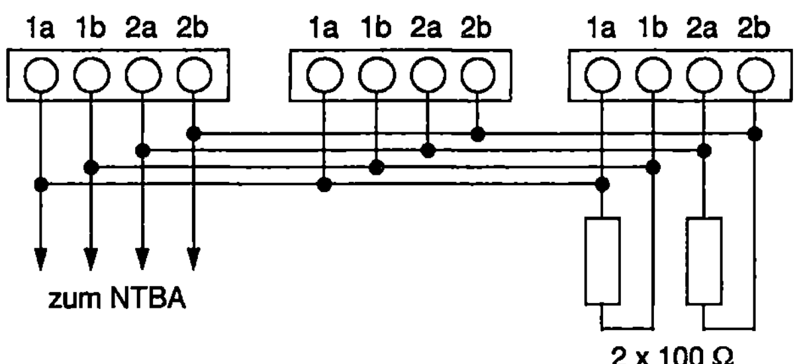

Abb. 2.9. Kabelverlegung für einen S_0-Bus

Für den Anschluß an den NTPM der Telekom existiert kein Standardstecker, das S_{2M}-Gerät muß durch Klemmen angeschlossen werden. Die Sende- und Empfangsleitungen des Gerätes sind durch Aderfarben gekennzeichnet. Der Anschluß

an den NT erfolgt, indem die farbig gekennzeichneten Kabelenden an die beschriebenen Positionen angeklemmt werden (Tabelle 2.2).

Tabelle 2.2. Anschlußkennzeichnung am NTPM

Funktion	NTPM-Kennzeichen	Symbol
TX–	6 b	0 - - < - -
RX–	9 b	0 - - > - -
RX+	8 a	0 - - > - -
TX+	5 a	0 - - < - -

Sind keine Geräte am NTPM angeschlossen oder ist die Kabelbelegung falsch,
leuchtet sowohl am NTPM als auch in der Vermittlungsstelle eine Warnlampe auf.
Die Leitung wird bei langen Zeiten der Fehlfunktion (1–2 Tage) von der Telekom
oder dem entsprechenden ISDN-Anbieter deaktiviert und muß manuell wieder
aktiviert werden. Zur Reaktivierung muß die Störungsstelle des ISDN-Anbieters
informiert werden.

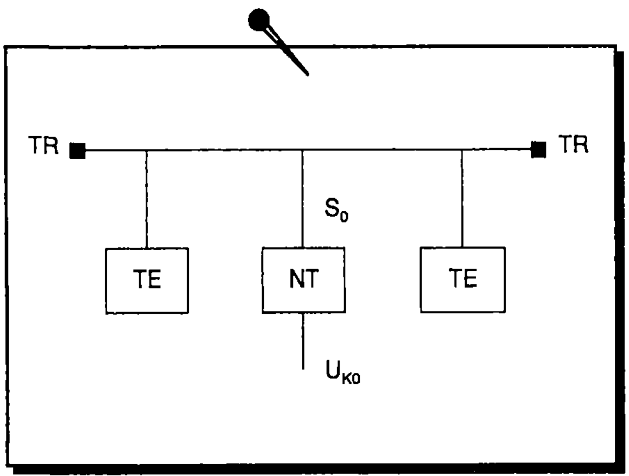

Abb. 2.10. S_0-Bus in beide Richtungen vom NT

Der S_0-Bus benutzt ein Übertragungsverfahren, das zur Dämpfung mit einem
100Ω Abschlußwiderstand (TR) an beiden Enden begrenzt werden muß (Abb. 2.10).
Hinter dem Abschlußwiderstand kann kein Signal mehr empfangen werden. Der
NT kann bereits einen Abschlußwiderstand enthalten, der vielfach mit Jumpern
konfiguriert wird (Abb. 2.11). In den USA haben oft auch ISDN-Geräte und
ISDN-Adapter einen Abschlußwiderstand.

In vielen Fällen wird der Abschlußwiderstand nicht installiert und die Geräte
am Bus arbeiten trotzdem korrekt. Probleme können dann bei großen Leitungs-
längen und vielen Endgeräten auftreten, wo man dann durch den Abschlußwiderstand die Übertragungsqualität wesentlich verbessern kann.

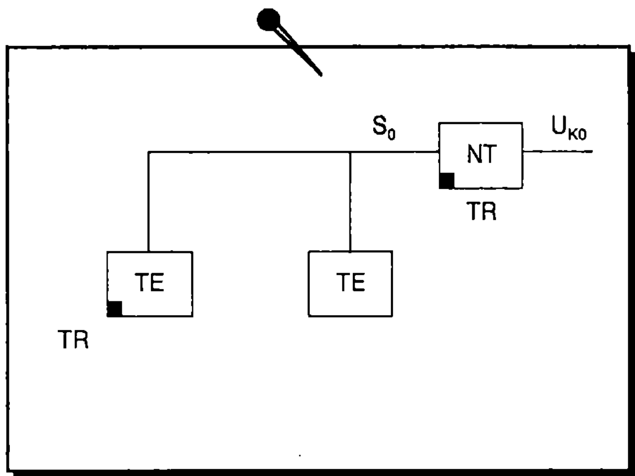

Abb. 2.11. S_0-Bus in eine Richtung vom NT

2.3 ISDN-Telefonanlagen

Telefonanlagen realisieren ein Vermittlungssystem im privaten Bereich. Sie werden als PBX bzw. als PABX (Private Automatic Branch Exchange) bezeichnet (Abb. 2.12).

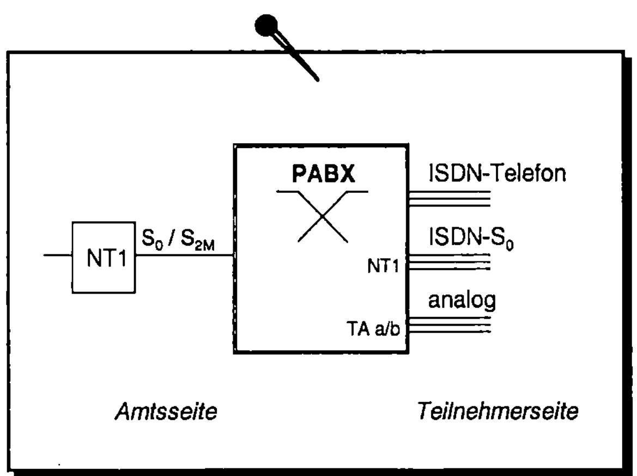

Abb. 2.12. Anschlüsse an der ISDN-Telefonanlage

Die ISDN-Telefonanlagen sind an das ISDN über den NT1 angeschlossen. Der Anschluß ist vorzugsweise in der Punkt-zu-Punkt Konfiguration als S_0 bzw. S_{2M} ausgebildet. Kleinere Telefonanlagen können auch als ein Teilnehmer am S_0-Bus arbeiten. Größere Telefonanlagen unterstützen amtsseitig auch mehrere S_0- bzw. S_{2M}-Anschlüsse.

Im Sinne der ISDN-Referenzkonfiguration entspricht die ISDN-Telefonanlage der Funktionsgruppe NT2 und realisiert die Durchwahlfähigkeit am ISDN-

Anschluß. Vom ISDN-Anbieter (Telekom) werden alle Amtsanschlüsse der Telefonanlage auf eine Sammelnummer geschaltet. Der Telefonanlage wird dann ein Rufnummernbereich zugeteilt, der 2, 3 oder mehr Stellen zur Durchwahlfähigkeit zur Verfügung stellt.

Auf der Teilnehmerseite werden verschiedene Anschlüsse, je nach Telefonanlage, geboten. Die digitalen Anschlüsse können einen vollwertigen S_0-Anschluß bieten. In diesem Fall stellt die Telefonanlage wiederum einen NT1 dar. Es können alle Geräte betrieben werden, die am S_0-Anschluß arbeiten. Um analoge Geräte zu unterstützen, stellen viele Telefonanlagen auch analoge Anschlüsse zur Verfügung. Für diese Geräte stellt die Telefonanlage einen Terminaladapter a/b dar. An diesen Anschlüssen werden hauptsächlich Faxgeräte oder Anrufbeantworter angeschlossen.

Viele ISDN-Telefonanlagen bieten aber wesentlich mehr Leistungsmerkmale an als der „normale" ISDN-Anschluß. Die Leistungsmerkmale sind vorrangig für den Telefondienst, wie z.B. Ruf einfangen, Umleitungen, Weiterleiten und Konferenzschaltungen, implementiert. Dazu werden Telefone angeboten, die auf die Telefonanlage abgestimmt sind. Teilweise arbeiten diese Telefone auch über proprietäre Schnittstellen nur an dieser Anlage.

Für größere Telefonanlagen werden Zusatzmodule angeboten, z.B. für Musikeinspeisung während der manuellen Vermittlung. Da es sich hier um das öffentliche Abspielen von Musik handelt, bedarf es einer Genehmigung des Inhabers der Rechte zu dem jeweiligen Titel. Als weitere Module werden Voice-Mailboxen oder Telematikserver angeboten. Die Voice-Mailbox entspricht einem komfortablen Anrufbeantworter für jeden Teilnehmer in der Telefonanlage. Der Telematikserver arbeitet in Verbindung mit dem angeschlossenen Computer-Netzwerk und stellt Dienste wie Telefax, Telex und Dateitransfer zur Verfügung.

2.4 ISDN-Terminaladapter

Das ISDN stellt den Anspruch, verschiedene digitale Dienste zu integrieren. Damit ist in erster Linie das herkömmliche Fernsprechnetz gemeint. Aber auch das Integrierte Datennetz (IDN), in Deutschland durch Datex-L oder Teletex bekannt, oder das X.25-Netz sollen im ISDN mit integriert sein. Damit die Endgeräte nicht ausgewechselt werden müssen, um am ISDN arbeiten zu können, werden verschiedene Terminaladapter zwischengeschaltet. Sie realisieren den Referenzpunkt R, entsprechend der ISDN-Referenzkonfiguration. Der Referenzpunkt R entspricht also keiner „echten" ISDN-Schnittstelle.

Für die Umsetzung zur Schnittstelle des Endgerätes gibt es verschiedene Terminaladapter:

- Terminaladapter a/b,
- Terminaladapter V.24/V.28,
- Terminaladapter X.21,
- Terminaladapter X.25.

Der *Terminaladapter a/b* ermöglicht den Anschluß von Endeinrichtungen, die für einen zweiadrigen Anschluß im analogen Telefonnetz konzipiert sind. An den Terminaladapter a/b können z.B. analoge Telefone, Faxgeräte und analog arbeitende Modems angeschlossen werden.

Der *Terminaladapter V.24/V.28* erlaubt den Anschluß von leitungsvermittelten synchronen und asynchronen V.24/V.28-Datenendeinrichtungen an das ISDN. Dabei kann der Terminaladapter sowohl eine Wählverbindung als auch eine Festverbindung unterstützen. Neben der Schnittstellenadaption ist seine wichtigste Funktion die Anpassung der Übertragungsgeschwindigkeiten der Datenendeinrichtungen von 2,4 kBit/s bis 19,2 kBit/s an der V.24/V.28-Schnittstelle an die 64 kBit/s des B-Kanals durch Hinzufügen von Füll- und Zusatzinformationen.

Der *Terminaladapter X.21* erlaubt den Anschluß von leitungsvermittelten synchronen Datenendeinrichtungen an das ISDN. Dabei kann der Terminaladapter sowohl eine Wählverbindung als auch eine Festverbindung unterstützen. Die Übertragungsgeschwindigkeiten entsprechen den Nutzerdienstklassen gemäß ITU-T-Empfehlung X.1. Der Terminaladapter X.21 muß die Zeichengabe der X.21-Schnittstelle in die D-Kanal-Protokolle des ISDN umsetzen. Gleichzeitig hat er die Übertragungsgeschwindigkeiten der Datenendeinrichtungen an der X.21-Schnittstelle von 2,4 kBit/s bis max. 64 kBit/s an die 64 kBit/s des B-Kanals anzupassen.

Die Aufgaben des Terminaladapters können wie folgt umrissen werden:

- Schnittstellenanpassung,
- Umsetzung der X.21-Signalisierung in die Signalisierung gemäß D-Kanal-Protokoll und umgekehrt,
- Steuerung der X.21-Schnittstelle mit den zugehörigen Schnittstellenleitungen gemäß ITU-T Empfehlung X.24,
- Bitratenadaption gemäß ITU-T Empfehlung V.110.

Der *Terminaladapter X.25* gestattet den Anschluß paketorientierter, synchroner Datenendeinrichtungen nach ITU-T X.25 auf den ISDN-Anschluß. Über diese Anschlußkonfiguration können die Datenendeinrichtungen am paketvermittelten Datendienst eines X.25-Partnernetzes teilhaben. Der physikalische Zugang erfolgt entweder über den B-Kanal mit 64 kBit/s oder über den D-Kanal mit 9,6 kBit/s.

3 Protokolle

Dieses Kapitel bietet einen Einblick in die Vielfalt der Protokolle, die im ISDN genutzt werden. Protokolle im ISDN unterscheiden sich einerseits vom Kanal, in dem sie benutzt werden, und andererseits nach der Ebene, entsprechend dem OSI-Referenzmodell, auf der sie arbeiten (Abb. 3.1).

Anwendung	7	Application
Darstellung	6	Presentation
Sitzung	5	Session
Transport	4	Transport
Netz	3	Network
Sicherung	2	Data Link
Bitübertragung	1	Physical

Abb. 3.1. Schichten im OSI-Referenzmodell

Da der D-Kanal nur zur Steuerung dient, sind für ihn nur die untersten 3 Schichten definiert. Die Protokolle sind vom ISDN-Anbieter fest vorgegeben und liegen auch in dessen Verantwortung. Eine Nutzung zum Datenaustausch ist nur in Ausnahmefällen möglich. Für den B-Kanal können alle Schichten genutzt werden. Hier ist nur die unterste Schicht (Schicht 1) fest definiert. Die Schichten 2 bis 7 sind für die Geräte und Applikationen frei nutzbar (Abb. 3.2).

Das D-Kanal-Protokoll arbeitet zwischen der Ortsvermittlungsstelle (Vst) und dem Endgerät (TE). Die Zentralkanalsignalisierung regelt den Austausch der Steuerinformationen zwischen den ISDN-Vermittlungsstellen, die zum Verbindungsauf- und -abbau sowie zur Bereitstellung von verschiedenen Dienstmerkmalen notwendig sind. Diese Signalisierung ist von der ITU-T standardisiert und wird als Zentralkanal-Zeichengabesystem Nr. 7 (Common Channel Signaling System No. 7) bezeichnet. Für die internationalen Telekommunikationsbeziehungen ist das Zeichengabeverfahren ISUP (ISDN User Part) im Euro-ISDN vereinbart. ISUP wird sukzessive die bisher installierten Gateways TUP (Telephone User Part) ersetzen.

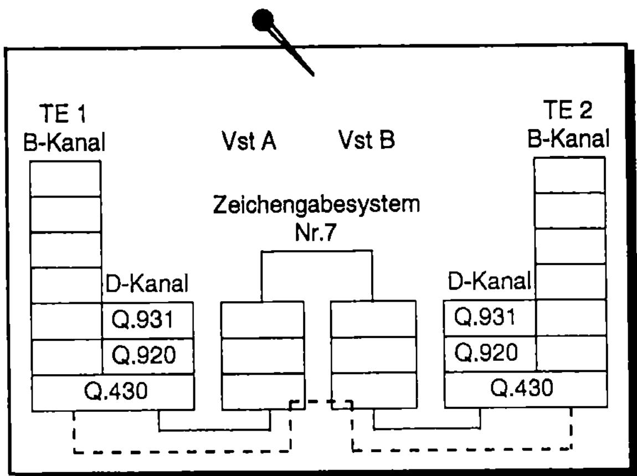

Abb. 3.2. ISDN-D-Kanal-Verbindung nach OSI

Die Informationen im B-Kanal (in Abb. 3.2 als gestrichelte Linie dargestellt) werden von den Vermittlungsstellen unbetrachtet weitergeleitet.

3.1 Protokolle in D-Kanal

Der ISDN D-Kanal ist der Steuerkanal für die ISDN-Verbindung. Die Signalübertragung liegt vollständig in der Verantwortung des Netzwerkbetreibers. Die Übertragung von Nutzdaten ist nur in Ausnahmefällen wie z.B. bei User-to-User Signaling oder X.31 möglich. Der D-Kanal ist nur bis zur Schicht 3, der Netzwerkschicht, definiert (Tabelle 3.1). Der für den Teilnehmer interessante Teil liegt im Schicht 3-Protokoll, das sich je nach Anbieter unterscheiden kann. Man nennt das Protokoll daher oft schlicht das ISDN-Protokoll. In Deutschland wurde anfänglich das Protokoll nach 1TR6 angeboten, das z.Zt. vom Euro-ISDN-Protokoll DSS-1 (Digital Subscriber System No. 1) abgelöst wird.

Tabelle 3.1. ITU-Standards für die einzelnen Schichten im D-Kanal

Schicht 1	Bitsteuerung	I.430 / I.431
Schicht 2	Sicherungsschicht	Q.920 / Q.921
Schicht 3	Vermittlungsschicht	Q.931

3.1.1 Schicht 1

Die Funktion der Schicht 1 besteht aus der Übertragung der einzelnen Bits. Sie überträgt die Informationen des D-Kanals und der B-Kanäle gleichzeitig. Die Taktraten setzen sich daher aus der Summe der B-Kanäle, des D-Kanals und einigen Bits zur Synchronisation zusammen. Beim S_0 sind das 192 kBit/s (= 2 × 64 kBit/s für die B-Kanäle + 16 kBit/s für den D-Kanal + 48 kBit/s zur Synchronisation), die effektiv übertragen werden. Als Übertragungsverfahren wurde ein modifizierter AMI-Code (Alternate Mark Inversion) gewählt. Seine binären Zustände werden über 3 Potentiale realisiert. Der Zustand 1 wird durch das Null-Potential dargestellt. Der Zustand 0 wird durch ein positives oder negatives Potential dargestellt, wobei nie zwei Signale gleicher Polarität aufeinander folgen dürfen (Abb. 3.3).

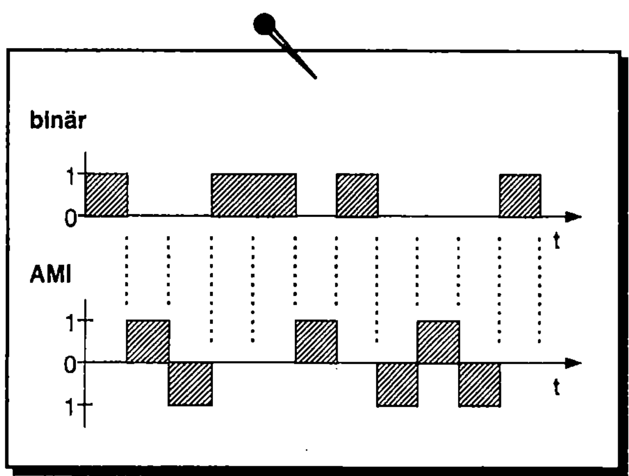

Abb. 3.3. modifizierter AMI-Code

Die Übertragung der Information wird alle 250 µs in 48 Bit große Rahmen zusammengefaßt. Sie sind je nach Richtung unterschiedlich definiert. Jeder B-Kanal ist in 2 Gruppen mit je 8 Bit aufgeteilt, und die 4 Bits des D-Kanals sind einzeln verteilt (Abb. 3.4).

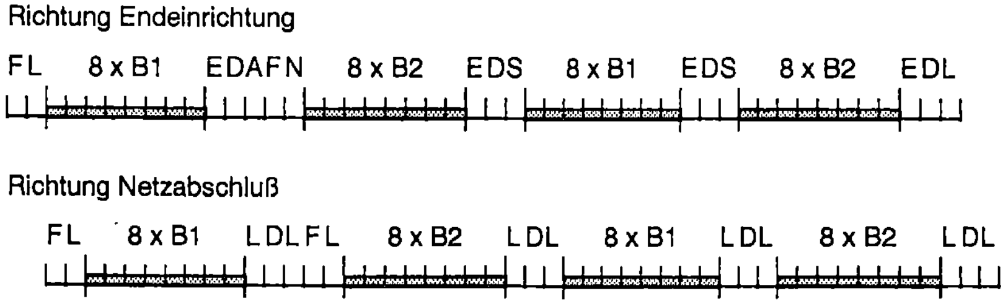

Richtung Endeinrichtung

F L   8 x B1   E D A F N   8 x B2   E D S   8 x B1   E D S   8 x B2   E D L

Richtung Netzabschluß

F L   8 x B1   L D L F L   8 x B2   L D L   8 x B1   L D L   8 x B2   L D L

Abb. 3.4. Informationsaufbau Schicht 1 im S_0

F: Rahmenbeginn   L: Ausgleichsbit
A: für Aktivierung   D: Bit im D-Kanal
B1, B2: Bit im B-Kanal   S: Füllbit (als 0 gesetzt)
E: Bit im D-Echokanal   N: N-Bit (als 1 gesetzt)

Die Rahmensynchronisation wird durch eine Verletzung der AMI-Regeln möglich. Der erste Impuls jedes Rahmenabschnittes wird mit einer entgegengesetzten Polarität gesendet.

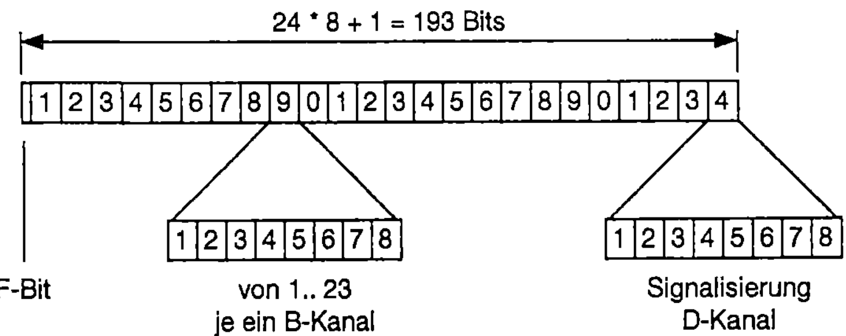

Abb. 3.5. Informationsaufbau Schicht 1 im nordamerikanischen S_{2M}

Der Informationsaufbau für den Primärmultiplexanschluß wurde erstmalig in den USA eingesetzt. Er entsprach 24 digitalen Signalen einer 7-Bit-Codierung, in dem jedes achte Bit der Signalisierung diente. Für den gesamten Rahmen wurde ein Bit zu Kennung genutzt, so daß eine Bitrate von

$$24 * 8 + 1 * 8\,000 \text{ 1/s} = 1\,544\,\text{kBit/s}$$

entstand. Nach der Umstellung in den USA auf 8-Bit-Codierung wurde die Rahmenstruktur beibehalten (Abb. 3.5).

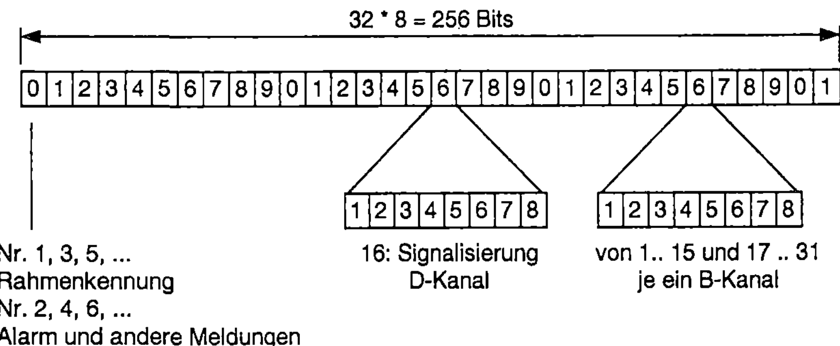

Abb. 3.6. Informationsaufbau Schicht 1 im europäischen S_{2M}

In Europa wurde ein System mit 30 Kanälen definiert (Abb. 3.6). Zur Signalisierung wurde von vornherein ein getrennter Kanal vorgesehen. Die ersten 8 Bit dienen abwechselnd als Rahmenkennung oder für Alarm und andere Meldungen. Die Informationen des D-Kanals sind in der Mitte des Rahmens eingepaßt, so daß die B-Kanäle in Blöcken zu je 15 Bytes aufgeteilt sind.

3.1.2 Schicht 2

Die Schicht 2 im D-Kanal hat die sichere Übertragung auf Schicht 1 zu garantieren. Auf Schicht 2 arbeitet das Protokoll LAP-D (Link Access Protocol D-channel), welches ein adaptives HDLC-Protokoll (Highlevel Data Link Control) ist. Die Nachrichten werden in Rahmen (Frames) verpackt, um sie der Schicht 3 anzubieten (Abb. 3.7).

8 Bit	16 Bit	8 Bit	128 x 8 Bit	16 Bit	8 Bit
Flag	Adreßfeld	Steuerfeld	Informationsfeld	Prüffeld	Flag

Abb. 3.7. Informationsaufbau Schicht 2 im D-Kanal

Jedes Schicht 2-Frame wird durch 2 HDLC-Flags mit dem Wert 0111 1110 = 0x7E begrenzt. Dazu ist sichergestellt, daß innerhalb des Frames die Bitkombination des Flags, also 6 aufeinanderfolgende Werte mit 1, nicht vorkommen kann.

Das *Adreßfeld* beinhaltet die Schicht 2-Adresse, die sich aus Service Access Point Identifier (SAPI) und Terminal Endpoint Identifier (TEI) zusammensetzt. Mit Hilfe der SAPI wird die Beziehung zu einer Instanz der Schicht 3 im D-Kanal hergestellt, so daß diese Instanz bestimmte Dienste der Schicht 2 in Anspruch nehmen kann (Tabelle 3.2).

Tabelle 3.2. Werte des Service Access Point Identifier (SAPI)

SAPI	Bedeutung
0	Signalisierungsprozeduren
16	paketierte Daten (X.25)
32–47	reserviert
63	Managementfunktionen (TEI-Vergabe, Gruppen SAPI)

Die TEI dient dazu, das Endgerät gegenüber der Vermittlungsstelle eindeutig zu identifizieren. Der Verbindungsaufbau im D-Kanal beginnt daher auch immer mit der TEI-Vergabe, falls sie nicht schon vorher am Gerät festgelegt wurde. Eine Ausnahme bildet die Punkt-zu-Punkt Verbindung, bei der der TEI-Wert immer 0 ist (Tabelle 3.3).

Tabelle 3.3. Werte des Terminal Endpoint Identifier (TEI)

TEI	Bedeutung
0	Punkt-zu-Punkt Konfiguration
1–63	am Endgerät eingestellte TEI
64–126	von der Vermittlungsstelle vergebene TEI
127	Broadcast zur TEI-Vergabe

Die Aufgabe des *Steuerfeldes* im Schicht 2-Frame ist es, die Funktion des Frames zu kennzeichnen. Die Funktion des Rahmens wird in 3 Typen unterschieden:

- numerische Informationsrahmen für die quittierte Datenübertragung,
- numerische Steuerrahmen zur Überwachung und Steuerung,
- unnumerierte Steuerrahmen zum Auf- und Abbau der Verbindung.

Das *Informationsfeld* enthält die Nachricht, die für die Schicht 3 übertragen wird. Das letzte Feld ist das *Rahmenprüffeld,* das für das Frame ein Bitmuster berechnet, um die Bitverfälschung während der Übertragung zu erkennen.

3.1.3 Schicht 3

In der Schicht 3 des D-Kanals werden die Dienste und Leistungsmerkmale realisiert. Die Grundzüge sind in ITU-T Empfehlung Q.931 definiert. Unterschiede werden in der nationalen Umsetzung der verschiedenen ISDN-Protokolle festgelegt. In Europa sind die verschiedenen nationalen Schicht 3-Protokolle durch das Euro-ISDN weiter an die Q.931 angegliedert worden. Auch in Amerika sind unterschiedliche Protokolle zum National ISDN-1 (NI-1) zusammengefaßt worden.

Die Schicht 3 arbeitet nachrichtenorientiert, wobei auch die Nachricht einen definierten Aufbau hat (Abb. 3.8).

Protokollkennung	Transaktionsnummer	Nachrichtentyp	Nachrichtenelemente	...

Abb. 3.8. Informationsaufbau Schicht 3 im D-Kanal

Die *Protokollkennung* ermöglicht die Unterscheidung verschiedener Protokollversionen. Sie unterscheidet beispielsweise zwischen Euro-ISDN nach Q.931 und dem deutschen ISDN-Protokoll nach 1TR6.

Die *Transaktionsnummer* unterscheidet gleichzeitig ablaufende Signalisierungsvorgänge (Transaktionen). Sie kann aus 2 bis 16 Byte bestehen. Das erste Byte enthält die Längenangabe, und der Rest beinhaltet die eigentliche Transaktionsnummer.

Der *Nachrichtentyp* identifiziert die Funktion der jeweiligen Nachricht, und die Nachrichtenelemente sind als Parameter der jeweiligen Nachricht zu interpretieren.

Die *Nachrichten* werden mit der angeschlossenen Vermittlungsstelle ausgetauscht. In erster Linie dienen sie zum Auf- und Abbau des B-Kanals. Zusätzlich übertragen sie auch Informationen, wie zum Beispiel die Gebühren. Der Nachrichtenaustausch zum Verbindungsaufbau ist in Bild 3.9 dargestellt.

Die SETUP-Nachricht leitet den Verbindungsaufbau ein. Sie enthält unter anderem die Zieladresse, die Absendeadresse und die Dienstekennung (Service). Sie wird über verschiedene Vermittlungsstellen (Vst) bis zum angerufenen Teilnehmer geleitet.

Das SETUP_ACK (Acknowledge) ist die Quittung der Vermittlungsstelle für den Erhalt des SETUP.

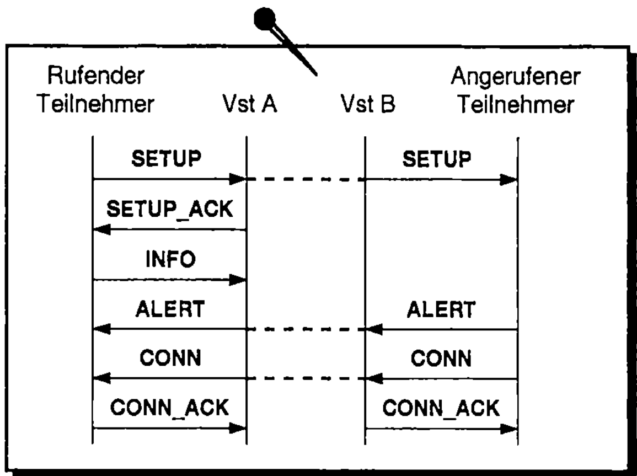

Abb. 3.9. Verbindungsaufbau im D-Kanal – Schicht 3

Durch das ALERT wird mitgeteilt, daß ein Endgerät nach Überprüfung der Kompatibilität grundsätzlich in der Lage wäre, den Ruf anzunehmen. Diese Nachricht ist vergleichbar mit dem Klingeln des Telefons.

Das CONN (Connect) zeigt den erfolgreichen Verbindungsaufbau des B-Kanals an. Mit dieser Nachricht beginnt die Gebührenerfassung.

Die Nachricht CONN_ACK wird als Quittung für das Connect gesendet, und sie erhält zusätzlich die Nummer des zugeordneten B-Kanals.

Die INFO-Nachricht wird zur zusätzlichen Übermittlung verschiedener Informationen benutzt. Sie übermittelt z.B. Adreßinformationen beim Verbindungsaufbau und die anfallenden Gebühren.

Der ISDN-Adapterkartenhersteller Eicon.Diehl liefert zu seiner Produktpalette immer ein Programm, das den Datenverkehr auf dem D- und B-Kanal mitzeichnen kann. Die mit diesem Programm erstellten Traces lassen den Verbindungsaufund -abbau gut erkennen (Listing 3.1).

Listing 3.1. D-Kanal-Trace eines Verbindungsaufbaus im D-Kanal

```
ISDN Log Facility for DOS, Version 5.03, Build 96-123

    0:2063:374 - D-X(008) FC FF 03 0F 85 31 01 FF
                 send TEI Broadcast
    0:2063:406 - D-R(008) FE FF 03 0F 85 31 02 83
                 receive TEI = 0x83
    0:2063:407 - D-X(003) 00 83 7F
    0:2063:414 - D-R(008) FE FF 03 0F 00 00 04 FF
    0:2063:414 - D-X(008) FC FF 03 0F AD 31 05 83
    0:2063:424 - D-R(003) 00 83 73
                 Layer 2 init

    0:2063:425 - D-X(026) 00 83 00 00 08 01 01 05
                          A1 04 02 88 90 18 01 83
                          6C 03 80 32 30 70 03 80
                          38 30
```

```
                    Q.931   CR0001 SETUP
                            MORE
                            Bearer Capability 88 90
                            Channel Id 83
                            Calling Party Number 80 '20'
                            Called Party Number 80 '80'
0:2063:452 - D-R(004) 00 83 01 02

0:2063:700 - D-R(011) 02 83 00 02 08 01 81 02
                            18 01 89
                    Q.931   CR8001 SETUP_ACK
                            Channel Id 89
0:2063:701 - D-X(004) 02 83 01 02

0:2063:804 - D-R(008) 02 83 02 02 08 01 81 01
                    Q.931   CR8001 ALERT
0:2063:804 - D-X(004) 02 83 01 04

0:2064:144 - D-R(020) 02 83 04 02 08 01 81 07
                            29 05 60 0C 13 09 25 4C
                            03 81 38 30
                    Q.931   CR8001 CONN
                            Date 60 0c 13 09 25
                            0/4c   81 38 30
0:2064:144 - D-X(004) 02 83 01 06

0:2064:148 - D-X(008) 00 83 02 06 08 01 01 0F
                    Q.931   CR0001 CONN_ACK
0:2064:167 - D-R(004) 00 83 01 04
```

Im Bild 3.10 ist der Verbindungsabbau dargestellt. Er wird im Bild vom anrufenden Teilnehmer initiiert.

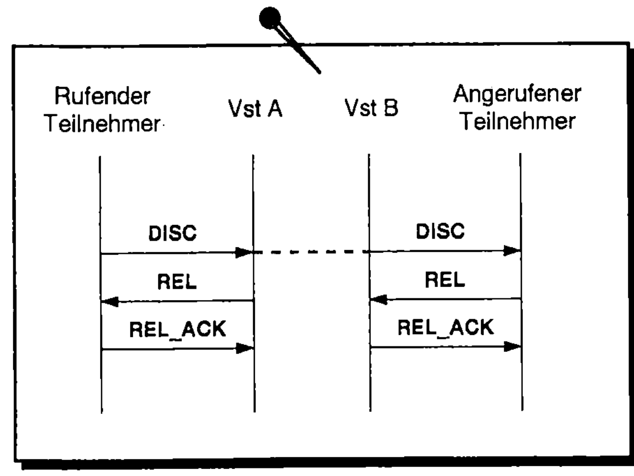

Abb. 3.10. Verbindungsabbau im D-Kanal – Schicht 3

Die Nachricht DISC (Disconnect) leitet den Verbindungsabbau ein. Daraufhin wird der B-Kanal freigegeben, und die Gebührenerfassung wird beendet.

Das REL (Release) löst einen Verbindungsabbau aller weiteren Verbindungen aus und gibt die Transaktionsnummer wieder frei.

Die Nachricht REL_ACK quittiert das REL und bringt die Endeinrichtungen wieder in den Grundzustand (Listing 3.2).

Listing 3.2. D-Kanal-Trace eines Verbindungsabbaus im D-Kanal

```
ISDN Log Facility for DOS, Version 5.03, Build 96-123

    0:2077:694 - D-X(012) 00 83 04 06 08 01 01 45
                           08 02 80 90
                 Q.931     CR0001 DISC
                           Cause 80 90 'Normal call clearing'
    0:2077:713 - D-R(004) 00 83 01 06

    0:2077:834 - D-R(012) 02 83 06 06 08 01 81 4D
                           08 02 80 90
                 Q.931     CR8001 REL
                           Cause 80 90 'Normal call clearing'
    0:2077:834 - D-X(004) 02 83 01 08

    0:2077:838 - D-X(008) 00 83 06 08 08 01 01 5A
                   Q.931   CR0001 REL_ACK
    0:2077:857 - D-R(004) 00 83 01 08
```

Die Zeilen in den Listings beginnen mit einer Zeitangabe, gerechnet vom Zeitpunkt der Initialisierung des Trace-Programmes. Nach dem Bindestrich erfolgt der Kanaltyp (D- oder B-Kanal) und die Länge der Nachricht in Bytes. Die nachfolgenden Zeilen entsprechen der Interpretation nach Q.931.

3.2 Protokolle im B-Kanal

Die Datenkanäle im ISDN sind nur für die Nutzdatenübertragung. Durch die Betreiber festgelegte Protokolle in den Schichten, so wie es sie im Steuerkanal gibt, sind im Datenkanal nicht vorhanden. Nur für die Schicht 1, der physikalischen Übertragungsschicht, gelten die ITU-Richtlinien nach I.430 und I.431, um die physikalische Übertragung zu sichern.

Für die Übertragung der Nutzdaten stehen alle oberen 6 Schichten entsprechend des OSI-Referenzmodells frei zur Verfügung. Wie bei jeder Kommunikation muß auch hier sichergestellt sein, daß auf beiden Seiten der Verbindung die gleichen Protokolle genutzt werden. Da die Vielzahl der unterschiedlichen Protokolle nicht beschränkt ist, soll in diesem Kapitel der Protokollaufbau an 4 Beispielen aufgezeigt werden.

3.2.1 Sprachübertragung

Die Sprachübertragung erfolgt, oberhalb der Schicht 1, ohne Protokolle. Die analogen Fernsprechsignale werden nach dem Pulscodemodulationsverfahren (PCM) mit 8 kHz abgetastet, so daß ein zeitdiskretes, wertkontinuierliches Signal entsteht. Ein Tiefpaß vor der Abtastung verhindert Störungen durch Spektralanteile des Signals außerhalb des Frequenzbereichs, der zu übertragen ist. Die dann folgende Quantisierung geschieht in zwei Schritten. Im ersten Schritt erfolgt eine analog-digital-Umwandlung in einen Wert, der durch 12 Bit dargestellt werden kann. Im zweiten Schritt wird dieser Wert über eine Quantisierungskennlinie in einen 8-Bit-Wert umgewandelt, so daß ein Byte zur Darstellung verwendet werden kann (Abb. 3.11).

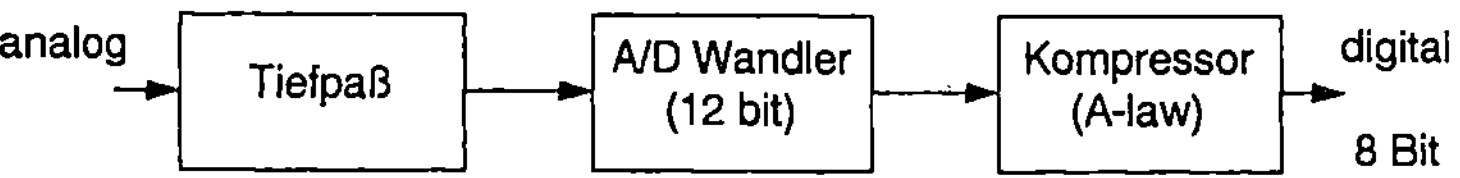

Abb. 3.11. digitale Sprachcodierung

Die Quantisierungskennlinie ist zur Verbesserung des Signal-Geräusch-Abstandes nicht linear. Die kleinen Signale (nahe 0) werden dabei feiner quantisiert, als die großen. Dadurch werden die Frequenzbereiche der Sprache in besserer Qualität übertragen als die Umgebungsgeräusche. Vor der feinen Quantisierung werden die Signale als 12stellige, vorzeichenbehaftete binäre Zahl dargestellt. Danach erst werden die Werte gemäß der Kennlinie in 8stellige Zahlen umgerechnet. Es gibt zwei Kennlinien, nach denen diese Kompression erfolgt, A-law und μ-law. Die Quantisierungskennlinie A-law wird in Europa genutzt (Abb. 3.12). Im Gegensatz dazu wird in Nordamerika die Quantisierung nach μ-law benutzt. Am Übergang zwischen beiden Kontinenten werden die Signale umgewandelt. Amerikanische Geräte, die auf ISDN-Sprachübertragung (Telefon, Fax Gruppe 3, Modem) basieren, müssen daher vor der Nutzung in Europa umkonfiguriert werden. Nicht umkonfigurierbare Geräte können nicht genutzt werden.

Auf der Seite des Empfängers wird das Signal über die gleiche Kennlinie in einen 12-Bit-Wert zurückgewandelt und über einen digital-analog-Wandler wieder ausgegeben. Jeder Abtastwert kann also durch 8 Bit übertragen werden. Wegen der Übertragungsrate von 64 kBit/s stehen für die 8 Bit maximal 125 μs zur Verfügung (8 Bit : 64 kBit/s = 125μs).

Für eine Sprachübertragung mit besserer Verständlichkeit und, Wiedergabetreue ist im ISDN ein neuer Telefondienst eingeführt worden. Er arbeitet auf einer Bandbreite im Niederfrequenzbereich von 7 kHz im Gegensatz zu den 3–3,4 kHz der analogen Telefonie. Die Umsetzung des 7 kHz Sprachsignals erfolgt nach ITU-T Empfehlung G.722 durch eine adaptive Differenz-Pulscodemodulation (ADPCM) mit einer Abtastfrequenz von 16 kHz. Für die 7-kHz-Telefonie müssen beide Endgeräte ausgelegt sein.

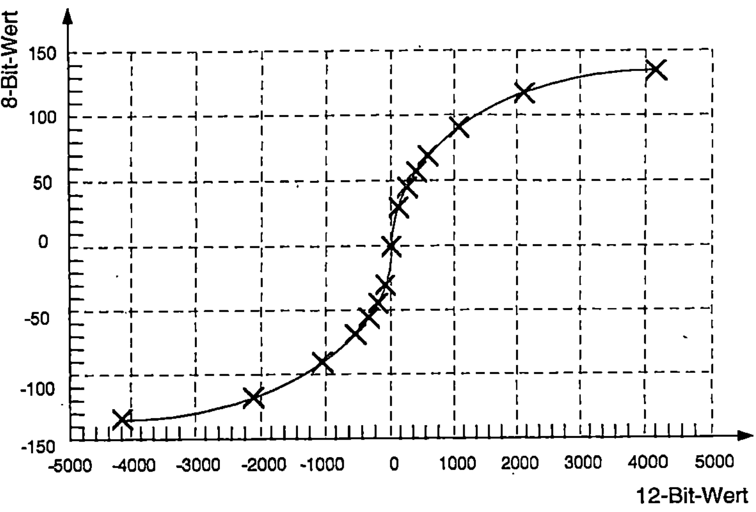

Abb. 3.12. A-law Quantisierungskennlinie

3.2.2 Netzwerkverbindungen

Die Computervernetzung hat sich in fast allen Einsatzbereichen der Datenverarbeitung etabliert. Man unterscheidet allgemein zwischen lokaler Vernetzung (Local Area Network – LAN) und Weitverkehrsvernetzung (Wide Area Network – WAN). Die lokale Vernetzung erfolgt über Topologien wie Ethernet, Token Ring oder FDDI. Die notwendigen Netzwerkadapter sind ständig am Netz angeschlossen. Die Datenübertragung wird durch Protokolle wie TCP/IP, IPX oder SNA geregelt. Weitverkehrsnetze können unterteilt werden in Netze mit paketorientierter Übertragung und leitungsorientierter Übertragung. Das ISDN unterstützt beide Arten der Übertragung, wobei die paketorientierte Übertragung über X.31 noch in den Kinderschuhen steckt. Über die leitungsorientierte Verbindung lassen sich Fernzugriffe auf Computernetzwerke und Netzwerkkopplungen einfach realisieren. In beiden Fällen wird ein LAN-Protokoll über die WAN-Verbindung übertragen. Bei der Übertragung von LAN-Protokollen im WAN entstehen 2 Problemkreise:

- die Verbindungskosten und
- der Schutz vor unberechtigtem Zugriff.

Da bei LAN-Verbindungen keine Verbindungskosten entstehen, sind die Protokolle nur schwer auf WAN-Verbindungen zu optimieren. Ein Short Hold Mode kann die Verbindung abbauen, solange keine Daten übertragen werden. Da im ISDN der Verbindungsaufbau in 2 Sekunden garantiert wird, kommt es kaum zu merklichen Verzögerungen durch den Short Hold Mode. Aber die Geschwätzigkeit der Protokolle, hervorgerufen durch das Übertragen von Informationen zur Aufrechterhaltung des Netzwerks, erlaubt kaum das effektive Arbeiten des Short Hold Modes. Nur mit protokollspezifischen Filtern und dem lokalen Beantworten bekannter Abfragen (Spoofing) kann der Datenstrom soweit verringert werden, daß eine echte Kosteneinsparung erreicht wird.

Die über WAN-Verbindungen zu übertragenden LAN-Protokolle werden durch zusätzliche Protokolle auf WAN-Bedingungen angepaßt. Als WAN-Protokoll hat sich international das Point-to-Point Protocol (PPP) durchgesetzt. Weitere Informationen dazu sind im Kapitel 5 dargestellt.

3.2.3 Bitratenadaption

Für den Übergang vom ISDN in andere Netze, die langsamer als 64 kBit/s arbeiten, ist eine Geschwindigkeitsumsetzung (Bitratenadaption) notwendig. Die Umsetzung erfolgt nach den ITU-Standards V.110 und V.120.

In dem V.110-Standard wird grundsätzlich zwischen synchroner und asynchroner Übertragung unterschieden. Die Bitratenadaption bei synchroner Übertragung ist nur für die Geschwindigkeiten 48 und 56 kBit/s definiert. Die Umsetzung nach 56 kBit/s erfolgt, indem das Bit 8 keine Nutzdaten erhält sondern einfach auf 1 gesetzt wird. In Nordamerika existieren einige öffentliche Vermittlungsstellen, die nur mit 56-kBit/s-Nutzdatenübertragung arbeiten können. Richtigerweise übertragen diese Vermittlungsstellen auch mit 64 kBit/s. Die Hersteller dieser Vermittlungsstellen haben das achte Bit für sich reserviert. Da eine weitere Einschränkung die Übertragung von einen kompletten Byte mit dem Wert 0 verbietet, kann das synchrone V.110 bzw. V.120 mit dem gesetzten, achten Bit immer über diese Vermittlungsstellen übertragen werden. Die Umsetzung auf 48 kBit/s erfolgt auf eine ähnliche Weise. Hier wird das erste Bit gesetzt, und im achten Bit werden verschiedene Statusinformationen übertragen. Die Bits 2–7 sind für die Nutzdatenübertragung reserviert.

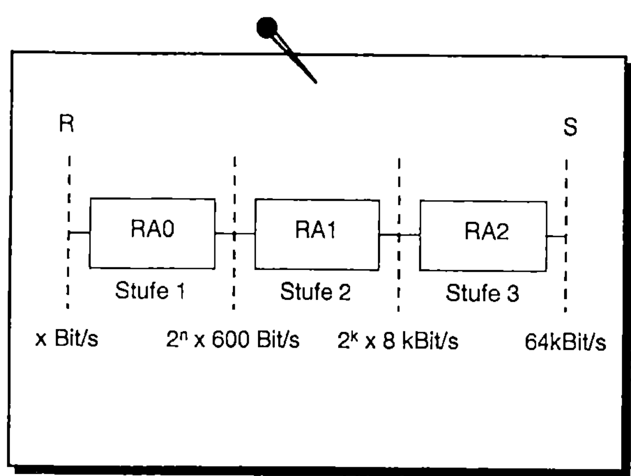

Abb. 3.13. Stufenweise Bitratenanpassung des V.110

Die asynchrone Umsetzung findet in 3 Stufen zwischen den ISDN-Referenzpunkten R und S statt (Abb. 3.13 und Tabelle 3.4). In der Stufe 1 findet die syn-

chron-asynchron Umwandlung durch eine Stopbit-Manipulation nach V.14 statt.
Die Umsetzung der Geschwindigkeit erfolgt durch Auffüllen der übertragenen
Datenblöcke mit leeren Informationen (Bitstuffing) bzw. dem Entfernen der leeren Informationen in der anderen Richtung. Bei langsamen Geschwindigkeiten
muß eine Information in mehr als einem Byte untergebracht werden. Die Stufe 2
realisiert eine Geschwindigkeitsanpassung so, daß das Bitstuffing in der Stufe 3
nur noch byteweise betrachtet werden muß. Für 8 000 Bit/s ergibt sich eine Bit-
folge von 111 111x und für 16 kBit/s von 1111 11xx im B-Kanal, wobei x die
Nutzinformation enthält.

Tabelle 3.4. asynchrone V.110-Übertragungsraten

Datenrate in Bit/s	RA0-/ RA1-Rate in Bit/s	RA1-/ RA2-Rate in Bit/s
50	600	8 000
75	600	8 000
110	600	8 000
150	600	8 000
200	600	8 000
300*	600	8 000
600*	600	8 000
1 200*	1 200	8 000
2 400*	2 400	8 000
3 600	4 800	8 000
4 800*	4 800	8 000
7 200	9 600	16 000
9 600*	9 600	16 000
12 000	19 200	32 000
14 400	19 200	32 000
19 200*	19 200	32 000
38 400*	38 400	64 000

* wird von den gebräuchlichen Terminaladaptern unterstützt

Die Bitratenadaption nach V.110 wird nicht nur von Terminaladaptern sondern
auch von ISDN-Adaptern unterstützt. Da das Protokoll nicht auf einem HDLC-
Framing basiert, wird es nicht von allen ISDN-Adaptern unterstützt. Das HDLC-
Framing wird durch einen Baustein (z.B. HSCX) realisiert, der auf fast allen ISDN-
Adaptern vorhanden ist. Das V.110-Protokoll wird durch einen anderen Baustein
oder eine Softwareumsetzung transparenter Daten (ohne Framing) realisiert. Auch
wenn der Adapter die Bitratenadaption unterstützt, muß geprüft werden, ob die
benötigte Datenrate unterstützt wird. Viele V.110-Implementationen unterstützen
keine Datenraten unter 4 800 kBit/s, weil dazu mehrere Bytes gleichzeitig betrachtet werden müssen. Die Stufe 2 (RA1) ist also nicht implementiert. Die Datenrate von 38 400 kBit/s ist im V.110 eigentlich nicht enthalten. Da sie aber technisch möglich und sinnvoll ist, wird sie von vielen Herstellern mit angeboten.

Das V.110 wurde für die ersten Compuserve-Zugänge über ISDN in Deutschland genutzt. Dazu waren die Datenraten von 9 600 und später 38 400 Bit/s nutzbar. Die neuen Zugänge bieten die Protokolle X.75 und V.120 mit voller ISDN-Geschwindigkeit. Aktuell wird V.110 hauptsächlich beim Übergang in das Mobilfunknetz GSM mit 9 600 Bit/s genutzt.

Auch das V.120-Protokoll ist als Rate-Adaption Protokoll deklariert. Es ist im nordamerikanischen Raum sehr verbreitet und durch die Compuserve ISDN-Zugänge auch in Deutschland ins Gespräch gekommen.

Das Protokoll ist für den Anschluß von Terminaladaptern an das ISDN entwickelt. Es kann sowohl zur synchronen als auch zur asynchronen Übertragung genutzt werden. Für die asynchrone Datenübertragung wird eine Datenpufferung benötigt. Gesteuert wird die Übertragung durch eine Flußkontrolle (Flow Control).

Die synchrone Übertragung des V.120-Protokolls ist die gebräuchliche im ISDN. Diese Übertragung basiert auf dem HDLC-Frameaufbau und wird über Prüfsummen gesichert. Der Protokollaufbau ist in Bild 3.14 dargestellt.

Die Übertragung kann man sich vorstellen als eine 64 kBit/s ISDN-Verbindung zwischen zwei Terminaladaptern. Der empfangende Terminaladapter speichert die Daten zwischen und gibt sie mit der Geschwindigkeit seines Endgerätes weiter. Wann gesendet werden kann und wann der Speicher voll ist wird über die Flußkontrolle ausgehandelt.

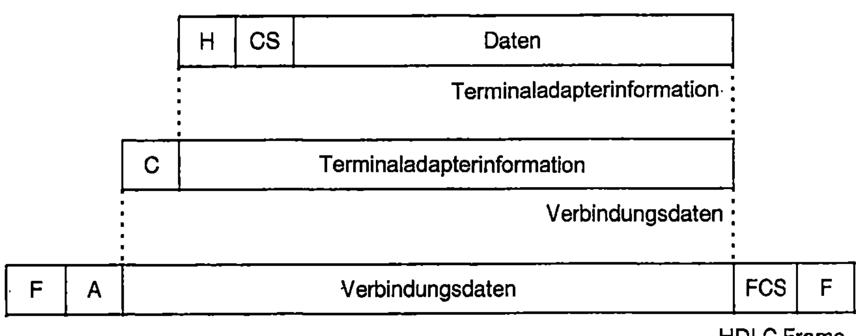

Abb. 3.14. Informationsaufbau im V.120-Protokoll

F	HDLC Flag	H	Header
A	Adresse	CS	Header Extension Control State Information
C	Control		

Die Daten des vom Terminaladapter bedienten Gerätes werden mit einem Rahmenkopf (Header) versehen, der die Informationen zur Flußkontrolle wie Data Ready (DR), Send Ready (SR) und Receive Ready (RR) in der Erweiterung (CS) enthält. Diese Terminaladapterinformationen werden um den Typ des HDLC-Formates vervollständigt, schließlich als HDLC-Frame gekennzeichnet und auf Schicht 1 übertragen.

3.2.4 Telematik

Telematik ist ein Kunstwort und wird gebildet aus Telekommunikation und Informatik. Der Begriff hat sich eingebürgert als Name für dokumentorientierte Kommunikation zwischen Computern – also Dateien, Faxdokumente und elektronische Mail.

Die physikalische Verbindungsschicht wird gesichert über das X.75-Protokoll. Das Protokoll nutzt einen Datenpaketaufbau (Framing), der auf dem HDLC basiert, mit einer zusätzlichen Fehlerprüfung. Alle Datenpakete werden beim Empfang auf Fehler überprüft und bei Bedarf von der Gegenseite neu angefordert.

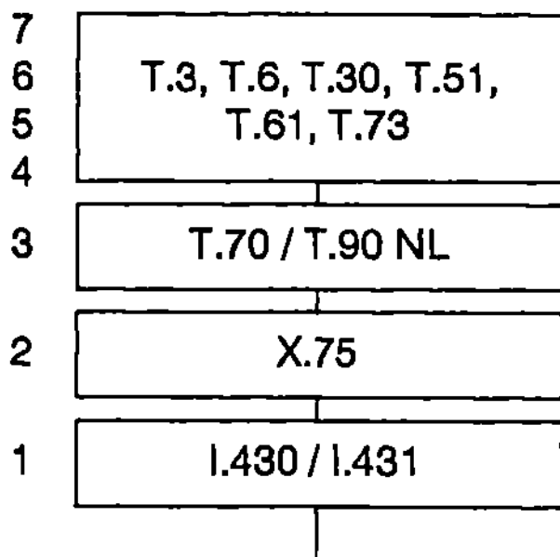

Abb. 3.15. Protokollaufbau Telematik

Das Protokoll nach T.70 / T.90NL fügt dem X.75-Frame einen Telematik-Header zu. Der Header gibt Auskunft über die Art des Dienstes. Er ist eingeführt worden, um gleichzeitig mehrere unterschiedliche Telematikdienste über eine physikalische Verbindung zu benutzen. In der Praxis werden die Verbindungen aber nur für einen Dienst genutzt.

Die übertragenen Nutzdaten sind wiederum definiert. Entsprechende Richtlinien für Telefax (T.30, T.73, ...), für Dateitransfer im Transparent Mode (T.6, T.61, ...) und für Telex/Teletex (T.51, T.61, ...) sind durch die ITU-T standardisiert (Abb. 3.15).

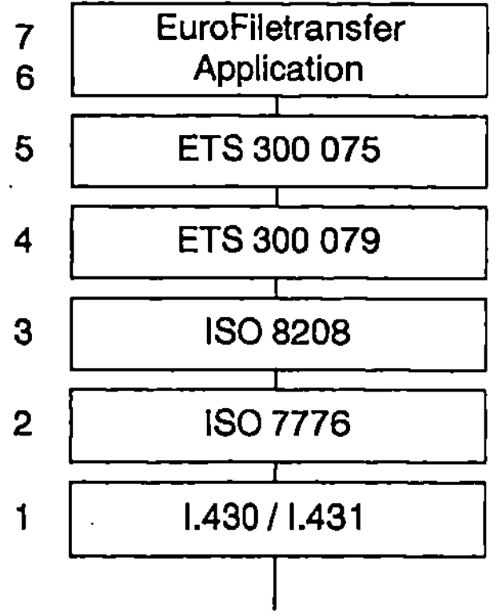

Abb. 3.16. EuroFiletransfer-Protokolle nach OSI

Der erste europäische Standard für einen Telematikdienst ist der EuroFiletransfer (Abb. 3.16). Er ist vom ETSI Gremium als ETS 300 075 definiert und basiert auf dem Schicht 3-Protokoll nach ISO 8208. Der Dateitransfer im Teletex-Transparentmode (T.60) soll damit abgelöst werden. Der Standard ist in Frankreich von der France Telecom unter dem Namen „Telediskuette" entwickelt worden. Der EuroFiletransfer wird von vielen Hard- und Softwareherstellern angeboten und ist auch in den meisten Fällen untereinander kompatibel. Die Applikationen können im Store-and-Foreward Prinzip die Dateien einzeln übertragen oder auch einen interaktiven Zugriff auf das ferne System erlauben. Der EuroFiletransfer ist in Europa weit verbreitet, weil er einfache Datenübertragung realisieren kann und kompatibel ist. Die alternative Dateiübertragung über Netzwerkprotokolle (z.B. über TCP/IP und FTP) setzt wiederum exakt installierte LAN-Protokolle voraus und ist damit komplizierter einzurichten.

3.3 Dienstübergänge

Die effektive Nutzung der verschiedenen Dienste im ISDN kann nur erfolgen, wenn Teilnehmer auch außerhalb des ISDN erreicht werden können. Dazu stehen für ISDN verschiedene, zum Teil sehr unterschiedlich arbeitende Dienstübergänge zur Verfügung. Der wohl am häufigsten genutzte Übergang ist der zum analogen Fernsprechnetz. Dieser Übergang steht immer zur Verfügung. In Deutschland sind alle Ortsvermittlungsstellen bereits auf die digitale Technik umgerüstet, so daß der Übergang erst bei der Anschlußstelle des Teilnehmers stattfindet.

3.3.1 Telefax Gruppe 3

Die Faxkommunikation wurde von Alexander Bain erfunden und bereits 1843 patentiert; mehr als 30 Jahre vor der Erfindung des Telefons. Der englische Physiker Frederick Bakewell hat 1848 ein weiteres Verfahren patentieren lassen. Beide Systeme benutzten eine elektrische Übertragung, um Bilder zu kopieren. Die Maschinen selbst wurden durch ein Uhrwerk angetrieben. Die kommerzielle Nutzung begann erst nach der Erfindung des Telefons 1876 durch die Bildübertragung für Zeitungsredaktionen. Die damalige International Telegraph Union hat 1968 die Telefax-Übertragung als T.2 standardisiert. Der Standard wird heute als Gruppe 1 bezeichnet. Das beschriebene Verfahren übertrug eine Auflösung von 3,85 Zeilen pro Millimeter.

Mit dem Gruppe 2 Fax, das 1976 im T.3 standardisiert wurde, war die Geschwindigkeit auf etwa 3 Minuten pro Seite erhöht worden. Die Übertragung basierte auf einem einfachen Ton. Wurde er gesendet, wurde auf der anderen Seite ein Punkt gesetzt, ohne Ton wurde der Punkt weiß gelassen.

Der Gruppe 3-Standard wurde 1980 als T.4 geschaffen. Die Übertragung basiert auf verschiedenen Frequenzen, die eine Faxseite in weniger als einer Minute übertragen können. Für das Steuerungsprotokoll ist ein eigener Standard (T.30)

geschaffen worden. Das Fax Gruppe 3 hat sich schnell durchgesetzt und die Faxübertragung der Gruppe 1 und 2 vollständig abgelöst.

Durch die digitale Übertragung im ISDN ist die Gruppe 4 definiert worden.
Das Fax Gruppe 4 arbeitet mit höheren Auflösungen, ist wesentlich schneller, aber
leider nicht kompatibel zur Gruppe 3 und wird daher nur von wenige Faxgeräten
angeboten. Damit die Kommunikation mit den Geräten nach Gruppe 3 noch möglich ist, wurden kombinierte Geräte für Fax Gruppe 3 und Gruppe 4 angeboten.
Diese Geräte sind zwangsläufig sehr teuer, so daß sich der Computer als Alternative angeboten hat. Da die Kommunikation von Computer zu Computer durch
einfachen Dateitransfer wesentlich vorteilhafter ist als die Konvertierung, Übertragung und Anzeige bzw. Rückkonvertierung der Faxdokumente, hat sich das
Fax Gruppe 4 bis heute nicht durchgesetzt.

Die Unterstützung des Faxdienstes durch den Computer hat eine Reihe von
Vorteilen:

- Nutzung vorhandener Technik wie Scanner und Drucker,
- papierloses Senden direkt aus dem Computer,
- Weiterbearbeitung empfangener Dokumente z.B. durch OCR
  (Optical Character Recognition).

Durch die Nutzung von ISDN ergeben sich weitere Vorteile für die computerunterstützte Faxkommunikation:

- direkte Durchwahl in lokalen Netzwerken,
- gleichzeitige Nutzung mehrerer Kanäle für Fax.

Zur Unterstützung des analogen Faxdienstes muß der genutzte ISDN-Adapter
dafür ausgerüstet sein. Die Umwandlung der digitalen Singale erfolgt durch den
ISDN-Adapter auf 3 unterschiedlichen Wegen:

- über einen frei programmierbaren Digitalen Signalprozessor (DSP), wie z.B.
  auf den DIVA-Adaptern von Eicon.Diehl,
- über einen fest programmierten Modem-Baustein (oft durch einen Rockwell
  Chip), wie z.B. bei dem ixEins-Adapter von ITK,
- über Software, die auf dem Prozessor der aktiven ISDN-Adapter abgearbeitet
  wird, wie bei dem B1-Adapter von AVM.

Bei geringen Ansprüchen kann auch eine Software auf dem Prozessor des Computers genutzt werden, die die Analogumwandlung für Fax Gruppe 3 realisiert. Da
die Faxkommunikation sehr empfindlich gegenüber Übertragungspausen ist, wird
die gesamte Prozessorkapazität durch die Faxapplikation gebunden und das Wei-
terarbeiten während der Übertragung auf diesem Computer ist praktisch nicht
möglich. Weiterhin ist die Übertragungsgeschwindigkeit abhängig von der Leistungsfähigkeit des Prozessors. Für eine Übertragung schneller als 4 800 Bit/s
wird mindestens ein mit 75 MHz getakteter Pentium Prozessor benötigt (Abb. 3.17).

Die Kommunikation zur Steuerung der Faxgeräte erfolgt über Datenpakete im
HDLC-Format, die mit der niedrigsten Geschwindigkeit von 300 Bit/s in beiden
Richtungen gesendet werden. Das eigentliche Dokument wird nur in eine Rich-

tung, aber mit höherer Geschwindigkeit gesendet. Die gesamte Faxübertragung wird in mehrere Phasen eingeteilt (Abb. 3.18).

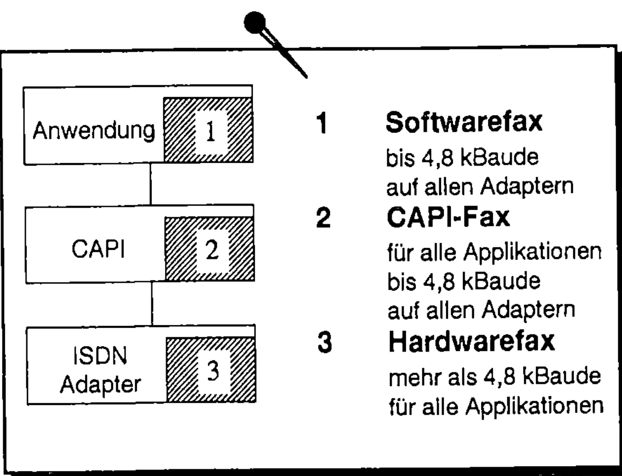

Abb. 3.17. Faxemulation auf verschiedenen Ebenen

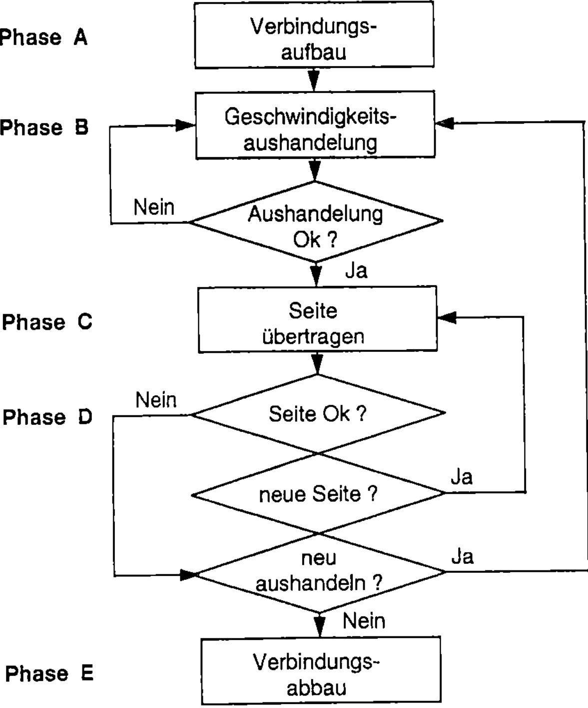

Abb. 3.18. Phasen einer Faxübertragung

In der *Phase A* wird die Verbindung aufgebaut. Der Empfänger sendet, nachdem der Ruf physikalisch aufgebaut worden ist, seine Kennung als Call Subscriber Identification (CSI) sowie seine Leistungsparameter als Digital Identification Signal (DIS).

Die *Phase B* beinhaltet die Aushandlung der Verbindungsparameter. Zu den Verbindungsparametern zählen die Geschwindigkeit, die Anzahl der Pixel pro Zeile sowie die Anzahl der Zeilen pro Seite und die Mindestzeit für die Übertragung einer Zeile.

Die eigentliche Übertragung des Dokuments findet in der *Phase C*, nach den ausgehandelten Parametern, statt. Die Seite wird in einem einzigen Datenstrom komplett übertragen. Die Zeilenenden werden mit dem Signal End of Line (EOL) gekennzeichnet. Das Seitenende wird durch 6 aufeinanderfolgende EOLs gekennzeichnet.

Ist die Seite übertragen, wird wieder auf HDLC-Übertragung mit 300 Bit/s für *Phase D* zurückgestellt. Der Empfänger erhält ein Multipage Signal (MPS), wenn eine weitere Seite gesendet werden soll oder ein End of Page (EOP) wenn die übertragene Seite die letzte des gesamten Prozesses war. Im Fehlerfall kann auch ein End of Message Signal (EOM) empfangen werden, worauf die Verbindungsparameter erneut ausgehandelt werden.

In *Phase E* wird durch das Disconnect Command (DCN) der Verbindungsabbau eingeleitet. Das DCN kann auch gesendet werden, wenn ein anderes Signal nach dreimaligem Senden nicht beantwortet worden ist.

Die Übertragungsgeschwindigkeiten sind zur Zeit bis 14 400 Bit/s definiert. Beim Aushandeln der Übertragungsgeschwindigkeit entsprechend Phase B (Training) wird die Geschwindigkeit auf 9 600, 7 200, 4 800 bis 2 400 Bit/s heruntergesetzt, bis die Gegenstelle die Geschwindigkeit bestätigt. Durch eine Datenkompression kann die Geschwindigkeit zusätzlich erhöht werden. In der Fax Gruppe 3-Spezifikation ist die Zeilenkomprimierung nach Modified Huffmann (MH) enthalten. Hier wird statt mehrerer, gleicher Pixel in einer Zeile nur die Anzahl der Wiederholungen angegeben. Eine Kompression über mehrere Zeilen erlaubt das Modified Relative Element Address Differentiation (Modified READ). Es bezieht sich immer auf die vorgehende Zeile als Referenz. Während Modified Huffman von allen Fax Gruppe 3-Geräten unterstützt wird, ist die Unterstützung des Modified READ optional.

Ebenfalls nur eine Option ist das Fehlerkorrekturverfahren Error Correction Mode (ECM). Jedes gesendete Paket wird mit einer Prüfsumme übertragen. Sobald ein Fehler entdeckt wurde, wird das Paket nochmals gesendet. Beide Seiten müssen dabei den ECM unterstützen.

Die Faxkommunikation über Computer wird mit sogenannten Faxmodems realisiert. Sie sind über die serielle Schnittstelle am Computer angeschlossen und verarbeiten den AT-Befehlssatz, wie alle anderen Modems auch. Zusätzlich verarbeiten sie die Faxerweiterung der AT-Befehle, die unter der Gruppe der AT+F Befehle zusammengefaßt worden sind. Anhand der unterstützten AT-Befehle werden die Modems in Class 1- und Class 2-Modems eingeteilt. Die Class 2-Modems besitzen mehr Intelligenz und sind daher mit weniger AT+F-Befehlen zu bedienen. Einige Funktionen, wie das Abrufen von Faxdokumenten, ist mit den

Class 2-Modems jedoch nicht möglich, so daß die modernen Modems als Class 1-
und 2-Modems angesprochen werden können.

Für das Computer-Fax am ISDN sind 2 verschiedene Schnittstellen nutzbar.
Einerseits ist es möglich, daß eine Modememulation die AT+F Befehle interpretiert und auf ISDN umsetzt. Damit erreicht man maximal die Leistungsfähigkeit
der analogen Faxmodems, kann aber auf ein riesengroßes Angebot an Faxpro-
grammen zurückgreifen. Anderseits ist auch die ISDN-Schnittstelle Common-
ISDN-API (CAPI) für die analoge Faxkommunikation erweitert worden. Auf
dieser Schnittstelle setzen viele professionelle Fax-Server-Lösungen auf.

3.3.2 Teletex-Telex-Umsetzer

Der Teletex-Telex-Umsetzer (TTU) bietet den Übergang zwischen dem Telex-,
dem Teletex- und dem ISDN-Netz in alle Richtungen an.

Das Telex-Netz wird weitläufig als Fernschreibnetz bezeichnet. Es bietet die
Übertragung von Text ohne Formatierung und mit eingeschränktem Zeichensatz
an. Der Zeichenvorrat im Telex-Netz entspricht dem International Telegraph Al-
phabet No. 2 (ITA2), beschrieben in der ITU-T Empfehlung S.1 und besteht aus:

- den 26 Zeichen des lateinischen Alphabetes A–Z, wobei zwischen Groß- und
  Kleinschreibung nicht unterschieden wird,
- den Dezimalzahlen 0–9 und
- den Sonderzeichen . , : ? ' + − / = ( ).

Der Telex-Dienst wird viel genutzt für die Nachrichtenübermittlung in afrikani-
sche und fernöstliche Länder. Das Telex-Netz in Deutschland hat neben dem
Übergang zum ISDN noch weitere Übergänge (Abb. 3.19).

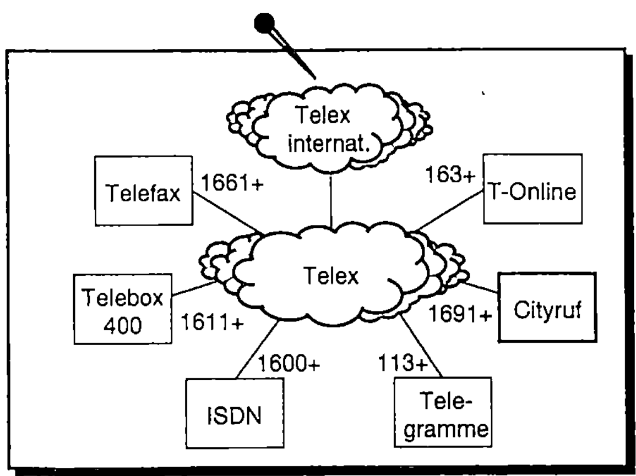

Abb. 3.19. Übergänge des deutschen Telex-Netzes

ISDN: Aus dem Telex-Netz können ISDN-Partner erreicht werden, die z.B. am
Computer empfangsbereit sind. Bei der Anwahl sind ein paar Besonderheiten zu

berücksichtigen. Der Verbindungsaufbau erfolgt in zwei Schritten. Zuerst wird der Dienstübergang mit 1600+ angewählt. Der Dienstübergang sendet seine Kennung zurück. In einer neuen Zeile wird dann nach dem Kurzzeichen ttx die ISDN-Telex-Kennung mit Landeskennzahl, Rufnummer und alphanumerischem Teil angegeben. Nach der Textübermittlung wird das Nachrichtenende mit ++++ in einer neuen Zeile gekennzeichnet.

T-Online: Die Kommunikation zum T-Online-Dienst basiert auf dem BTX-Mitteilungsdienst. Der Text wird in eine BTX-Mitteilung umgewandelt, die vom BTX-Teilnehmer abgerufen werden kann. Nach der Anwahl des BTX-Telex-Umsetzers (BTU) mit 163+ wird das Kürzel btx und die BTX-Teilnehmerkennung eingegeben und mit einem Pluszeichen abgeschlossen. Das Nachrichtenende wird mit ++++ gekennzeichnet.

Cityruf: Der Cityruf ist ein Dienst zur Übermittlung von Signaltönen oder kurzen Mitteilungen an Funkempfänger. Nach der Anwahl des Umsetzers mit 1691+ wird die Funknummer angegeben und mit zwei Pluszeichen bestätigt. Dann kann die Nachricht eingegeben und versendet werden.

Telegramm: Sogar Telegramme können über Telex aufgegeben werden. Nach Anwahl der Telegrammaufnahme 113+ wird die Postanschrift des Empfängers angegeben. Nach zwei Leerzeilen wird der Text eingegeben und mit nnnn abgesendet.

Telebox-400: Das Mailboxsystem der Telekom heißt Telebox-400. In diese Telebox kann über Telex eine Nachricht gelegt werden, die von Telebox-Kunden abgerufen werden kann. Nach der Anwahl des Übergangs mit 1611+ wird die Telebox-Adresse angegeben und die Nachricht übermittelt.

Telefax: Der Übergang zum Telefax-Dienst wird mit der Telex-Nummer 1661+ angewählt. Der Übergang speichert die Telex-Nachricht und sendet sie in konvertierter Form an das ferne Faxgerät.

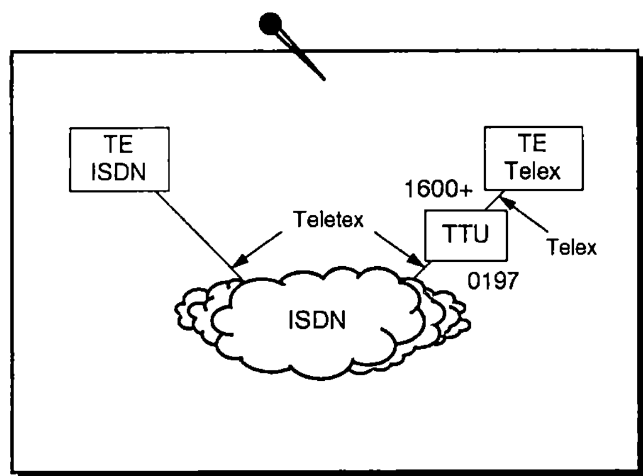

Abb. 3.20. Telex-Daten werden im ISDN als Teletex übertragen

Der Teletex-Dienst ist eine deutsche Erweiterung des Telex-Dienstes für die Übertragung von formatiertem Text mit einem erweiterten Zeichensatz. Da dieser Dienst sich international nicht durchgesetzt hat, gibt die Deutsche Telekom den Dienst komplett auf. Zum 31.12.96 ist den Teletex-Kunden gekündigt worden, und zum 30.9.1997 wurde der Netzbetrieb vollkommen eingestellt. Während der Teletex-Dienst als Teil im Integrierten Text- und Datennetz (IDN) nicht mehr betrieben wird, wird die Übertragung im ISDN nach wie vor unterstützt.

Aus dem ISDN in Richtung Telex-Netz wird zunächst die TTU über die Rufnummer 0197 angewählt. Nach der Anwahl wird die Kennung überprüft und die Rufnummer der Gegenstelle im Telex-Netz übertragen. Die Nachricht wird als kompletter Text übertragen und in der TTU zwischengespeichert (Abb. 3.20).

Die TTU sendet das Dokument dann selbständig an die Telex-Gegenstelle. Ist die Übertragung erfolgt, sendet die TTU eine Quittung an den Absender im ISDN-Netz. Sollte die Übertragung nicht erfolgt sein, sendet die TTU eine Fehlermeldung. Die Quittungen und Fehlermeldungen im ISDN werden immer im Teletex-Format gesendet.

Die Übertragung der Telex-Dokumente im ISDN erfolgt über die Protokolle X.75 und T.90NL im B-Kanal. Im ISDN-D-Kanal wird die Telex-Verbindung beim 1TR6 mit dem Service-Indikator 9/0 angezeigt. Im Euro-ISDN werden die Bearer Capabilities für digitale Daten und die High Layer Compatibility (HLC) für Telex übertragen.

Die Übertragung von Telex-Dokumenten kann auch von ISDN- zu ISDN-Gegenstellen erfolgen. Hier wird nicht die TTU angewählt, sondern direkt der ISDN-Teilnehmer. Die Kommunikation im Dialog, wie sie im Telex-Netz möglich ist, kann über ISDN nicht erfolgen.

Telex-Kommunikation wird von vielen kombinierten Softwarepaketen angeboten, die gleichzeitig Dateitransfer und Faxkommunikation bieten. Das Versenden erfolgt in der Regel über spezielle Telex-Druckertreiber aus beliebigen Texteditoren. Eine besondere Anforderung an die Hardware stellt der Telex-Dienst im ISDN nicht.

Der TTU wird auf lange Sicht nicht erhalten bleiben. Der richtige Weg für die Zukunft ist, den Übergang T-Online-Telex zu benutzen. Dazu wird von der Telekom eine kostenlose Software (Seite *150015#) angeboten, mit der man die Telex-Kommunikation über T-Online realisieren kann (Abb. 3.21).

Nach dem Herunterladen der Software muß man sich bei der Telekom registrieren lassen und bekommt dann eine Telex-Kennung. Die Kennung besteht aus der Nummer 210 und 3 weiteren teilnehmerbezogenen Ziffern und einer maximal 5stelligen numerischen Kennung sowie dem Landeskennzeichen D für Deutschland.

210xxx=nnnnn d

Wer bereits eine Telex-Kennung hat, kann diese weiter benutzen. Die Mitteilungen werden in einem speziellen Editor, entsprechend dem Zeichenvorrat des Telex-Dienstes, verfaßt und als Dokument versendet. Vorhandene Texte können über die Zwischenablage in diesen Editor kopiert werden. Eine Adreßbuchfunktion und das Merkmal Mehrfachadressierung erleichtern das Senden mit dem

Programm. Die Telekom erstellt beim Nachrichtenversand kostenlos eine Sendequittung. Die abgehenden und ankommenden Telexnachrichten werden in einem Eingangs- und einem Ausgangskorb verwaltet. Empfangene Nachrichten können am PC weiterverarbeitet oder auf ein Faxgerät weitergeleitet werden.

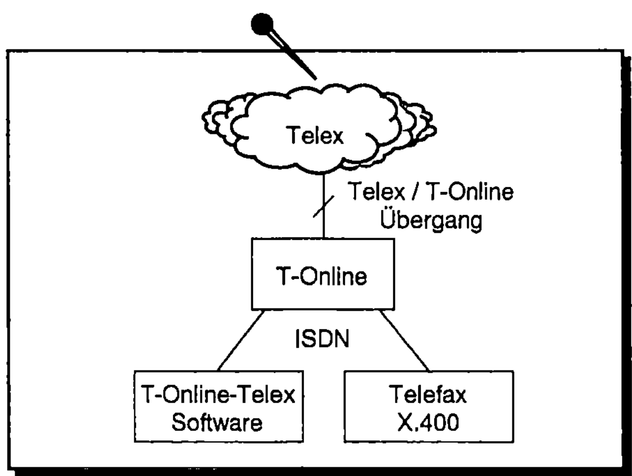

Abb. 3.21. Telex-Übergang zum T-Online-Netz

3.3.3 Übergang zum X.25-Netz

Das ISDN ist ein leitungsorientiertes Netz, das die gewünschte Verbindung als Punkt-zu-Punkt Verbindung nach dem Wählen des fernen Endpunktes zur Verfügung stellt. Als diensteintegrierendes Netz stellt ISDN auch den Anspruch, den paketorientierten Dienst nach X.25 zur Verfügung zu stellen. Das paketorientierte Netz stellt nicht, wie das leitungsorientierte Netz, eine Verbindung her, über die die Daten gesendet werden, sondern es sendet Daten (Pakete) mit einer Adresse, die den Weg zur Gegenstelle im Netz selbst finden. Die Vor- und Nachteile der beiden Netzarten ergeben sich aus dem Abrechnungsverfahren. In leitungsorientierten Netzen wird nach Verbindungszeit und in paketorientierten Netzen nach Übertragungsvolumen abgerechnet. Im allgemeinen gilt, daß für Anwendungen mit geringen Datenmengen und ständiger Verfügbarkeit das paketorientierte Netz vorteilhafter ist. Die Anwendungen, die hauptsächlich die Verbindung zum Dateitransfer benutzen, also viele Daten im möglichst kurzer Zeit übertragen, arbeiten günstiger auf Wählverbindungen. Vor der Entscheidung für ein paket- oder leitungsorientiertes Netz sollten Berechnungen mit den aktuellen Verbindungspreisen aufgestellt werden.

Das ISDN unterstützt die Übertragung von X.25-Paketen, ersetzt das X.25-Netz aber nicht, sondern bietet einen preiswerten Zubringerdienst. ISDN besitzt nicht die Fähigkeit der Paketvermittlung. Die Übertragung von X.25-Paketen im ISDN ist in der ITU-T Empfehlung X.31 definiert und ist damit international und herstellerunabhängig. Das X.31 unterscheidet zwei Arten der X.25-Integration:

- minimale Integration (CASE A) und
- maximale Integration (CASE B).

Der CASE A ersetzt den üblichen Zugang zum X.25 mit einer Festverbindung durch eine ISDN-Wählverbindung. Technisch realisiert wird diese Minimalintegration hauptsächlich durch Terminaladapter. Sie wandeln die ISDN-Schnittstelle in eine X.25-Schnittstelle um, wodurch die X.25-Endgeräte für die Umstellung nicht ersetzt werden müssen (Abb. 3.22).

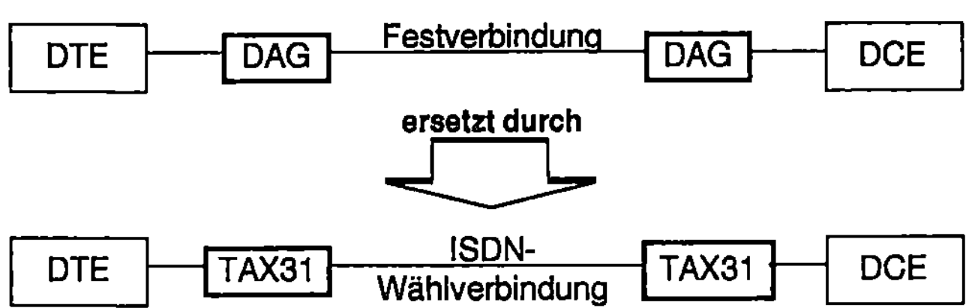

Abb. 3.22. Häufigster Einsatzbereich des X.31 CASE A

DAG   Datenanschlußgerät
TAX31   Terminaladapter X.31

In X.25-Netzen wird die Kommunikationseinrichtung mit DTE (Data Terminal Equipment) und die Datenpaketvermittlungsstelle mit DCE (Data Circuit Equipment) bezeichnet. Die Minimalkonfiguration ist nur für die Nutzung im Datenkanal des ISDN (B-Kanal) definiert. Der Übergang erfolgt an einem Packet Handler (PH), der mit einer ISDN-Rufnummer angewählt wird und die Daten transparent zwischen ISDN und X.25 austauscht. In Deutschland existiert eine Vielzahl von Rufnummern für die regional installierten Netzübergänge (Abb. 3.23).

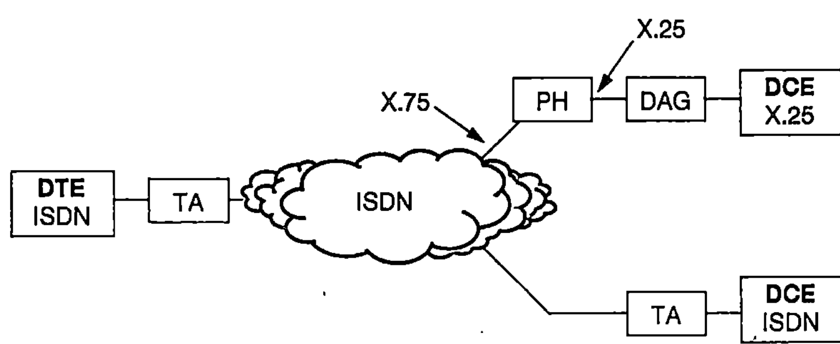

Abb. 3.23. Minimale Integration X.31 CASE A

Für die Nutzung des X.31 im CASE A ist keine gesonderte Freischaltung für den ISDN-Anschluß notwendig. Es wird der digitale Datendienst genutzt.

Bei der Datenübertragung im CASE A sind auch Besonderheiten zu beachten. Durch das Ersetzen der Festverbindung zum X.25 durch eine ISDN-Wählverbindung bleiben die übertragenen Datenpakete unberührt. Da der Datenverkehr nicht für Wählverbindungen ausgelegt ist, werden durch die ständig geschaltete Wählverbindung hohe Gebühren verursacht. Nur ein intelligenter Short Hold Modus kann diese Gebühren auf ein Mindestmaß verringern. Dieser Mechanismus baut die Verbindung ab, sobald keine Daten übertragen werden und schaltet die Verbindung bei Bedarf sofort neu. Der Short Hold kann durch zusätzliche Techniken, wie der Ausnutzung ganzer Gebührentakte oder dem Filtern von nicht relevanten Daten mit einer zusätzlichen „Intelligenz" ausgestattet werden. Anstelle der ISDN-Wählverbindung kann auch eine ISDN-Festverbindung genutzt werden. Es bleibt in vielen Fällen immer noch ein Kostenvorteil gegenüber der X.25-Festanbindung. Ein Short Hold Modus wird für ISDN-Festverbindungen natürlich nicht benötigt.

Für die Maximalintegration steht der Packet Handler selbst als Datenpaketvermittlungsstelle (DCE) zur Verfügung. Da das ISDN alleine keine Paketvermittlung leisten kann, gehen die Daten bei der Maximalintegration, auch bei ISDN zu ISDN-Verbindungen, immer über das X.25-Netz (Abb. 3.24).

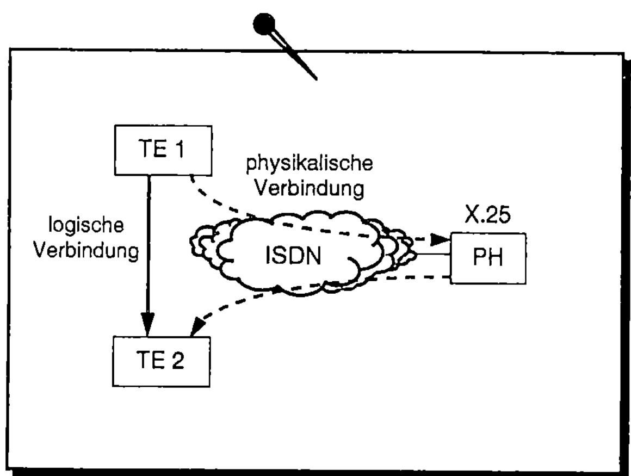

Abb. 3.24. Maximale Integration X.31 CASE B

Die Verbindung im CASE B kann sowohl über den B-Kanal als auch über den D-Kanal des ISDN erfolgen. Für die B-Kanal-Verbindung stehen alle 64 kBit/s zur Verfügung, während die Verbindung im D-Kanal nur maximal 9,6 kBit/s ermöglicht. Die Maximalintegration über den B-Kanal findet recht selten eine Anwendung, so daß die Deutsche Telekom diesen Dienst gar nicht erst anbietet. CASE B wird also nur im D-Kanal mit 9,6 kBit/s angeboten. Um die höheren Übertragungsraten nutzen zu können, kann die Konfiguration nach CASE A oder eine beliebige andere ISDN-Datenverbindung genutzt werden.

Für die Nutzung des X.31 im D-Kanal ist eine gesonderte Freischaltung für den ISDN-Anschluß notwendig. Zur Freischaltung wird ein Terminal Endpoint Identifier (TEI) dem Teilnehmer zugeteilt. Der Verbindungsaufbau erfolgt mit der vergebenen TEI und dem Service Access Point Identifier (SAPI) für Paketdaten (SAPI=16). Die Nutzung des D-Kanals ist nur für den S_0-Anschluß vorgesehen.

An einem S_0-Bus können bis zu 4 Geräte gleichzeitig den Zugang nutzen. Für jedes Gerät muß eine eigene TEI beantragt werden. Die Übertragungsgeschwindigkeit bleibt dabei 9,6 kBit/s und wird auf die Geräte aufgeteilt.

Als Einsatzgebiet für X.31 im D-Kanal werden oft Dialoganwendungen gewählt, die ein recht geringes Datenvolumen übertragen. Auch für den elektronischen Zahlungsverkehr (Geldautomaten) oder ähnliche Anwendungsgebiete wird oft der D-Kanal genutzt. Das X.31 im D-Kanal wird auch immer mehr für Verbindungen innerhalb des ISDN genutzt. So werden PPP-Verbindungen in Kombination mit reinen ISDN-Verbindungen angeboten. Für den Verkehr mit geringem Datenvolumen wird die X.31-Verbindung genutzt. Über diesen Weg können Netzwerkprotokolle für die Rechnerpräsentation (z.B. Routing Information Protokoll – RIP), für Lizenzprüfungen oder ähnliches übertragen werden. Sobald eine größere Datenübertragung realisiert werden soll, wird die schnellere ISDN-Wählverbindung aufgebaut.

Die Rufnummer im ISDN ist in der ITU-T Empfehlung E.164 definiert. Die Adresse im X.25-Netz ist jedoch nach X.121 festgelegt. Beim Übergang zwischen ISDN- und X.25-Netz wird der Rufnummernplan gewechselt, und die Rufnummern müssen entsprechend umgesetzt werden. Die ISDN-Geräte erhalten daher eine X.121-Rufnummer die sich aus

00 + Landeskennzahl + Ortsnetzkennzahl + ISDN-Rufnummer

zusammensetzt. Die erste Null ist dabei die Kennung für ein externes Netz, und die zweite Null kennzeichnet den Übergang zum ISDN-Rufnummernplan nach E.164. Sollen am ISDN-Bus mehrere Geräte den X.31-Zugang benutzen, bekommen sie jeweils eine extra TEI. Für eingehende Rufe werden die Geräte an der MSN unterschieden. Die Zuordnung MSN – TEI wird bei der Vergabe der TEI mit angegeben. Bei 4 angeschlossenen X.31-Geräten ist also eine vierte MSN notwendig.

Für den Anschluß reiner X.25-Endeinrichtungen sind Terminaladapter notwendig. Mit den 3 Zugangsarten sind auch 3 Arten von Terminaladaptern einsetzbar:

- Terminaladapter für B-Kanal-Zugang (TA X.31/B),
- Terminaladapter für D-Kanal-Zugang (TA X.31/D),
- Terminaladapter für B- und D-Kanal-Zugang (TA X.31/BD).

Der X.31-Zugang kann auch über ISDN-PC-Adapter erfolgen. Dazu müssen aber die Applikationen auf dem PC auf die neue Schnittstelle angepaßt sein. Um die Kompatibilität zum Adapter zu gewährleisten, ist das X.31 auch in der CAPI-Spezifikation aufgenommen.

3.3.4 Übergang zum GSM

GSM-Netze (Global System of Mobile Communication) sind digitale Mobilfunknetze. Sie arbeiten auf einem Frequenzbereich um 900 MHz und sind ursprünglich für Sprachkommunikation entwickelt worden. Ein zweites System, das DCS 1800 (Digital Cellular System), arbeitet nach dem gleichen GSM-Standard, nur mit der doppelten Frequenz und der halben Reichweite. Für die Standardisierung ist eine Untergruppe der ETSI, die Special Mobile Group (SMG) verantwortlich. In den USA wird eine 1 900 MHz Variante genutzt, die von dem American National Standard Institute (ANSI) T1P1 standardisiert wird. Der Übergang vom GSM-Netz in andere Netze wird vom Betreiber des Mobilfunknetzes gestellt. Realisiert wird der Übergang durch eine Internetworking Function (IWF). Die Verbindungsteile zwischen einem GSM- und einem ISDN-Teilnehmer sind im Bild 3.25 dargestellt.

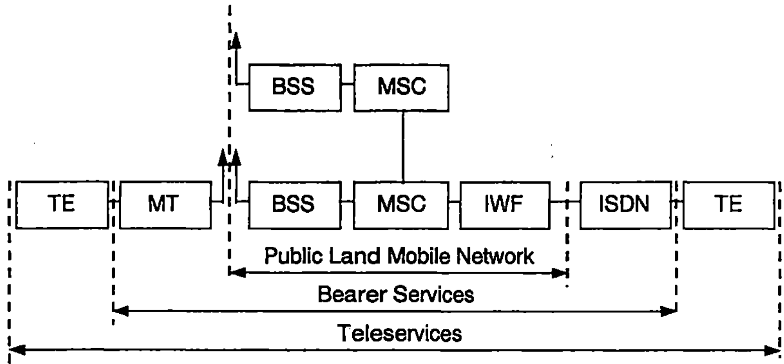

Abb. 3.25. GSM-Referenzarchitektur

TE	Terminal Equipment	MSC	Mobile Switching Center
MT	Mobile Terminal	IWF	Internetworking Function
BSS	Base Station System	ISDN	Integrated Services Digital Network

Die Baugruppen TE und MT werden durch Notebook und Handy realisiert und bilden zusammen die mobile Station. Sie sind durch einen GSM-Adapter miteinander verbunden. Die mobile Station nimmt eine Funkverbindung mit einer GSM-Vermittlungsstelle auf. Diese besteht aus der Basisstation (BSS) als Empfängereinheit und der eigentlichen Vermittlungsbaugruppe (MSC). Die Vermittlung schaltet die Verbindungen zu anderen GSM-Vermittlungsstellen oder, über die Übergangsstelle IWF, zu anderen Netzwerken.

Die IWF kann Verbindungen zum analogen Fernsprechnetz, zum ISDN und zum X.25-Netz realisieren. In Deutschland bieten die Netzanbieter D1 (Telekom) und D2 (Mannesmann Mobilfunk) diese Übergänge an. Das E-Plus-Netz, betrieben von der E-Plus Mobilfunk GmbH, bietet zur Zeit nur den Übergang zum analogen Netz an.

Aus den Leistungsmerkmalen der IWF ergeben sich in erster Linie die unterstützten Übermittlungsdienste (Bearer Services) und damit die Telematikdienste (Teleservices). Die Umwandlung der digitalen GSM-Informationen in analoge oder digitale Informationen der Partnernetzwerke erfolgt erst in der IWF. Folgende Telematikdienste werden in den D-Netzen angeboten:

- Modem-Datenübertragung,
- Faxkommunikation,

- Zugang zum T-Online-Dienst,
- Kurzmitteilungen (SMS – Short Message System),
- Zugang zum Datex-P,
- Datenübertragung zum ISDN.

Die Nutzung der Dienste ist abhängig von dem GSM-Adapter und der Software auf dem Notebook. Der GSM-Adapter verhält sich zur Software wie ein normales, analoges Modem. Er unterstützt die AT-Befehle und die Kommunikation über serielle Schnittstellen. Dadurch können allgemein gebräuchliche Applikationen auch für GSM-Adapter genutzt werden. Die physikalische Verbindung zwischen GSM-Adapter und dem Handy ist nicht festgelegt. Der GSM-Adapter muß also auf das Handy abgestimmt sein. Da die meisten GSM-Adapter als PC-Card (PCMCIA) ausgeführt sind, ist für den Anschluß an dem Notebook nur ein freier PCMCIA-Slot notwendig.

Funkseitig leiten die GSM-Adapter die Informationen im UDI-Format (Unrestricted Digital Information) digital weiter. Eine Modulation auf Frequenzen wie im analogen Netz erfolgt nicht. Diese Arbeit wird erst von der Internetworking Function geleistet. Neben der Modulation und Demodulation für analoge Faxgeräte und Modems realisiert sie auch die Datenkonvertierung zum ISDN. Da die Datenübertragung im GSM auf eine maximale Übertragungsgeschwindigkeit von 9,6 kBit/s beschränkt ist, im ISDN aber 64 kBit/s übertragen werden, erfolgt durch die IWF eine Anpassung der Übertragungsraten. Diese Anpassung erfolgt nach dem V.110-Ratenadaption Protokoll. Im Vergleich zur Kommunikation mit analogen Modems entfällt bei der rein digitalen Übertragung mit V.110 die Modulation / Demodulation der Daten und der Geschwindigkeitsabgleich. Neben dem Vorteil der stabileren Verbindung verkürzt sich der Verbindungsaufbau auf etwa 7 Sekunden gegenüber 20 Sekunden (und mehr) zu analogen Gegenstellen.

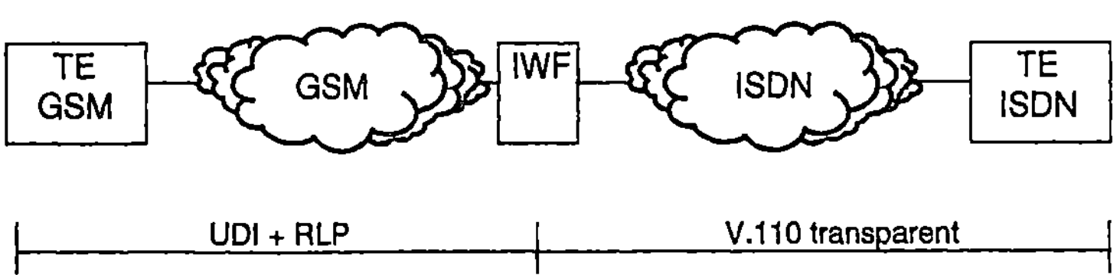

Abb. 3.26. Übertragungsprotokolle zwischen ISDN und GSM

IWF   Internetworking Function

Normalerweise arbeitet die Verbindung zwischen mobiler Station und dem Gerät im Festnetz protokolltransparent, und die Fehlerkorrektur erfolgt über höhere Schichten, wie z.B. über die Protokolle Z-Modem oder TCP. Für eine gesicherte Übertragung im mobilen Bereich, insbesondere bei schwachem Funksignal, kann auf den unteren Schichten das Radio Link Protocol (ein auf GSM optimiertes Fehlerschutzprotokoll) genutzt werden. Die IWF setzt das Radio Link Protocol als ungesichertes V.110 in das ISDN oder gesichert nach V.42 ins analoge Festnetz um (Abb. 3.26).

Die Nutzung der Datendienste, zusätzlich zu den Telefondiensten, wird vom Mobilfunkbetreiber freigeschaltet. Bei Datenverbindungen zum Handy entsteht das Problem der Rufzuordnung bei der gleichzeitigen Nutzung von Telefon und GSM-Adapter. Um eingehende Ruf nach Fax, Modem und Telefonie unterscheiden zu können, werden mehrere Rufnummern dem Handy zugeordnet (Multi-Numbering). Die Freischaltung der Datendienste wird daher nur durch die Vergabe mehrerer Rufnummern realisiert. Für Verbindungen aus dem ISDN ist das Multi-Numbering dann nicht notwendig, wenn die Werte für Bearer Capability (BC) und Low Layer Compatibility (LLC) richtig gesetzt sind. Die mobile Station erkennt an den Einstellungen, daß der Ruf nicht zum Telefonieren genutzt werden soll und gibt ihn an den GSM-Adapter und damit an den Computer ab.

Die Übertragung der Signale im Funknetz erfolgt auf einem Frequenzbereich von 900 MHz, die in mehreren Trägerfrequenzen zu je 200 kHz nutzbar sind. Die Kanäle sind wiederum verteilt auf 8 Kanäle (time slots), die im Zeitmultiplexverfahren (Time Division Multiple Access – TDMA) gebündelt sind. Jeder dieser Kanäle überträgt 16 kBit/s, wovon nur 9,6 kBit/s für Nutzdaten zur Verfügung stehen. Zur Erhöhung der Übertragungsgeschwindigkeit werden zur Zeit 2 Verfahren entwickelt, das High Speed Circuit Switched Data (HSCSD) und das General Packet Radio Service (GPRS). HSCSD ist ein Verfahren zur Bündelung von Kanälen innerhalb einer Trägerfrequenz. Im Gegensatz dazu arbeitet das GPRS paketorientiert und ist in der Lage auf einem Kanal 14,4 kBit/s für Nutzdatenübertragung, statt 9,6 kBit/s, zu nutzen. Durch Ausnutzung aller Kanäle erreicht GPRS damit eine Übertragungsgeschwindigkeit über 115 kBit/s. Wie und zu welchen Konditionen diese Verfahren später angeboten werden ist aber noch nicht entschieden.

4 Hardware

Beim Einrichten eines ISDN-Anschlusses spielt natürlich die Auswahl der Hardware eine große Rolle. In bezug auf die Hardware ist der Anschluß an den Computer besonders interessant und vielfältig. Unterschieden werden in erster Linie die Gruppe der Terminaladapter mit einer Reihe von Vorteilen gegenüber den für ISDN ausgelegten ISDN-Adapterkarten. Eine Gruppe von Geräten für den Einsatz wird nicht erläutert. Das ist die Gruppe der sogenannten Pocket-Adapter. Sie werden an die parallele Schnittstelle (LPT1) angeschlossen und verhalten sich wie ISDN-Adapterkarten. Die Verbreitung solcher Adapter ist jedoch verschwindend gering.

4.1 Terminaladapter

Damit herkömmliche, nicht ISDN-fähige Geräte am ISDN betrieben werden können, wandeln Terminaladapter die ISDN-Schnittstelle um. Je nach Schnittstelle werden die Terminaladapter eingeteilt in:

- Terminaladapter a/b,
- Terminaladapter V.24/V.28,
- Terminaladapter X.21,
- Terminaladapter X.25.

Nach der ISDN-Referenzkonfiguration arbeiten Terminaladapter zwischen den Referenzpunkten R und S.

4.1.1 Terminaladapter a/b

Der Terminaladapter a/b ermöglicht den Anschluß von Endeinrichtungen, die für einen zweidrähtigen Anschluß im analogen Telefonnetz konzipiert sind. Der Adapter realisiert folgende Funktionen:

- physikalische Anpassung an die analoge Schnittstelle (a/b-Schnittstelle),
- Analog-Digital-Umsetzung (A/D-Umsetzung),
- Steuerung und Signalisierungsumsetzung,
- interne Stromversorgung.

Die Bezeichnung a/b stammt aus der Leitungsbezeichnung des 2adrigen analogen Anschlusses. Die Adern werden dort mit a und b bezeichnet. An den Terminaladapter a/b können z.B. analoge Telefone, Faxgeräte und analog arbeitende Modems angeschlossen werden.

Die richtige Zuordnung von kompatiblen Endeinrichtungen wird durch die Mehrfachrufnummer (MSN) garantiert. Für die Anpassung der Schnittstelle eines analogen Telefons an das ISDN sind Funktionen zur A/D-Umwandlung der Sprachsignale, eine Wahlimpulserkennung sowie eine Rufstromerzeugung notwendig. Die A/D-Umwandlung wird durch den Codec-Baustein (Codierung/Decodierung) realisiert. Die Übertragungsgeschwindigkeit der Informationen der analogen Endeinrichtungen wird in einen Signalstrom mit 64 kBit/s transformiert. Zeichengabeinformationen werden in das D-Kanal-Protokoll umgesetzt und, wenn erforderlich, ergänzt nach den Forderungen der D-Kanal-Signalisierung. Der Aufbau eines Terminaladapters a/b ist in Bild 4.1 dargestellt.

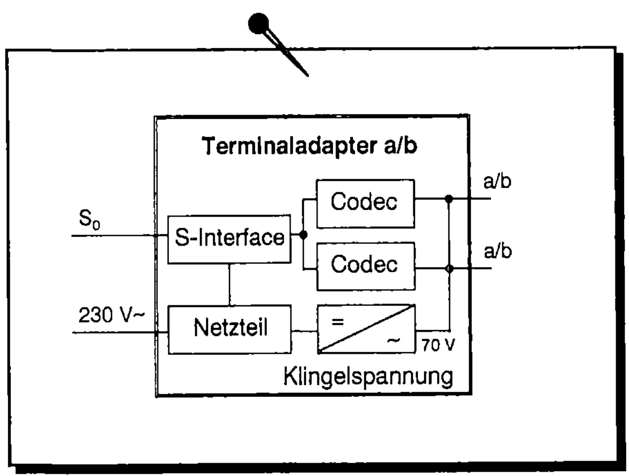

Abb. 4.1. interner Aufbau eines Terminaladapters a/b

4.1.2 Terminaladapter V.24

Terminaladapter des Typs V.24 treten an die Stelle von Modems. Auf der seriellen Schnittstelle V.24 verhält sich der Terminaladapter gegenüber dem Computer wie ein analoges Modem und unterstützt die gleichen Prozeduren zur Verbindungssteuerung mit asynchronen Signalisierungsverfahren (Start/Stop) nach dem AT-Befehlssatz. Er wird daher oft als ISDN-Modem bezeichnet. Die asynchrone Übertragung der seriellen Schnittstelle wird im ISDN fortgesetzt. Damit auch synchrone Gegenstellen, wie ISDN-Router oder ISDN-Adapter, erreicht werden können, realisieren fast alle Terminaladapter auch die synchron/asynchron Umwandlung. Unterstützt werden die Protokolle V.120, V.110, X.75 und HDLC. Gute Terminaladapter unterstützen auch die Kommunikation zu analogen Modems über V.32 und V.34 und zu analogen Faxgeräten nach T.30.

Die meisten Terminaladapter sind als externe Geräte verfügbar. Es werden auch Terminaladapter als PC-Einsteckkarte angeboten. Diese Bauform ist aber nicht sehr verbreitet. Für den Einsatz im Notebook werden immer mehr die

Adapter in PCMCIA-Bauform angeboten. Im Gegensatz zu den internen ISDN-Adaptern besitzen sowohl interne Terminaladapter als auch PCMCIA-Karten einen Baustein für einen zusätzlichen COM-Port, über den die Kommunikation zum Computer abgewickelt wird (Tabelle 4.1).

Tabelle 4.1. Vor- und Nachteile der Terminaladapter V.24 zu ISDN-Adaptern

Terminaladapter V.24	ISDN-Adapter
+ Betriebssystem unabhängig	+ CAPI-Schnittstelle für den Zugriff auf alle ISDN-Leistungsmerkmale
+ Steuerung über AT-Befehle	+ COM-Port-Emulation per Software
+ Zustandskontrolle über Kontrollleuchten am Gerät	+ Mehrkarteninstallation möglich
+ Installation ohne Öffnen des Computers möglich	+ preiswerter durch fehlendes Gehäuse, Stromversorgung und Verbindungskabel
− belegt einen COM-Port am Computer	− belegt einen Steckplatz auf dem Bussystem des Computers
− externe Stromversorgung notwendig	− Betriebssystem abhängige Treiber notwendig
− nur eine Gegenstelle gleichzeitig	− aufwendige Installation durch Rechnereinbau, Interrupt-Einstellung und Treiberkonfiguration

4.1.3 Terminaladapter X.21

Der Terminaladapter X.21 ermöglicht es, Datenendgeräte, die mit der Schnittstelle X.21 ausgestattet sind, am ISDN zu betreiben. Die Hauptaufgabe des Terminaladapters X.21 besteht in der Bitratenadaption. Es werden folgende Bitraten, die den Benutzerklassen nach ITU-T Empfehlung X.1 entsprechen unterstützt:

- Benutzerklasse 4:   2 400 Bit/s
- Benutzerklasse 5:   4 800 Bit/s
- Benutzerklasse 6:   9 600 Bit/s
- Benutzerklasse 30:   64 000 Bit/s

Die Anpassung der Bitraten im B-Kanal des ISDN kann entsprechend X.30 oder V.110 erfolgen.

Die physikalische Schnittstelle X.21 wird für synchrone Datenübertragung verwendet. Als Endgeräte werden vorrangig Telex- und Teletex-Geräte angeschlossen. Häufig findet man die Bezeichnung Terminaladapter TTX, der ein spezieller X.21-Adapter für Telex- und Teletex-Endgeräte ist.

4.1.4 Terminaladapter X.25

Der Terminaladapter X.25 stellt den ISDN-Zugang den Endgeräten zur Verfügung, die auf das paketorientierte X.25-Netz zugeschnittenen sind. Die Endgeräte sind entweder Terminals oder Computer.

Die X.25-Integration ist in der ITU-T Empfehlung X.31 beschrieben. Je nach Integrationsart werden die Terminaladapter in X.31/B für die Minimalkonfiguration oder X.31/D für die Maximalintegration unterschieden.

Die Funktionen und Einsatzmöglichkeiten der Terminaladapter X.25 sind im Kapitel 3.3.3 erläutert.

4.2 PC-Adapter

Einen direkten Weg des ISDN-Anschlusses an den Computer realisieren die PC-Adapter. Sie sind als PC-Einsteckkarten ausgelegt, werden also in den Computer eingebaut. In erster Linie werden sie nach dem genutzten Bussystem unterschieden. Neben den internen Bussystemen, wie z.B. ISA und PCI, können auch externe Bussysteme genutzt werden. Für tragbare Computer werden immer mehr PC-Karten in der PCMCIA-Bauform angeboten. Ein weiterer externer Bus ist der Universal Serial Bus (USB), der erst vor kurzem auf dem Markt eingeführt worden ist. Es ist heute schon abzusehen, daß dieser Bus für den ISDN-Zugang in Zukunft viel genutzt werden wird.

4.2.1 PC-Card (PCMCIA)

Der PC-Card-Standard definiert eine Schnittstelle für periphere Hardware mit einer 68-Pin-Steckverbindung. Neben den elektrischen und physikalischen Eigenschaften wird auch die Softwareschnittstelle mit der Plug & Play-Funktionalität definiert.

PCMCIA steht für Personal Computer Memory Card International Association, also einer internationalen Vereinigung für Speicherkarten im Personal Computer. Diese Vereinigung hat 1990 die erste Version des gleichnamigen Standards herausgebracht. Neben PCMCIA entwickelt auch die JEIDA (Japan Electronic Industry Development Association) Standards für Memory Cards. Die beiden Standards sind zueinander kompatibel.

Die Version 1.0 des PCMCIA-Standards beinhaltete nur die physikalischen und elektrischen Eigenschaften der Memory Cards und die Card Information Structure (CIS). Im Laufe der Aktualisierungen sind Definitionen für eine andere Betriebsspannung, das Powermanagement und verschiedene Erweiterungen der Softwareschnittstelle hinzugefügt worden.

Es gibt 3 Bauformen für die PC-Card, die abwärtskompatibel sind; d.h. kleinere Karten können einen größeren Steckplatz (Slot) benutzen.

- Typ I: 85,6 × 54 × 3,3 mm
- Typ II: 85,6 × 54 × 5,0 mm
- Typ III: 85,6 × 54 × 10,5 mm

Jede PC-Card enthält einen Speicherbereich, in der die Card Information Structure (CIS) enthalten ist. Die CIS dient dem Plug & Play-Mechanismus, über den die Karte gegenüber dem Computer konfiguriert werden kann. Sie ist in verschiedene Ebenen (Layer) unterteilt, die oberhalb der elektrischen/physikalischen Ebene angeordnet sind.

Der *Basic Compatibility Layer* spezifiziert die Mindestangaben zur Organisation der PC-Card wie Hersteller, Konfiguration und Kartentyp. In Tabelle 4.2 sind die Codes für verschiedene Kartentypen aufgeführt.

Tabelle 4.2. CIS-Kartentypen

Code	Funktion
0	Multi-Function
1	Memory
2	Serial Port
3	Parallel Port
4	Fixed Disk
5	Video Adapter
6	Network Adapter
7	AIMS
8	SCSI
9	Security
A-FD	reserviert
FE	herstellerspezifisch
FF	nicht benutzbar

Der *Data Recording Layer* beschreibt die Partitionierung der Speicherkarte. Die nächsthöhere Ebene ist der *Data Organisation Layer*, der Informationen enthält, die mit einem Dateisystem vergleichbar sind. Diese beiden Ebenen sind nur für Speicherkarten wichtig, auf die wie auf eine Festplatte zugegriffen werden kann. Die oberste Ebene der CIS ist der *System Specific Layer*, der eine herstellerspezifische Erweiterung der CIS ermöglicht.

Der Zugriff auf die PC-Card erfolgt über die sogenannten Card- und Socket-Services. Die Socket-Services sind eine Art BIOS (Basic Input/Output System), deren Aufgabe es ist, die CIS-Informationen auszulesen. Außerdem prüften sie, wie viele PCMCIA-Anschlüsse vorhanden sind und ob während des Betriebes die Karten gewechselt werden. Bei Bedarf wird dann automatisch umkonfiguriert.

Bei den Card-Services handelt es sich um die Softwareschnittstelle zum System. Mit Hilfe der von Socket-Services gelieferten Informationen stellen die Card-Services den installierten Karten die entsprechenden Systemressourcen zur Verfügung.

Der PCMCIA-Standard ist, wie der Name bereits sagt, für austauschbare Speichermedien entwickelt worden. Zusätzlich wurden Kommunikationsadapter in den Standard aufgenommen. Der Haupteinsatzfall hat sich mittlerweile auf diese Adapter, wie Modems, Ethernet-, ISDN- und GSM-Adapter, verschoben.

Neben den reinen ISDN-Adaptern werden mehr und mehr kombinierte Adapter auf dem Markt verfügbar. Die modernsten Kombinationen vereinen ISDN-, analoge und GSM-Adapter. Vorteil dieser Kombination ist, daß von allen Anschlüssen mit der gleichen Prozedur die Fernverbindung genutzt werden kann. Das ist vor allem für Außendienstmitarbeiter die günstigste Kombination.

4.2.2 ISDN-Adapter am USB

Der Einbau von internen ISDN-Adaptern birgt immer eine Reihe von Schwierigkeiten in sich. Das ist einerseits verbunden mit dem Öffnen des Gerätes und bedarf andererseits Kenntnisse über Interruptaufteilung und Aufteilung der Adreßbereiche des gesamten Computers. Das kann auch zur Folge haben, daß der Computer nicht den internationalen Normen (z.B. der Elektromagnetischen Verträglichkeit – EMV) entspricht, zumindest aber jeder Hersteller die Verantwortung dafür ablehnt.

Bei externen Geräten ist das anders. Sie werden in der Regel über den seriellen Anschluß an den Computer angeschlossen. Jeder Computer hat bei Auslieferung in der Regel 2 serielle Schnittstellen, die zur Verfügung stehen. Die seriellen Schnittstellen sind aber nur in begrenzter Anzahl vorhanden und arbeiten mit einer relativ langsamen Geschwindigkeit.

Eine attraktive Lösung bietet der Universal Serial Bus (USB). Er soll, mit neuer Technologie, sowohl langsame Geräte wie Tastatur und Maus als auch schnelle Geräte wie Modems oder sogar Videokameras über einen Bus führen. Daher wurde der Bus in verschiedenen Geschwindigkeiten entwickelt:

- Lowspeed für 1,5 MBit/s,
- Medium von 12 MBit/s und
- Highspeed bis zu 500 MBit/s.

Ohne diese Unterteilung würden die Kosten für langsamere Geräte in die Höhe getrieben werden und die Einführung in den Markt wäre wesentlich erschwert worden.

Der USB ist ein Host-orientierter Bus, der im Rechner beginnt. Der USB-Hostadapter kann auch als Hub dienen, wodurch mehrere Stränge aus dem Rechner herausgeführt werden können. Dadurch ist auch ein Mischbetrieb unterschiedlicher Geschwindigkeiten an einem Computer möglich. Insgesamt kann der USB bis zu 127 Geräte ansteuern.

Die Unterscheidung der Geräte geschieht über eine Identifizierungsnummer (Geräte-ID). Für die Vergabe der Geräte-ID ist der USB-Hostadapter zuständig. Neben dieser ID besitzt jedes USB-Gerät eine fest verdrahtete Hardware-ID, anhand derer der Gerätetyp erkannt werden kann.

Das USB-Protokoll ist so vielfältig, wie die anschließbaren Geräte. Das Übertragungsverfahren basiert auf dem Polling-Prinzip. Der USB-Host fragt periodisch alle Geräte ab. Die Datenübertragung erfolgt über sogenannte Stream Pipes. Sie transportieren die Daten in Frames mit einer maximalen Länge von 1 500 Bytes. Ein Paketformat ist nicht vorgeschrieben. Die isochronen (zeitgenauen) Stream Pipes garantieren die verzögerungsfreie Übertragung von Sprache und Musik. Neben den Stream Pipes unterstützt der USB auch Message Pipes, die eine feste Struktur besitzen. Es werden 3 unterschiedliche Strukturen vorgeschrieben: für das Polling des Hostadapters, für die Datenübertragung und für die Quittung.

Moderne Motherboards enthalten bereits einen USB-Host. Die Nachfolger von Windows 95 und Windows NT 4.0 werden Treiber für den USB ebenfalls enthalten. Die ersten Geräte, die für den USB verfügbar sind, sind Tastaturen, Mäuse, Joysticks, Modems und auch ISDN-Terminaladapter.

Beim Einsatz von ISDN-Adaptern am USB verwischen die Unterschiede zwischen ISDN-Adapter und Terminaladapter. Der USB unterstützt beide ISDN-Kanäle in voller ISDN-Geschwindigkeit. Der Adapter kann ohne öffnen des Computers angeschlossen werden und sogar während des Betriebes gewechselt oder konfiguriert werden (hot plug).

4.2.3 PC-Einsteckkarten

Für den ISDN-Zugriff haben sich PC-Einsteckkarten (ISDN-Adapter) in Europa auf Platz 1 gehalten. In Nordamerika sind die Terminaladapter wesentlich verbreiteter, weil die Applikationen dort hauptsächlich über AT-Befehle arbeiten und der externe Rechneranschluß bevorzugt wird. Eine CAPI oder eine ähnliche Schnittstelle hat sich dort nicht durchgesetzt.

Die ISDN-Adapter werden grundsätzlich unterschieden in passive und aktive Adapter. Die wesentlichen Unterschiede zwischen beiden Typen sind der eigene Prozessor sowie zusätzlicher Speicher. Der Prozessor auf dem Adapter übernimmt selbständig die Aufgaben der Schichten 1–3 im D- und im B-Kanal, um den Prozessor des Computers zu entlasten. Der eigene Speicher enthält, neben den Programmen zur Abwicklung der Protokolle, auch einen Datenpuffer, um so die Interruptlast des Computers zu verringern.

Netzseitig können die Adapter sowohl den S_0-, den Siemens U_{P0}- als auch den S_{2M}-Anschluß unterstützen. Für die 30 Kanäle am S_{2M}-Anschluß ist in der Regel ein aktiver Adapter notwendig. ISDN-Adapter für Nordamerika unterstützen oft auch direkt die U-Schnittstelle.

Neben der Aufgabe digitale Daten über ISDN zu übertragen, besitzen viele ISDN-Adapter Zusatzmodule für weitere Aufgaben. Um mit analogen Geräten wie Modems und Fax-Geräten zu kommunizieren, besitzen einige Adapter zusätzliche Hardware zur Digital/Analog-Wandlung. Das ist entweder ein frei programmierbarer Digitaler Signalprozessor (DSP) oder ein vorprogrammierter Fax-/Modemchip. Ebenfalls können weitere Schnittstellen zur computerunterstützten Telefonie vom ISDN-Adapter angeboten werden.

4.3 Leistungsmerkmale ISDN-Adapter

4.3.1 Anpassung an das PC-Bussystem

Periphere Geräte für den Computer können über das interne Bussystem angeschlossen werden. Der Computer enthält freie Steckplätze für die Anschlußgeräte.
Moderne Computer nutzen folgende Bussysteme:

- ISA- oder AT-Bus,
- VESA Local Bus,
- EISA-Bus,
- MCA-Bus,
- PCI-Bus.

Der *ISA-Bus* (Industry Standard Architecture) wurde für Personal Computer mit
dem Prozessor i80286 entwickelt und ist noch immer der Standardbus. Unter
diesem Begriff verbirgt sich ein Bussystem mit 16 Datenleitungen und 24 Adreß-
leitungen. Der ISA-Bus wird auch als AT-Bus (Advanced Technnology) bezeichnet. Die Taktfrequenz auf dem Bus beträgt 8,3 MHz. Für moderne Prozessoren,
die für 32 oder 64 Datenleitungen und Taktraten von 133 MHz und mehr ausgelegt sind, bedeutet der ISA-Bus einen Engpaß im System.

Um diesen Engpaß möglichst kostengünstig zu umgehen, hat die *Video Engineering Standard Association* (VESA) eine direkte Adreß- und Datenverbindung
zwischen maximal 3 Steckplätzen und dem Prozessor definiert. Bei den Steckplätzen handelt es sich um erweiterte ISA-Steckplätze, die auch reine ISA-Steck-
karten aufnehmen können.

Das ISA-Bussystem sollte später durch das *EISA-System* (Extended ISA) ersetzt werden, das mit 32 Datenleitungen arbeitet. Auf ihm wurden die alten 16-
Bit-Steckplätze durch 16 zusätzliche Leitungen ergänzt, so daß auf EISA-
Steckplätzen auch ISA-Einsteckkarten genutzt werden konnten. Die Taktfrequenz
blieb aus Kompatibilitätsgründen bei 8,3 MHz. Der EISA-Bus ist teuer und hat
sich nur für Hochleistungsrechner durchgesetzt.

Die Firma IBM versuchte, ein ähnliches Buskonzept nach der *Micro Channel
Architecture* (MCA) zu standardisieren, das jedoch nicht mit dem ISA-Bus kompatibel war und daher kaum Bedeutung erlangt hat.

Eine weitergehende Technologie stellt der *PCI-Bus* (Peripheral Component
Interface) von INTEL dar. Er kann bis zu 4 Steckplätze verbinden und bei Bedarf
auf 64 Datenleitungen verbreitert werden. Zum PCI-Bus gehört ein Autokonfigu-
rationsmechanismus (Plug & Play), der Interrupt und Adreßbereiche fehlerfrei
konfiguriert. Er befördert bis zu 132 MB in der Sekunde, das ist 26mal so viel wie
der ISA-Bus mit 5 MByte/s. Da der PCI-Bus nicht kompatibel zum ISA-System
ist, werden die modernen Computer mit beiden Bussystemen angeboten.

Die ersten und wahrscheinlich meisten ISDN-Adapter sind für den ISA-Bus
entwickelt worden. Es gibt aber ISDN-Adapter für alle genannten Bussysteme
(außer vielleicht VESA Local Bus). Der Grund der Umstellung von ISA- auf
andere Bussysteme war nicht die benötigte Übertragungsgeschwindigkeit, da das
ISDN selbst bei 30 gebündelten Kanälen noch langsamer ist als der ISA-Bus. In

naher Zukunft werden die PCI-Bus-Adapter dominieren, weil die Geschwindigkeit für andere Peripherie benötigt wird, wie z.B. Grafikadapter, und weil der Standard gut spezifiziert ist.

4.3.2 Unterschied aktiv / passiv

Aktive Adapter besitzen eine eigene Intelligenz, also einen eigenen Prozessor, der die Protokolle der Schichten 1 bis 3 selbständig abhandelt. Der eigene Speicher enthält, neben den Programmen zur Abwicklung der Protokolle im D-Kanal und teilweise auch im B-Kanal, auch einen Datenpuffer, um die Interruptlast des Computers weiter zu verringern.

Die passiven Adapter übernehmen nur die Schicht 1 und Teile der Schicht 2. Die Datenaufbereitung gemäß ITU-T Richtlinie I.430 wird durch einen ISDN-Chip realisiert. Der ISAC-Chip (ISDN Subscriber Access Controller) von Siemens findet hier beispielsweise eine weite Verbreitung. Der HSCX-Chip (High-Level Serial Communications Controller Extended), ebenfalls von Siemens, realisiert das HDLC-Framing im B-Kanal (Abb. 4.2). Die passiven Adapter der verschiedenen Hersteller sind durch die gleichen Chipsätze auch in ihrem Leistungsumfang gleich. Teilweise können sogar hardwarenahe Treiber von einem Hersteller für den Adapter eines anderen Herstellers genutzt werden.

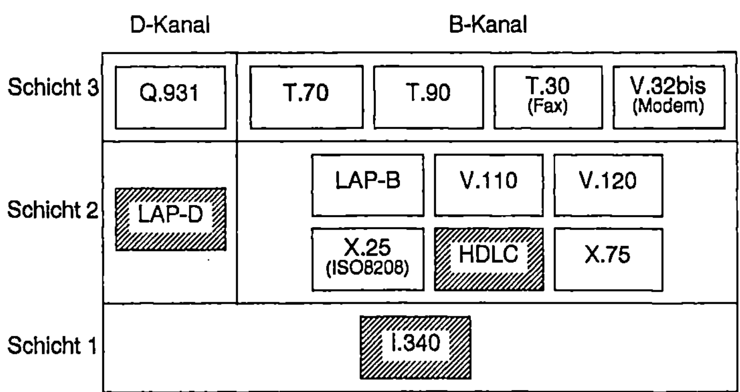

Abb. 4.2. Protokollrealisierung passiver ISDN-Adapter (markiert)

Genau zwischen aktiven und passiven Adaptern sind semiaktive Adapter zu sehen. Sie besitzen keinen eigenen Prozessor, sind aber über andere Einheiten in der Lage, Protokolle selbständig abzuarbeiten. Häufig nutzen diese Adapter einen Digitalen Signalprozessor (DSP), der in seinem Speicher auch eine Datenpufferung vornehmen kann. Hauptaufgabe des DSP ist jedoch die Analog/Digital-Umwandlung für die Kommunikation mit analogen Gegenstellen wie Modem und Faxgeräten (Abb. 4.3).

Semiaktive ISDN-Adapter bieten eine komfortable Nutzung für das Heimbüro und kleine Zweigniederlassungen.

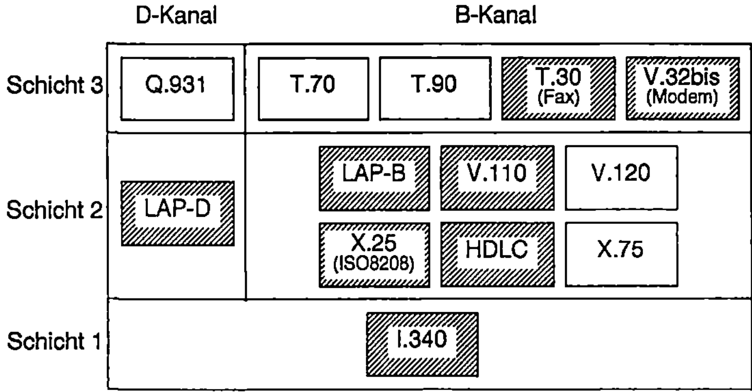

Abb. 4.3. Protokollrealisierung semiaktiver ISDN-Adapter (markiert)

Die aktiven ISDN-Adapter realisieren alle wichtigen Protokolle bis Schicht 3 auf dem Adapter selbst (Abb. 4.4). Sie sind hauptsächlich für Server konzipiert, bei denen es auf die Übertragungsleistung besonders ankommt. Es besteht in der Regel die Möglichkeit, mehrere ISDN-Adapter in einen Server einzusetzen. Um Steckplätze zu sparen, sind auch kombinierte Adapter auf dem Markt verfügbar, die 4 S_0-Schnittstellen gleichzeitig unterstützen. Auch aktive ISDN-Adapter können mit Bausteinen zur Analog/Digital-Umwandlung ausgerüstet sein.

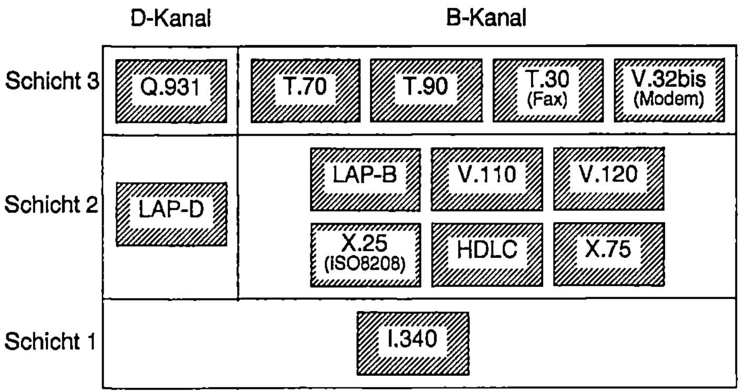

Abb. 4.4. Protokollrealisierung aktiver ISDN-Adapter (markiert)

Die Frage nach einer aktiven oder passiven ISDN-Adapterkarte kann immer mehr mit der Antwort Client oder Server beantwortet werden. Auf der Clientseite kann über semiaktive Adapter ein nicht unerheblicher Qualitätsgewinn erreicht werden.

4.3.3 Telefonanschluß

Die Computer-Telefonie Integration (CTI) unterscheidet in computerzentrische und telefonzentrische Konfiguration. Die telefonzentrische Konfiguration wird kaum eingesetzt. Einige Hersteller von Telefonanlagen bieten an ihren Telefonen einen S_0- bzw. U_{p0}-Ausgang an. Diese Konfiguration läßt aber nicht immer eine Telefonsteuerung zu.

Für die computerzentrische Konfiguration werden zwei verschiedene Wege in der Praxis genutzt.

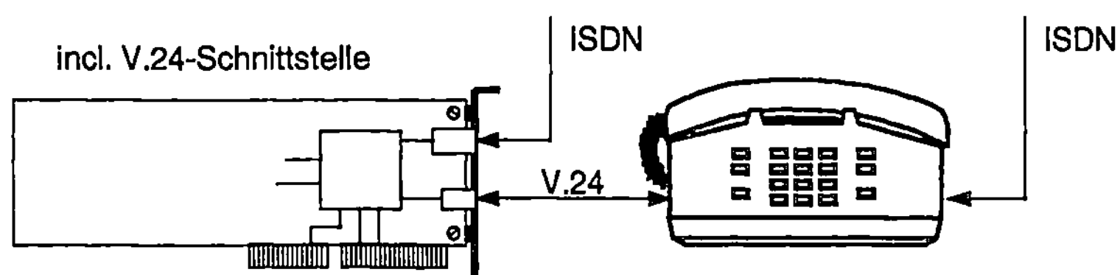

Abb. 4.5. Telefonsteuerung über V.24-Schnittstelle

Die etwas ältere Variante verbindet ein ISDN-Telefon mit dem ISDN-Adapter über eine V.24-Schnittstelle, die nur zur Steuerung genutzt wird (Abb. 4.5). Voraussetzung ist für diese Konfiguration, daß sowohl am ISDN-Adapter als auch am Telefon eine V.24-Schnittstelle vorhanden ist.

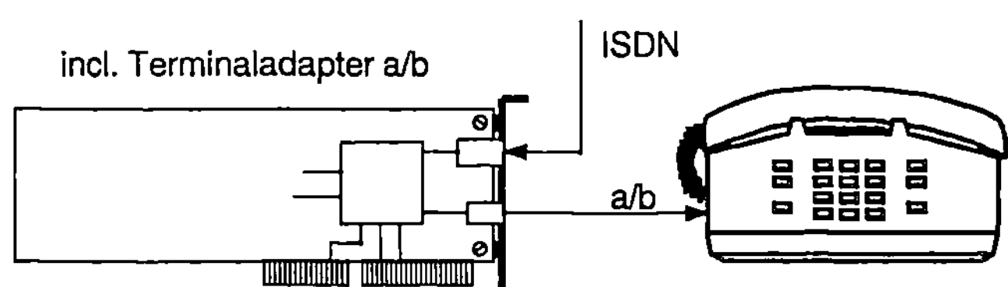

Abb. 4.6. Telefonsteuerung über a/b-Adapter

Die modernere Variante steuert ein analoges Telefon über einen Terminaladapter a/b, der auf dem ISDN-Adapter integriert ist (Abb. 4.6). Dadurch können nicht nur Telefone, sondern auch andere analoge Geräte über den ISDN-Adapter genutzt werden. Als Telefon kann ein beliebiges, preiswertes Gerät genutzt werden. Der große Nachteil an dieser Variante besteht darin, daß bei abgeschaltetem Computer das Telefon nicht mehr genutzt werden kann.

4.4 DIVA-Adapterfamilie

Die Firma Eicon.Diehl bietet ein komplettes Sortiment an ISDN-Adaptern unter dem Namen DIVA an.

Der einfache DIVA-Adapter ist für den Client ausgerichtet, der mit digitalen Diensten auf ISDN-Server zugreifen soll. Er arbeitet an einem S_0-Anschluß, kann aber auch (optional) für den U-Anschluß aufgerüstet werden. Das benötigte HDLC-Framing wird über den HSCX-Baustein realisiert. Für den DIVA Pro-Adapter wird der HSCX-Baustein durch einen DSP ersetzt. Dadurch ist der Adapter in

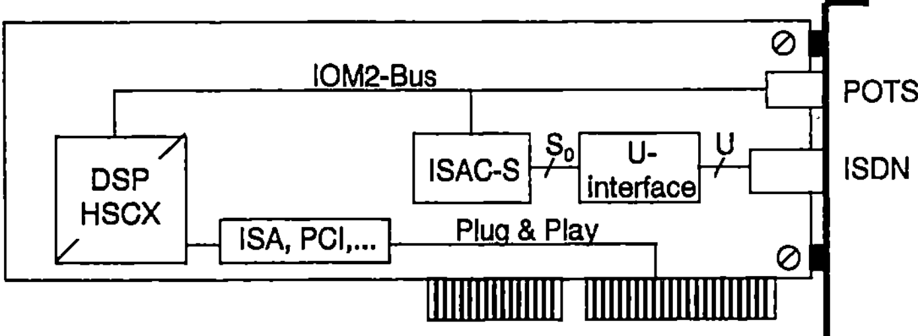

Abb. 4.7. Interner Aufbau des ISDN-Adapters DIVA Pro

POTS   Plain Old Telephone Service
HSCX   High-Level Serial Communications Controller Extended
IOM2   ISDN Oriented Modular Interface Revision 2
ISAC   ISDN Subscriber Access Controller

der Lage, die analogen Gegenstellen zu erreichen, was für die Anwendung in kleinen Büros sehr interessant ist. Der DIVA-Adapter arbeitet intern mit den IOM2-Bus, der den ISDN-Baustein und den DSP verbindet und nach außen geführt wird (Abb. 4.7).

Bei der Entwicklung ISDN-spezifischer Chips im Hause Siemens entstand eine Schnittstelle, die als IOM bezeichnet wurde. Um Kompatibilität mit anderen Herstellern zu erreichen, hat Siemens mit AMD und anderen Chipherstellern die IOM-Schnittstelle weiterentwickelt zur IOM2. Die IOM-Schnittstelle wird überall dort eingesetzt, wo zwischen Schicht 1 und 2 Informationen ausgetauscht werden.

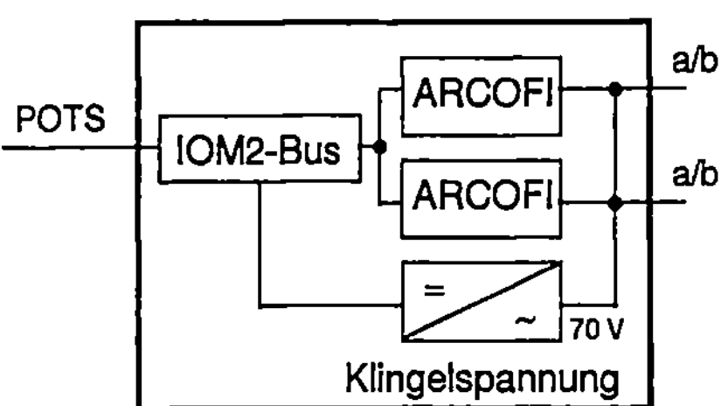

Abb. 4.8. Interner Aufbau des DIVA TA

ARCOFI   Audio Ringing Codec Filter

Über den nach außen geführten IOM2-Bus am DIVA-Adapter kann ein Terminaladapter a/b angeschlossen werden, der wiederum 2 analoge Ausgänge zur Verfügung stellt (Abb. 4.8). Der Sprachbaustein ARCOFI übernimmt die PCM-Sprachcodierung, die Bandbreitenbegrenzung von 300 bis 3 400 Hz und die notwendige Analog/Digital-Umsetzung. Für die Erzeugung der Klingelspannung ist zusätzlich ein Spannungsgenerator eingesetzt, so daß für den Terminaladapter keine externe Spannung angelegt werden muß.

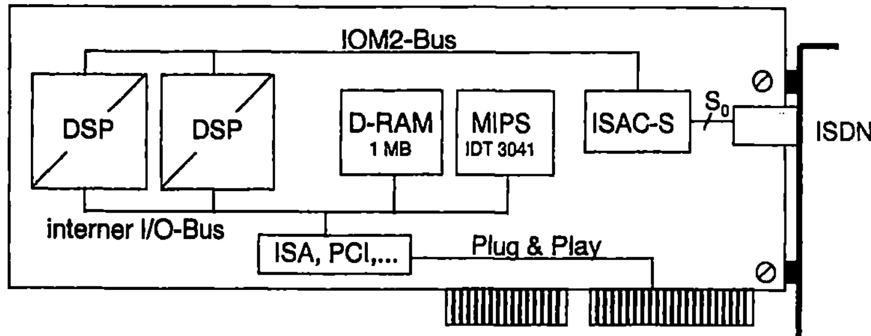

Abb. 4.9. Interner Aufbau des ISDN-Adapters DIVA Server BRI

Die aktiven DIVA-Adapter werden, ihrem Einsatzbereich entsprechend, als DIVA Server-Adapter bezeichnet (Abb. 4.9). Der Adapter für den S_0-Anschluß (Basic Rate Interface) kann für jeden ISDN-Kanal einen DSP nutzen und wird gesteuert durch einen MIPS-Prozessor. Mit dem nutzbaren 1 MB Speicher sind alle Voraussetzungen für eine Serverkarte gegeben. Telefonieunterstützung am Server ist wenig sinnvoll und daher auf dem Adapter nicht vorgesehen.

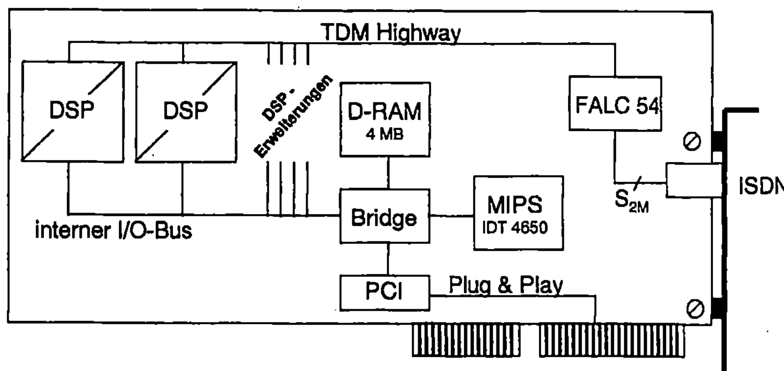

Abb. 4.10. Interner Aufbau des ISDN-Adapters DIVA Server PRI

FALC   Frame and Line Interface Component
TDM   Time Data Multiplex

Das High End Produkt der DIVA-Familie bildet der DIVA Server PRI-Adapter (Abb. 4.10). Auf dem Adapter sind 2 DSPs fest integriert. Zusätzlich können 4 Aufsteckmodule mit je 7 DSPs auf die Karte aufgesetzt werden. Für Europa können alle 30 Kanäle einen eigenen DSP nutzen. In Nordamerika unterstützt der S_{2M}-Anschluß nur 23 Kanäle. Dadurch ist dieser Adapter dort schon mit 3 Aufsteckmodulen voll ausgebaut. Für die Aufsteckmodule werden die Chips eingesetzt, die für den Einsatz in PCMCIA-Adaptern vorgesehen sind. Sie sind kleiner und verbrauchen weniger Energie.

Der ISDN-Anschluß erfolgt über den speziell für S_{2M} ausgelegten FALC-Baustein, der über die Schnittstelle TDM Highway mit den DSPs verbunden ist.

Als Prozessor wird ein schneller MIPS eingesetzt, der über eine interne Bridge mit dem Speicher und den DSPs verbunden ist.

Eingesetzt wird die unausgebaute Serverkarte für Netzwerkverbindungen – also Router oder Bridges. Die ausgebaute Karte wird für Dial-In-Computer, z.B. eines Internet-Providers oder in einem Fax-Server, eingesetzt.

5 Networking

Die Computervernetzung hat ihren Ursprung in der Terminal Technik. An den, für damalige Verhältnisse, großen Rechnern waren einfache Terminals angeschlossen. Die Terminals, ohne eigenen Prozessor, dienten nur zur Dateneingabe und -anzeige auf dem Bildschirm. Der Umbruch zur Vernetzung ist durch das Aufkommen der PCs gekommen. Diese Computer sind nicht viel teuerer als die Terminals und können durch den eigenen Prozessor einfache Aufgaben auch selbst erledigen. Computer, die an Großrechner angeschlossen werden können, werden daher auch intelligente Terminals genannt. Die Applikation auf dem Computer sind Terminalemulationen. Noch heute sind 3270-Terminalemulationen für den Zugriff auf IBM-Großrechner (Host) und 5250-Emulationen für den AS/400-Zugriff stark verbreitet.

5.1 Local Area Network (LAN)

Die ersten lokalen Netzwerke basierten auf dem Client-Server Modell, benötigten also einen Server mit einem netzwerkfähigen Betriebssystem und geeignete Protokolle zur Regelung der Kommunikation. Das Netzwerksbetriebssystem NetWare von Novell hat sich auf dem PC-Markt am schnellsten durchgesetzt. Für Mittel- und Großrechner begannen IBM- und UNIX-Systeme mit der Vernetzung.

In lokalen Netzwerken sind die Geräte über ein Kabel permanent miteinander Verbunden. Es gibt verschiebene Möglichkeiten (Topologien), ein lokales Netz zu verkabeln:

- als Stern-Topologie,
- als Ring-Topologie und als
- Bus-Topologie.

In diesem Abschnitt werden nur die 2 gebräuchlichsten Netzwerke vorgestellt: Ethernet und Token Ring. Die Standards im Bereich der LANs sind vom Institute for Electrical and Electronic Engineers (IEEE) unter der Bezeichnung IEEE 802 festgelegt. Der Standard für Ethernet heißt IEEE 802.3 und der für Token Ring heißt IEEE 802.5.

Der Name Token Ring deutet bereits darauf hin, daß es sich um eine Ring-Topologie handelt. Innerhab des Rings kreist ein Token (Zeichen), das sich in den Zuständen „Frei" oder „Belegt" befinden kann (Abb. 5.1).

Eine Station, die Senden möchte, muß auf das Frei-Token warten. Hat sie das Token erhalten, bringt sie es in den Zustand „Belegt" und fügt die zu sendenden Daten an. Dieses Gespann wird in Kommunikationsrichtung von Station zu Station

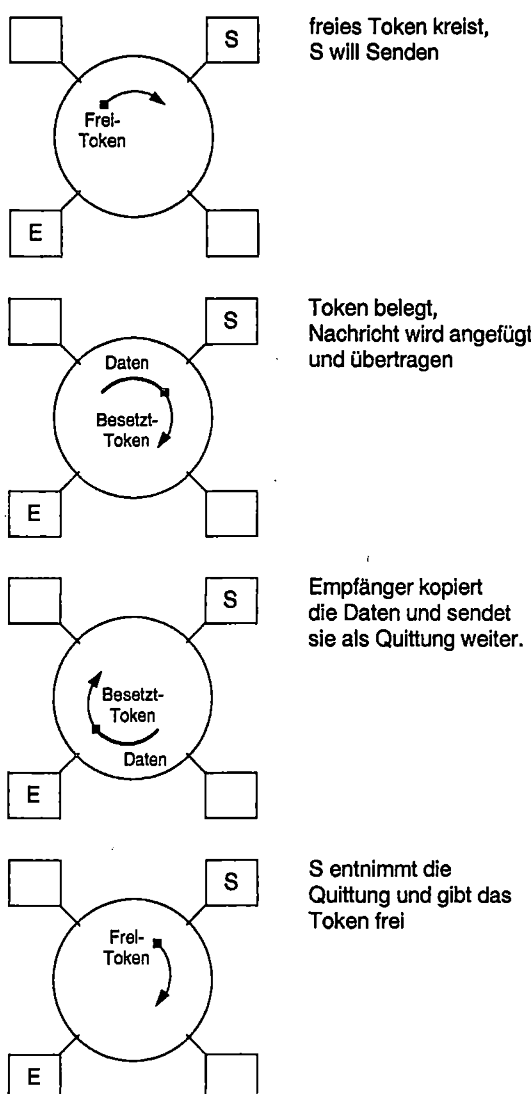

Abb. 5.1. Token Ring-Steuerungsverfahren

weitertransportiert, bis der Empfänger erreicht ist. Der Empfänger nimmt die Daten nicht vom Ring, sondern kopiert sich die Daten. Die Daten werden als Quittung zum Absender weitergeleitet, der sie dann vom Ring nimmt und das Token freigibt.

Token Ring-Netzwerke werden mit Geschwindigkeiten von 4 oder 16 MBit/s eingesetzt. Alle Computer im Netz werden mit einer Token Ring-Adapterkarte ausgestattet. Dabei müssen alle Adapter im Ring mit der gleichen Geschwindigkeit arbeiten. Zur Adressierung bekommt jede Adapterkarte eine eindeutige

Hardwareadresse, die bereits vom Hersteller vergeben und eingestellt wird. Der Hersteller gewährleistet, daß die vergebene Adresse weltweit einzigartig ist.

Ethernet ist das zur Zeit am häufigsten installierte lokale Netz. Die Spezifikation wurde bereits in den 70er Jahren von DEC, INTEL und Xerox entwickelt. 1983 wurde Ethernet als IEEE 802.3 standardisiert.

Ethernet arbeitet in der Bus-Topologie. Seine Übertragungsgeschwindigkeit beträgt 10 MBit/s. Betrieben wird das Netz mit dem Protokoll CSMA/CD (Carrier Sense Multiple Access with Collision Detection). Das Verfahren ist in Bild 5.2 dargestellt.

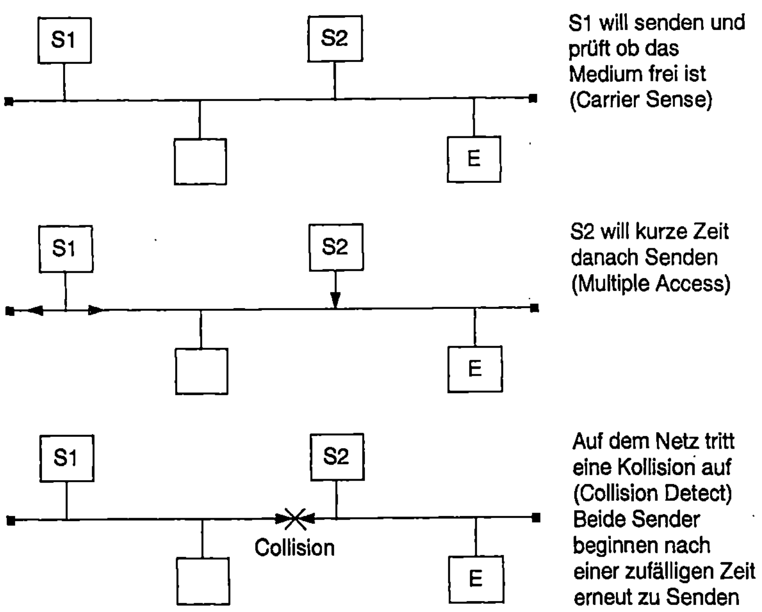

Abb. 5.2. CSMA/CD-Verfahren im Ethernet

Das Prinzip des CSMA/CD beruht darauf, daß jede Station vor dem Senden prüft, ob bereits Daten übertragen werden (Carrier Sense). Trotz der Prüfung kann es, wenn zwei Stationen fast gleichzeitig Senden wollen (Multiple Access), zu Kollisionen kommen. Die Stationen im Netz entdecken solche Kollisionen (Collision Detect). Um weitere Kollisionen zu vermeiden, erfolgen die erneuten Sendeversuche nach einer zufällig bestimmten Zeit.

Ethernet kann auf Koaxialkabel, auf verdrillten Leitungen oder auf Lichtwellenleitern betrieben werden. Als Koaxialkabel wird das dicke, gelbe Koaxialkabel (yellow cable) oder das dünnere Koaxialkabel RG 58 (Cheapernet) verwendet. Die Ausführung mit verdrillten Leitungspaaren (twisted pair) unterscheidet man in geschirmte (shielded twisted pair – STP) und ungeschirmte (unshielded twisted pair – UTP) Kabel.

Bei der Koaxialverkabelung werden alle Stationen des Netzes nacheinander mit dem Kabel über BNC-Stecker verbunden. Sowohl der Anfang als auch das Ende werden mit einem 50 Ω Abschlußwiederstand versehen. Ein solches Ethernet-Segment kann maximal auf 200 m ausgedehnt werden. An ein Segment können 25 bis 30 Stationen angeschlossen werden. Die Verkabelung von Twisted Pair erfolgt mit verdrillten Kabeln in Stern-Topologie. Trotzdem bleibt Ethernet ein Bus. Der Ethernet-Bus konzentriert sich in einem Hub, über den alle Stationen sternförmig angeschlossen werden. Die Entfernung zwischen Hub und Station darf nicht mehr als 100 m betragen.

5.2 Netzwerkprotokolle

Das Ziel des Netzwerks ist es, die einzelnen Arbeitsstationen wie Computer, Server und Drucker miteinander kommunizieren zu lassen. Neben der physikalischen Verbindung sind Gesetze für die Datenübertragung notwendig. Diese Gesetze sind in Form von Protokollen definiert. Die Protokolle werden wieder in Schichten, entsprechend des OSI-Referenzmodells, eingeteilt (Abb. 5.3).

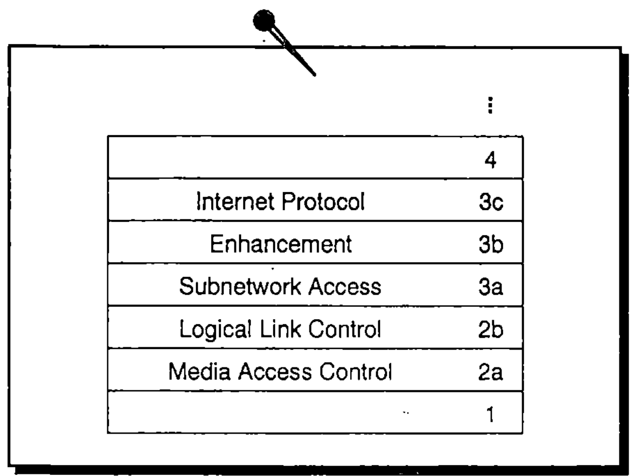

Abb. 5.3. Unterteilung der OSI-Schicht 2 und 3 für lokale Netze

Die Netzwerkprotokolle für den Betrieb eines lokalen Netzwerks arbeiten auf Schicht 2 (Sicherungsschicht), Schicht 3 (Vermittlungsschicht) und Schicht 4 (Transportschicht). Zur Übersichtlichkeit werden die Schichten 2 und 3 des OSI-Referenzmodells für die Anwendung auf lokale Netze weiter unterteilt. Auf vier der gebräuchlichsten Protokolle, SNA, IPX, NetBEUI und TCP/IP soll in diesem Teil kurz eingegangen werden.

5.2.1 System Network Architecture (SNA)

Das SNA ist ein, schon 1974 von IBM eingeführtes, Netzwerkkonzept. Es wurde entwickelt zur Steuerung und Unterstützung von Terminals beim Zugriff auf Applikationen, die im Host-Rechner abgearbeitet werden.

Jede Kommunikation in einem SNA-Netzwerk erfolgt in Form einer Sitzung. Die Übertragungssteuerung nutzt dabei virtuelle Wege zwischen den kommunizierenden Geräten. Jedes Gerät im SNA-Netz stellt dazu einen Knoten dar. Zwischen den Knoten bestehen unterschiedliche physikalische Netzwerkverbindungen (physical unit), z.B. Koaxialkabel oder SDLC-Leitungen. Eine Sitzung (logical unit) erstreckt sich also über mehrere physikalische Leitungen (Abb. 5.4).

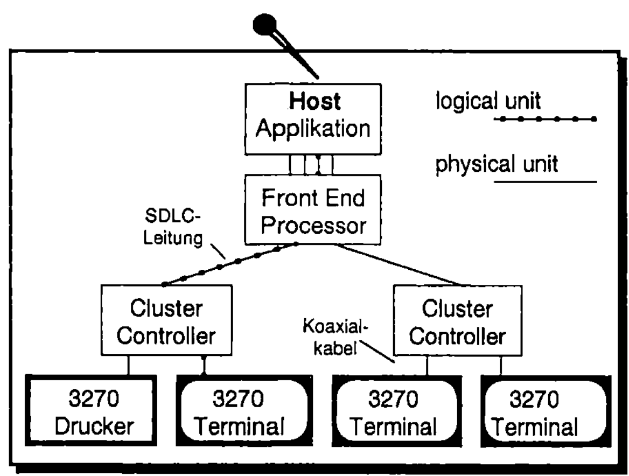

Abb. 5.4. Sitzung in einem SNA-Netzwerk

Das SNA ist zentral orientiert. Logische Verbindungen werden immer zum Host aufgebaut. Bei dem Einsatz von Computern als Terminals entsteht die Forderung nach Kommunikation zwischen allen Instanzen. Das SNA ist dazu erweitert worden durch die Advanced Program to Program Communications (APPC). Die meisten SNA-Netze sind aber heute noch zentralistisch aufgebaut.

5.2.2 Internetwork Packet Exchange (IPX)

Das IPX-Protokoll ist von Novell für die NetWare-Umgebung entwickelt worden. Es ist ein verbindungsloses Übertragungsprotokoll auf der Netzwerkschicht. SPX ist dagegen ein Protokoll der Transportschicht und kann zum Aufbau einer Punkt-zu-Punkt-Verbindung eingesetzt werden. Ein wichtiger Einsatzbereich von SPX ist die Herstellung der Verbindung zwischen Netzwerkstation und der Anwendung, die auf dem Server als NetWare Loadable Module (NLM) arbeitet (Abb. 5.5).

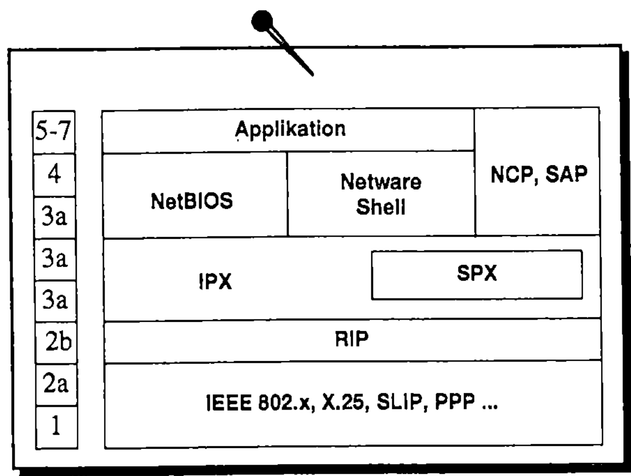

Abb. 5.5. Positionierung des IPX-Protokolls

RIP	Routing Information Protocol	NCP	NetWare Core Protocol
IPX	Internetwork Protocol Exchange	SAP	Service Advertising Protocol
SPX	Exchange	NetBIOS	Network Basic Input/Output System

Die Protokolle NCP, SAP und RIP dienen zur Aufrechterhaltung des Netzwerks. NCP überwacht die Verbindung zwischen User und Fileserver, SAP gibt alle 60 Sekunden die Services des Servers bekannt und RIP dient zur Bekanntgabe der Routingtabelle eines Routers im Netz.

Die Zuweisung der Adressen im IPX-Netzwerk erfolgt automatisch. Nach dem Einschalten der Netzwerkstation wird die Adresse vom Netzwerkbetriebssystem NetWare gebildet und zugewiesen. Die Stationsadresse wird gebildet aus der Netzwerknummer und der MAC-Adresse. Die Netzwerknummer wird durch einen 4 Byte Wert zwischen 1 und 0xFFFFFFFE dargestellt. Jedes Teilnetz, das über Router oder Brigde verbunden ist, besitzt eine separate Netzwerknummer. Sie wird vom Netzwerkadministrator vergeben, der auch dafür Sorge zu tragen hat, daß jedes Teilnetz eine unterschiedliche Adresse bekommt. Die MAC-Adresse (Medium Access Control) entspricht der Hardwareadresse, also der Ethernet- oder Token Ring-Adresse.

Bei der Übertragung der IPX-Protokollfamilie im WAN entstehen zwangsläufig Probleme. Für die Übertragung im WAN setzen Protokolle, die automatisch Daten übertragen, einen Short Hold-Mechanismus außer Kraft. Auf RIP- und SAP-Broadcasts kann man vollständig verzichten, wenn die Routing- und Serviceinformationen gezielt übertragen werden. Für kleine Netze kann das manuell erfolgen, wenn sich die Konfiguration ändert.

Drei weitere Lösungsansätze lassen einen automatischen Update dieser Informationen zu:

- Timed Update,
- Triggered Update und
- Piggy Back.

Bei *Timed Update* wird die Routing- und Serviceinformation immer nach einer einstellbaren Zeit übertragen. Das Verfahren wird selten benutzt. Bei *Triggered Update* konfiguriert man die Router so, daß die RIP-Informationen nur dann versendet werden, wenn wirklich eine Änderung aufgetreten ist. Dieses Verfahren wird eingesetzt, wenn die Netze sich nur selten in der Konfiguration ändern. Das *Piggy Back*-Verfahren sorgt dafür, daß Routing- und Serviceinformationen nur dann übertragen werden, wenn sowieso eine Verbindung aufgebaut ist, um Nutzdaten zu übertragen. Die Informationen werden dann einfach an die Nutzdaten angehängt. Das Verfahren wird eingesetzt, wenn diese Informationen keine hohe Priorität haben. ·

Das NCP-Protokoll sendet regelmäßig sogenannte Watchdog-Pakete (Überwachungs-Pakete) an alle angemeldeten Clients. Aufgrund der Antworten kann der Server erkennen, welche Clients noch erreichbar sind. Damit dieser Mechanismus auch über ISDN-Wählverbindungen funktioniert, ohne daß unnötig Gebühren anfallen, werden Router eingesetzt, die diese Informationen lokal vorschwindeln (spoofen). Wichtig ist hierbei, daß sich die Arbeitsstationen ordnungsgemäß ausloggen. Werden die Arbeitsstationen einfach ausgeschaltet, behält der Server die aktive Sitzung offen. Beim nächsten Login wird dann eine neue Sitzung eröffnet.

Beim SPX-Protokoll werden Keep-Alive-Pakete (bin-am-Leben) wechselseitig übertragen. Das Spoofing muß also auf beiden Seiten realisiert sein. Der Router muß selbstständig Keep-Alive-Pakete aussenden, die von den Arbeitsstationen beantwortet werden. Der ISDN-Router baut nur dann eine ISDN-Verbindung auf, wenn er den Server davon unterrichten will, daß ein Client auf die selbst generierten Keep-Alive-Anfrage nicht mehr reagiert.

5.2.3 NetBEUI

Das Protokoll NetBEUI (NetBIOS Extended User Interface) ist das Protokoll, das in Windows for Workgroups erstmals als Standardprotokoll mit ausgeliefert wor-

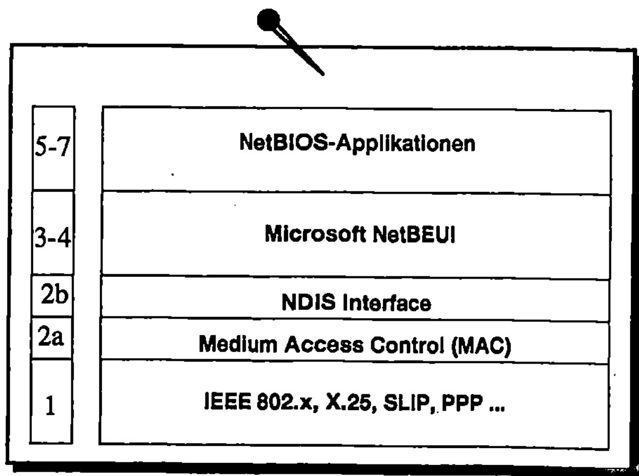

Abb. 5.6. Positionierung des NetBEUI Protokolls

den ist. Das Protokoll ist 1985 von IBM eingeführt worden. NetBEUI ist ein Protokoll für kleine Netzwerke bis zu 200 Arbeitsstationen. Es wird ausschließlich über das NetBIOS-Interface angesprochen und bietet hohe Übertragungsraten und eine einfache Netzwerkadministrierung (Abb. 5.6).

Die Adressierung erfolgt über Rechnernamen. Da anhand der Adresse nicht zwischen Netzwerken unterschieden werden kann, ist das Protokoll nicht über Router-Verbindungen nutzbar.

5.2.4 Transmission Control Protocol / Internet Protocol (TCP/IP)

Die Geschichte des Protokolls TCP/IP reicht, wie die des SNA, bis ins Jahr 1974 zurück. Die Verbreitung von TCP/IP wurde seitdem vor allem durch die amerikanische Regierung gefördert, die Teile des TCP/IP zum Standard erklärte und ihre Implementation förderte. Mittlerweile hat sich TCP/IP zu einem der wichtigsten Netzwerkprotokolle entwickelt. Kaum ein Hersteller von Netzwerkstationen oder Betriebssystemen kommt an der TCP/IP-Implementierung vorbei.

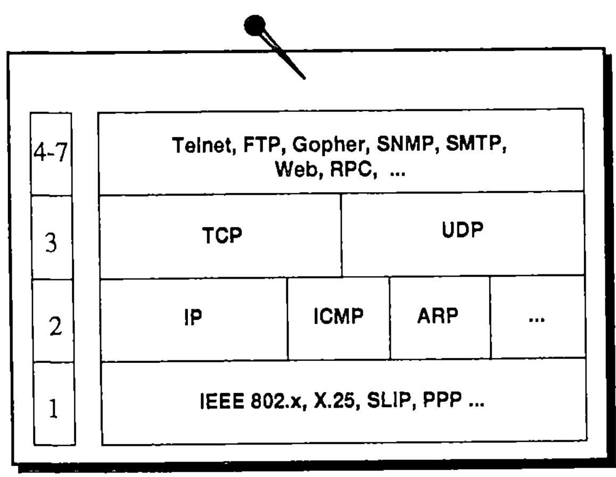

Abb. 5.7. Positionierung der Protokolle TCP, UDP und IP

SLIP	Serial Line Internet Protocol	UDP	User Datagram Protocol
IP	Internet Protocol	FTP	File Transfer Protocol
ICMP	Internet Control Message Protocol	RPC	Remote Procedure Call
ARP	Address Resolution Protocol	SNMP	Simple Network Management Protocol
TCP	Transmission Control Protocol	SMTP	Simple Mail Transport Protocol

Der Name TCP/IP beinhaltet die Bezeichnung von zwei wesentlichen Protokollen in der Gruppe der Internet-Protokolle, TCP und IP. Die Positionierung, entsprechend dem OSI-Referenzprotokoll ist in der Abb. 5.7 zu erkennen. Das Internet Protocol (IP) ist das Protokoll, das das Format aller Daten bestimmt, die über das Netzwerk gesendet werden. Das Internet Protocol selbst ist unzuverlässig und muß durch die Protokolle der Transportschicht gesichert werden. IP stellt einen Header vor die zu versendenden Daten, der die Internet-Adresse des Absenders und des Empfängers, die Identifikation des Datagramms und die Länge des Datagramms enthält.

Das User Datagram Protocol (UDP) ist ein verbindungsloses Protokoll, das von darüberliegenden Protokollen zum Austausch von Daten genutzt wird. Das UDP bietet einen einfachen Weg, Applikationen miteinander kommunizieren zu lassen. Wie bei allen verbindungslosen Protokollen, garantiert auch UDP nicht den Erhalt der Daten beim Empfänger. Die Sicherung muß durch die darüberliegenden Protokolle erfolgen.

Das Transmission Control Protocol (TCP) ist im Gegensatz zum UDP ein verbindungsorientiertes Protokoll, das hauptsächlich für die blockweise Versendung von Datenströmen eingesetzt wird. Durch die Verbindungsorientiertheit stellt es für die höheren Schichten ein zuverlässiges Protokoll dar, das für die konkrete Ankunft der Daten beim Empfänger selbst verantwortlich ist und damit Datenverlust, -veränderung, -verdopplung und Datenvertauschung ausschließt.

Das Internet ist die Bezeichnung eines globalen, die ganze Welt umspannenden Netzwerks, das mit dem Protokoll TCP/IP betrieben wird. Soll ein lokales Netzwerk mit dem Internet verbunden werden, muß es die Konventionen bei der Vergabe der Netzwerkadressen beachten. In jedem Land gibt es dazu eine Institution, die für die Vergabe der Adressen verantwortlich ist.

Jede Internet-Adresse umfaßt 32 Bit, also 4 Byte. Die Adresse besteht aus den Teilen Netzwerkadresse und Stationsadresse. Das TCP/IP unterstützt drei Arten von Internet-Adressen (Class A, B und C), die sich durch die Aufteilung zwischen Netzwerkadresse und Stationsadresse unterscheiden (Abb. 5.8).

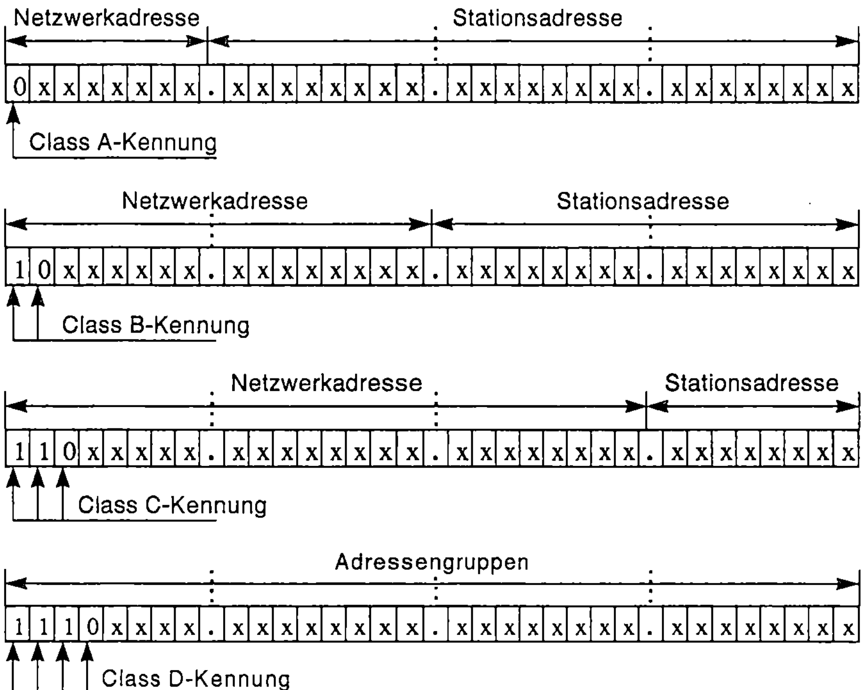

Abb. 5.8. Aufbau der Internet-Adressen

Eine *Class A* Adresse besteht aus einer 8 Bit langen Netzwerkadresse und einer 24 Bit langen Stationsadresse. Zur Kennzeichnung der Klasse wird das erste Bit auf Null gesetzt. Durch die verbleibenden 7 Bit können 127 verschiedene Netzwerkadressen gebildet werden. Von diesen sind zwei Adressen bereits belegt. Die 127 (alle Bits gesetzt) dient als Loop-Back Adress, und die Null findet als netzinternes Broadcast Verwendung.

Bei *Class B* Adressen besteht die Netzwerk- und der Stationsadresse aus jeweils 16 Bit. Zur Kennzeichnung der Klasse ist Bit 1 auf 1 und Bit 2 auf 0 gesetzt. Weitere Einschränkungen für die Netzadresse bestehen nicht, so daß 16 384 Adressen vergeben werden können.

Die *Class C* Adresse schließlich besteht aus einer 24 Bit langen Netzwerkadresse und einer 8 Bit langen Stationsadresse. Die ersten beiden Bit sind auf 1 gesetzt und Bit 3 ist auf 0 gesetzt. Mit den verbleibenden 21 Bit können 2 015 775 verschiedene Netztadressen und nur 254 Stationen adressiert werden.

Seit einigen Jahren wird versucht mit einer *Class D* Adresse zu arbeiten. Zur Kennzeichnung werden die ersten 3 Bit auf 1 und das vierte Bit auf 0 gesetzt. Bei der Class D Adresse wird nicht in Netzwerk- und Stationsadresse unterschieden, sondern in Gruppen (Internet Group Management Protocol – IGMP). Alle verbleibenden 28 Bit können zur Bildung von Adreßgruppen verwendet werden.

Die eigentliche Adressierung erfolgt durch das Address Resolution Protocol (ARP). Die grundlegende Funktion des ARP besteht darin, unter Verwendung von Broadcast-Adressen dynamisch eine Umsetzungstabelle aufzubauen. Soll ein Datenpaket versendet werden, prüft ARP, ob die Internet-Adresse des Ziels in der Tabelle vorhanden ist. Ist sie vorhanden, wird die Hardwareadresse als Ziel für die unterliegenden Schichten angegeben. Ist die Internet-Adresse nicht in der Tabelle enthalten, werden unter Verwendung einer Broadcast-Adresse alle Stationen nach der Adresse gefragt. Die Station mit der richtigen Adresse antwortet mit ihrer Hardwareadresse, die dann vom ARP in die Tabelle aufgenommen wird.

5.2.5 Standardisierung

Im Bereich der Protokolle in lokalen Netzen gibt es hauptsächlich herstellerabhängige Spezifikationen. Das SNA-Protokoll ist z.B. von der International Business Machines (IBM) und das IPX-Protokoll von Novell spezifiziert. Nur das Internet-Protokoll TCP/IP wird durch eine Interessengemeinschaft – der Internet Engineering Task Force (IETF) – definiert (Abb. 5.9).

Die IETF ist ein Teil der Internet Society. Für die Koordinierung der Aktivitäten der IETF-Arbeitsgruppen ist die IESG (Internet Engineering Steering Group) zuständig. Aufgabe der IETF ist die Standardisierung im gesamten Bereich Internet. Das Internet Architecture Board bearbeitet die allgemeine Struktur des Internet und vergibt z.B. IP-Adreßbereiche und Domain-Namen.

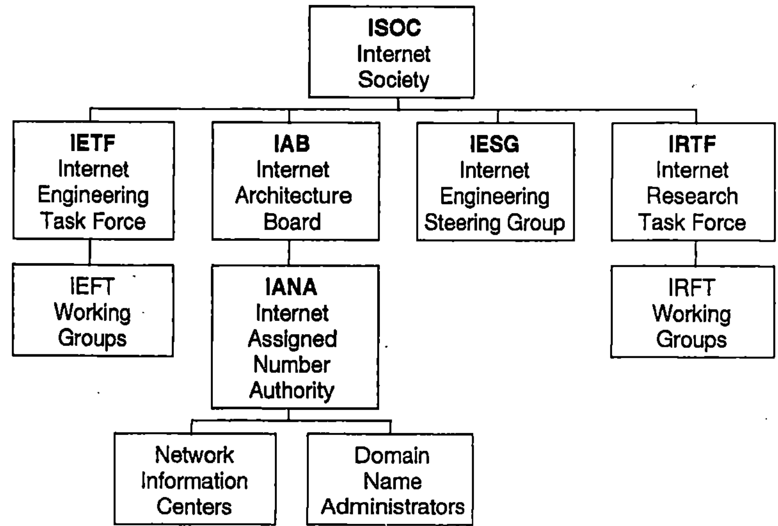

Abb. 5.9. Struktur der Internet Engineering Task Force (IETF)

Da das Aufgabengebiet der Standardisierung sehr groß ist, wurden innerhalb der IEFT Arbeitsgruppen gebildet. Es gibt Arbeitsgruppen in folgenden Bereichen:

- globaler Bereich,
- Applikationsbereich,
- Internet-Bereich,
- Betriebs- und Managementbereich,
- Routing-Bereich,
- Bereich Sicherheit,
- Transportbereich und den
- Bereich Anwenderdienste.

Die Standards werden nicht direkt von der IETF vorgegeben. Jeder kann seine Anregungen als Draft abgeben. Diese Drafts werden dann von den zuständigen Arbeitsgruppen zusammengefaßt und als Request for Comment (RFC) veröffentlicht. Der Draft hat eine maximale Lebensdauer von 6 Monaten. Sollte er nicht in ein RFC eingegangen sein, verfällt er. Die RFCs werden fortlaufend durchnumeriert. Sie verfallen nicht und werden auch nicht geändert. Sollten Änderungen notwendig sein, wird ein neuer RFC gebildet und der vorhergehende zu diesem Thema für veraltet (obsolete) erklärt. Die RFCs regeln alles, was mit TCP/IP, Internet und WAN-Verbindungen zu tun hat. Selbst die Definition eines RFCs ist wiederum in einem RFC festgehalten. Zur Zeit ist das der RFC 1111. Die Anzahl der RFCs lag Mitte '97 bereits bei über 2 100 Stück.

In seltenen Fällen wird aus wichtigen RFCs ein Internet-Standard gebildet (Abb. 5.10). Da die Implementation aber bereits nach den RFCs erfolgen kann, ist der Schritt zum Standard in letzter Zeit immer seltener.

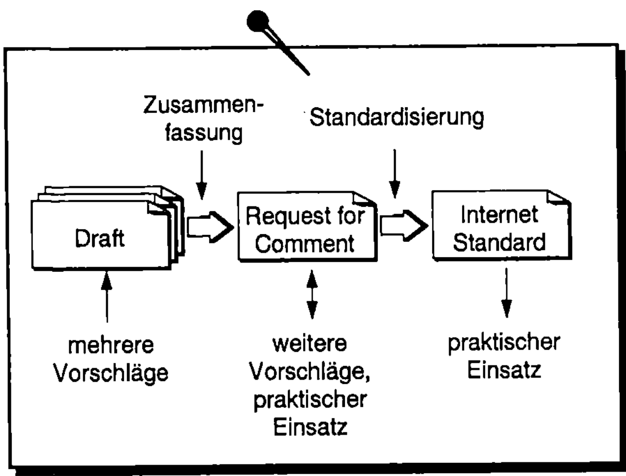

Abb. 5.10. Entstehung von Internet-Standards

5.3 Repeater, Bridges, Router und Gateways

Da die Ausdehnung der Netzsegmente in lokalen Netzen begrenzt ist, sowohl in bezug auf die Anzahl angeschlossener Geräte als auch auf die Länge, werden Lösungen benötigt, um diese Einschränkungen zu überwinden. Dazu werden die LAN-Segmente über verschiedene Techniken miteinander verbunden. Die Geräte werden unterschieden anhand der Kommunikationsebene, auf der sie die LAN-Segmente verbinden (Tabelle 5.1).

Tabelle 5.1. LAN-Kopplungselemente

Gateway	Schicht 4–7
Router	Schicht 3
Bridge	Schicht 2
Repeater	Schicht 1

5.3.1 Repeater (Verstärker)

Der Repeater arbeitet auf Schicht 1 und dient zur Verbindung zweier LAN-Segmente. Die Hauptfunktionalität besteht in der Signalverstärkung. Beide Netzsegmente müssen von gleicher Topologie sein. Eine Betrachtung der übertragenen Daten erfolgt nicht. Es werden durch den Repeater keine Daten gefiltert, und er arbeitet völlig protokolltransparent (Abb. 5.11).

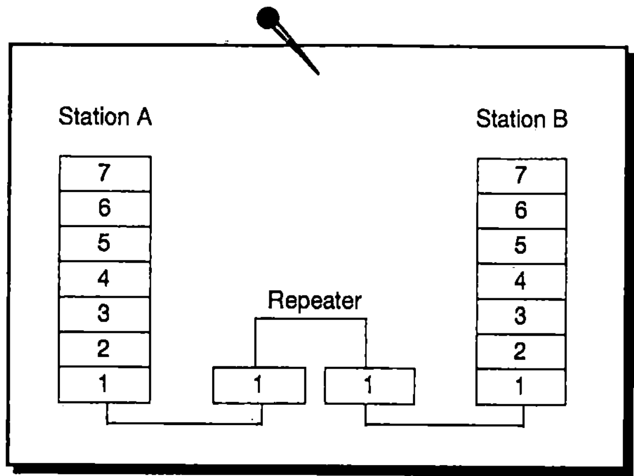

Abb. 5.11. Positionierung des Repeater

Die Kopplung über Repeater kann über mehrere Segmente erfolgen. Da der Repeater einen Flaschenhals in der Kommunikation bildet, machen Verbindungen über mehr als 3 Segmente, also 2 Repeater, kaum einen Sinn. Für größere Netze wird ein Hilfsnetz (Backbone) eingeführt, das nur die einzelnen Repeater verbindet (Abb. 5.12).

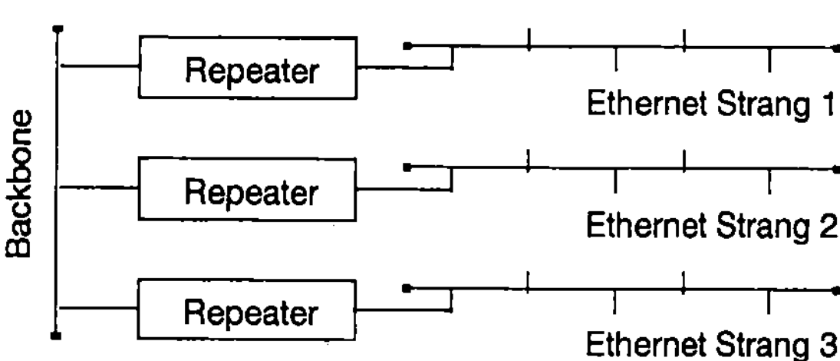

Abb. 5.12. Backbone

In solchen Netzen kann jede Arbeitsstation über maximal 2 Repeater mit einer beliebigen anderen Station kommunizieren. Das Backbone-Segment wird dabei am stärksten belastet und sollte daher sorgfältig aufgebaut werden.

Da Repeater auf beiden Seiten das gleiche Netzwerk benötigen, können sie für die ISDN-Betrachtung außer acht gelassen werden.

5.3.2 Bridge

Die Bridge arbeitet auf den beiden untersten Schichten. Sie ist auch in der Lage, Segmente unterschiedlicher Topologien zu koppeln (Abb. 5.13).

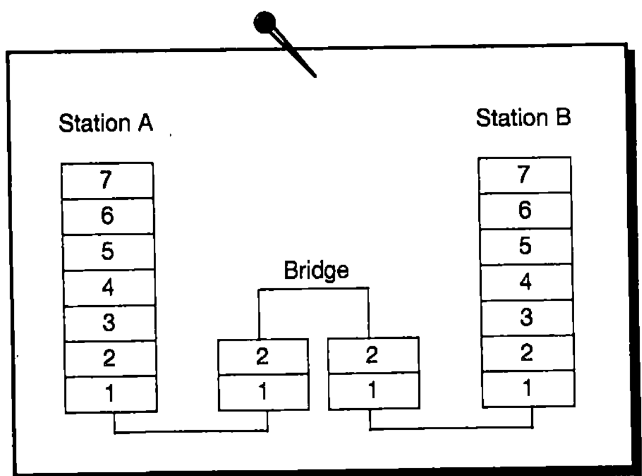

Abb. 5.13. Positionierung der Bridge

Zusätzlich werden von der Bridge Funktionen der Schicht 2, wie MAC-Adressenauswertung und Fehlererkennung, ausgeführt. Die Datenpakete werden auf Checksumme überprüft. Fehlerhafte Pakete werden nicht übertragen. Die MAC-Adressenauswertung erfolgt so, daß die Bridge entscheiden kann, welche Daten in das andere LAN-Segment übertragen werden und welche nicht. Dazu baut sich die Bridge eine Tabelle auf, in der sie alle MAC-Adressen der Geräte in den Segmenten lernt. Anhand dieser Tabelle erkennt sie, ob das Datenpaket in das andere Segment übertragen werden muß, spart damit unnötige Belastung und macht das Netzwerk effizienter.

Abb. 5.14. ISDN-Brigde

Die LAN-Segmente können über WAN-Verbindungen durch die Nutzung von Bridges verbunden werden. Dazu wird in jedem Segment eine Bridge installiert, die auf das WAN (z.B. ISDN) zugreift (Abb. 5.14).

Da die Bridge für Protokolle der Schicht 3, der Transportschicht, unabhängig arbeitet, kann sie keine Netzwerkadressen auswerten. Die Bridge kann also immer nur 2 Segmente miteinander verbinden.

5.3.3 Router

Die Router arbeiten auf der Transportschicht des OSI-Referenzmodells. Sie verarbeiten die Schicht 3-Adresse und treffen anhand der Netzwerkadresse die Wegauswahl. Über Router können also nur Protokolle übertragen werden, die eine Netzwerkadresse benutzen, wie z.B. TCP/IP und IPX. Protokolle, die keine Netzwerkadresse nutzen wie SNA und NetBEUI, können nur über Bridges übertragen werden, oder sie werden in ein routingfähiges Protokoll eingebettet.

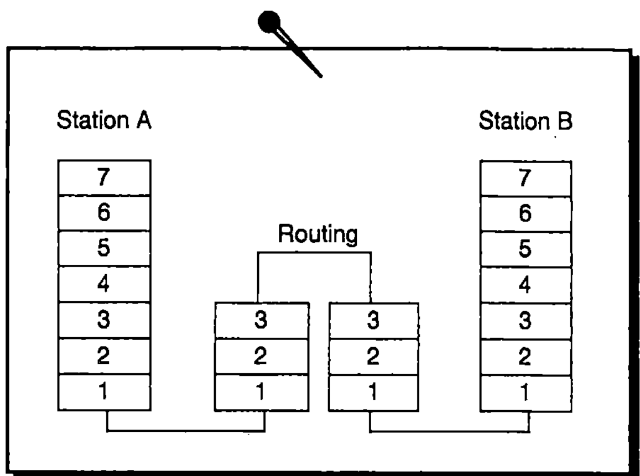

Abb. 5.15. Positionierung des Router

Auch Router benutzen Tabellen zur Wegauswahl. Diese Tabellen werden teilweise vom Netzwerkadministrator vorgegeben, können aber auch vom Router gelernt werden. In dieser Tabelle können Netzwerkadressen unterschiedlichen ISDN-Nummern zugeordnet werden. Dadurch sind Router in der Lage, mehr als 2 LAN-Segmente zu verbinden. Der größte Teil der Netzverbindungen im ISDN wird über Bridges und Router realisiert.

5.3.4 Gateway

Die aufwendigste Form der Kommunikation zwischen den Geräten entsteht, wenn beide Seiten mit völlig verschiedenen Protokollen arbeiten. Diesem Zweck dienen

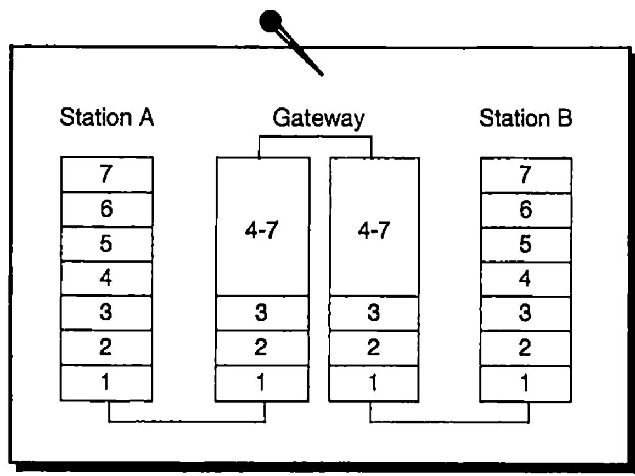

Abb. 5.16. Positionierung des Gateways

die Gateways. Sie arbeiten auf den Schichten 4 bis 7 und werden in der Regel über Software realisiert (Abb. 5.16).

Die wichtigsten Vertreter sind die Mail-Gateways, die die Formate der verschiedenen Mailsysteme transformieren können und Fax-Gateways zwischen Mail- und Telefax-Dienst.

5.4 Wide Area Network (WAN)

Bei der LAN-Kopplung über ISDN gibt es eine Reihe technischer Aufgaben, die gelöst werden müssen. Die besonderen Aufgaben entstehen, weil die Protokolle für den Einsatz in lokalen Netzen entwickelt wurden, im ISDN aber andere Bedingungen auftreten. Die wichtigsten Bedingungen, denen Rechnung getragen werden muß, sind die anfallenden Gebühren für die Verbindung und die öffentliche Zugriffsmöglichkeit durch Fremde.

Die folgenden Leistungsmerkmale sollen in dem Zusammenhang kurz erläutert werden:

- dynamischer Verbindungsaufbau (Short Hold),
- Protokollfilter und Spoofing,
- Rückruf (Callback),
- Kanalbündelung und Kanalzuschaltung (Channel Bundling on Demand),
- Kompression,
- Datenverschlüsselung (Encryption),
- Zugriffsstatistik, Monitoring und Gebührenerfassung (Acounting).

5.4.1 Short Hold Mode

Zur Kostensenkung wird die Verbindung in zwei Ebenen unterteilt. Die logische und die physikalische Verbindung besteht, wenn Datenpakete übertragen werden. Wenn eine gewisse Zeit keine Daten mehr über diese Leitung übertragen werden, wird die physikalische Verbindung abgebaut, während die logische Verbindung stehen bleibt. Der Wert, der die Zeit angibt, nach der die Verbindung abgebaut wird, heißt Timeout. Sobald die Verbindung zur erneuten Datenübertragung benötigt wird, wird die Verbindung physikalisch wieder aufgebaut. Da der Verbindungsaufbau im ISDN innerhalb von 2 Sekunden realisiert wird, bemerkt der Benutzer kaum eine Verzögerung.

Der Timeout sollte immer mit dem Gebührentakt abgestimmt sein. Der intelligente Short Hold stellt den Timeout automatisch ein. Das kann entweder durch eine Tabelle vorgegeben werden, in der der Gebührentakt entsprechend der Tages- oder Wochenzeit beachtet wird. Der eingestellte Timeout garantiert dann, daß innerhalb eines Gebührentaktes nicht 2mal die Verbindung aufgebaut werden kann, was die Kosten erhöhen würde, statt sie zu senken. Wesentlich effektiver arbeitet der Short Hold, wenn er die Zeittakte lernt und den Timeout immer bis kurz vor dem nächsten Gebührentakt herauszögert. Das setzt aber eine Gebühreninformation während der Verbindung voraus.

Durch den Short Hold kann auch ein tückischer Nebeneffekt auftreten. Wenn eine Station einen Ruf über ISDN initiiert, fallen die Verbindungskosten bei der rufenden Station an. Wenn die ursprünglich gerufene Station die Verbindung nach dem Short Hold wieder aufnehmen will, muß diese Station die Kosten übernehmen. Das Problem kann dadurch gelöst werden, daß die gerufene Station bei der rufenden einen Rückruf initiiert, damit diese die Antwort abliefern kann.

5.4.2 Protokollfilter und Spoofing

In lokalen Netzwerken sind bekanntlich alle Stationen ständig am Netz angeschlossen. Bei der Entwicklung der Netzwerkprotokolle wurde daher mit kleinen hilfreichen Nachrichten zur Aufrechterhaltung des Netzes nicht gespart. Für die Nutzung der LAN-Protokolle über ISDN sind es genau diese kleinen Nachrichten, die die Verbindungskosten in die Höhe wachsen lassen. Beispiele für diese Protokolle sind RIP, SAP, ICMP, ARP und einige andere. Diese Protokolle können teilweise durch Erkennung einfach gefiltert werden.

Protokolle, die ohne periodische Beantwortung die Netzfunktionalität beeinträchtigen (z.B der Keep-Alive), werden durch Spoofing von der ISDN-Übertragung ferngehalten. Unter Spoofing versteht man das lokale Beantworten von bekannten Fragen. Eine Bridge bzw. ein Router erkennt ein Paket mit einer Frage an einen über ISDN erreichbaren Partner. Da der Router aber die Antwort des Partners bereits kennt, überträgt er das Paket nicht, sondern beantwortet es anstelle des fernen Partners.

5.4.3 Rückruf

Für den Einsatz der Rückruffunktion gibt es zwei wesentliche Gründe. Zum einen können die Kommunikationskosten auf die Seite verlagert werden, die auch bezahlen soll. Beispielsweise Heimarbeitsplätze können über Rückruf an den Firmenserver angebunden werden. Die monatliche Verrechnung mit dem Privathaushalt kann so eingespart werden. Zum anderen kann ein erzwungener Rückruf auf eine voreingestellte Rückrufnummer die Zugriffssicherheit erhöhen. Der vermeintliche Eindringling löst maximal einen Rückruf beim eingerichteten Benutzer aus, der dort abgelehnt wird. Dieser Einsatzzweck setzt voraus, daß der ferne Anrufer immer am selben Anschluß arbeitet.

Die Auslösung des Rückrufs kann ebenfalls auf zwei Arten erfolgen. Da im ISDN die Rufnummer schon vor dem Verbindungsaufbau übertragen werden kann, besteht die Möglichkeit, den Rückruf schon über die Information im D-Kanal auszulösen. Der Vorteil besteht darin, daß nicht eine einzige Gebühreneinheit beim Client anfällt. Eine Authentifizierung nach Benutzername und Paßwort kann nicht erfolgen, weil diese Daten nicht kostenlos übertragen werden können. Die zweite Möglichkeit besteht in der Auslösung des Rückrufs nach der Authentifizierung. Hier wird mindestens eine Gebühreneinheit für die Übertragung von

Benutzername und Paßwort benötigt. Wenn die Rückrufnummer beim Server hinterlegt ist, kann der Rückruf auch bei bekanntem Benutzernamen und Paßwort nicht mißbraucht werden. Diese Einrichtung bedingt damit, daß der Anrufende immer von dem gleichen Anschluß anruft.

5.4.4 Kanalbündelung

Im Vergleich zu den lokalen Netzen, die mit 8, 10 oder 16 MBit/s arbeiten, bzw. nach neuester Technologie mit 100 MBit/s, ist ISDN mit 64 kBit/s verhältnismäßig langsam. Um die Übertragungsgeschwindigkeit zu erhöhen, können die Daten vor der ISDN-Übertragung komprimiert werden, oder es können mehrere Kanäle zusammengeschaltet (gebündelt) werden. Diese Technik bietet sich bei der ISDN-Nutzung besonders an, da man ja in der Regel 2 oder 30 Kanäle zur Verfügung hat.

Die Übertragungsgeschwindigkeit verdoppelt sich bei der Bündelung von 2 Kanälen nicht ganz. Die Datenpakete werden bei der Kanalbündelung abwechselnd über beide Kanäle übertragen. Damit die Reihenfolge der Datenpakete auf der fernen Seite erhalten bleibt, werden die Pakete zusätzlich durchnumeriert. Diese Numerierung verringert bei großen Datenpaketen nur wenig die Nettoübertragungsrate. Wenn die Datenpakete nicht gleich lang sind, muß der Kanal mit den kleineren Paketen auf den anderen warten, wodurch sich die gesamte Übertragungsrate weiter verringert.

Setzt man dagegen den Preis, der sich bei der Bündelung von 2 Kanälen verdoppelt, wird man abwägen, wann man Kanalbündelung einsetzen will und wann nicht. Bei hohem Datendurchsatz wird die Kanalbündelung gebraucht, während sie bei niedrigem Durchsatz nicht benötigt wird. Die Kanalzuschaltung (Channel Bundling on Demand) arbeitet lastabhängig und kann bei Erreichen einer bestimmten Auslastung weitere Kanäle zuschalten und bündeln.

Besonders interessant ist die Kanalbündelung natürlich da, wo die Verbindung nichts kostet, so wie in fast allen Ortsverbindungen der USA. Weiterhin ist die Kanalbündelung oft genutzt bei ISDN-Festverbindungen, die ja pauschal bezahlt werden.

5.4.5 Kompression

Um eine hohe Auslastung der ISDN-Leitung zu realisieren, werden die Daten vor dem Versand komprimiert. Durch Komprimierung wird das Volumen der Daten verringert, wodurch bei gleicher Übertragungsrate mehr Daten zur gleichen Zeit übertragen werden können. Es sind verschiedene Verfahren entwickelt worden, wie z.B Lempel-Ziv, Stack oder V.42bis, die auf sehr aufwendig zu rechnender Weise sehr hohe Kompressionsraten erreichen. Da die Rechenleistung der modernen Computer so hoch ist, kann die Zeit, die der Computer zum Komprimieren und Dekomprimieren benötigt, normalerweise vernachlässigt werden. Erst bei Servern, die mehrere Leitungen zu bedienen haben, treten merkbare Verzögerungen auf.

Da durch die Komprimierung die Daten nicht verfälscht werden, empfielt es sich, immer mit Komprimierung zu arbeiten. Nur in dem Fall, wenn die Daten bereits komprimiert sind, können negative Kompressionsraten entstehen. Einige Kompressionsverfahren, wie z.B das V.42bis, erkennen aber bereits komprimierte Daten, indem sie das Ergebnis mit den Originaldaten vergleichen, und übertragen dann das kleinere Datenpaket.

5.4.6 Sicherheit

Die Sicherheit der Firmendaten, die im Netzwerk verfügbar sind, muß auf jeden Fall gewährleistet sein. Dazu sind vielfältige Sicherheitsmaßnahmen erfunden worden, die speziell für den gedachten Einsatzzweck gewählt werden können:

- Rufnummernidentifizierung,
- Rückruffunktion (erzwungener Rückruf),
- Paßwortschutz,
- Firewall,
- Verschlüsselung.

Die *Rufnummernidentifizierung* bietet einen einfachen Schutz vor unberechtigtem Zugriff. Das ISDN-Leistungsmerkmal Rufnummernübertragung wird benutzt, um die Gegenstelle zu identifizieren. Voraussetzung ist einerseits dieser Dienst und andererseits, daß der Teilnehmer sich immer von dem gleichen Anschluß aus einwählt.

Auch die *Rückruffunktion* kann zur Sicherheit genutzt werden. Auf der Server-seite wird nur der Rückruf zu einer fest eingestellten Rufnummer zugelassen. Jeder der sich von woanders einwählt, löst einen Rückruf zur richtigen Gegen-stelle aus und kann selbst die Verbindung nicht nutzen.

Einen wirksameren Schutz bietet die Zugriffssicherung durch ein *Paßwort*. Die Kombination aus Benutzernamen und Paßwort wird vor dem Verbindungsaufbau abgefragt. Jeder Nutzer ist dabei selbst verantwortlich, daß die Kombination kei-nem Dritten zugänglich wird. Erhöht werden kann die Sicherheit durch ein dyna-misches Paßwort. Von Security Dynamics gibt es kleine Karten (im Checkkarten-format) oder Schlüsselanhänger, die eine LCD-Anzeige haben, auf der jede Mi-nute ein neues Paßwort generiert wird. Auf der angerufenen Seite gibt es einen Server, der nach dem gleichen Verfahren die Paßwörter generiert. Der Zugriff wird erst geleistet, wenn die Paßwörter verglichen sind.

Zwei der bekanntesten Protokolle sind das Password Authentication Protocol (PAP) und das Challenge Handshake Authentication Protocol (CHAP) (Abb. 5.17). Im PAP wird das Paßwort übertragen und kann dadurch abgehört werden. Das CHAP bietet mehr Sicherheit, weil nur ein Schlüssel (Challenge) vereinbart wird, mit dem das Paßwort verschlüsselt wird, und nur die Checksumme wird übertra-gen.

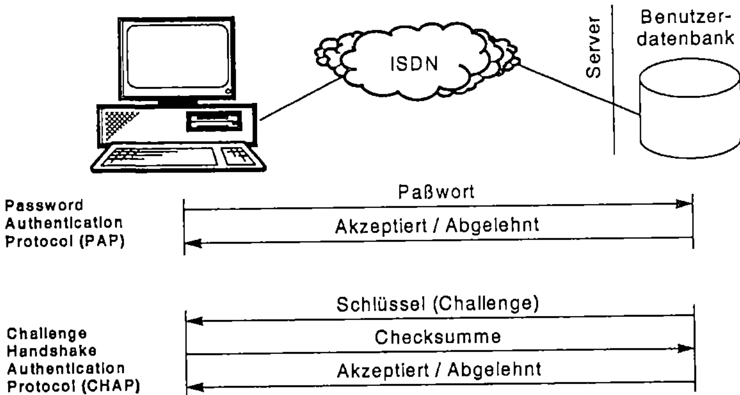

Abb. 5.17. Authentifizierungsprotokolle PAP und CHAP

Firewalls sind Netzwerkfilter, die verschiedenen Benutzern unterschiedlichen Zugriff auf Netzwerkressourcen ermöglichen. Die Firewall wird von vielen Routern realisiert, die dann Firewall-Router genannt werden. Die Filter können entsprechend dem Nutzer gesetzt werden und bestimmte Netzwerkadressen oder auch Dienste im Netz sperren.

Die *Nachrichtenverschlüsselung* ist eigentlich genauso alt wie die Nachrichtenübermittlung selbst. Das Ziel ist dabei immer, den Inhalt der Nachricht den unberechtigten Lesern vorzuenthalten. Auch bei der Datenübertragung über ISDN werden die Daten zu diesem Zweck verschlüsselt. Zwei der am häufigsten genutzten Verfahren sind RSA und DES.

RSA ist ein nach Ron Rivest, Ade Shamir und Leonard Adleman benanntes asymmetrisches Verschlüsselungsverfahren, das darauf beruht, große Zahlen in kurzer Zeit zu faktorisieren. Für die Ver- und Entschlüsselung müssen modulare Exponentiationen berechnet werden, die viel Rechenzeit in Anspruch nehmen. Aus diesem Grund kann RSA nicht für die Echtzeitdatenverschlüsselung eingesetzt werden, jedoch für die Operationen, die nur selten durchgeführt werden, wie die Autorisierung der Gegenstelle, den Schlüsselaustausch oder die digitale Signatur.

DES ist die Abkürzung für Data Encryption Standard. Der 1977 vom National Bureau of Standards (NBS) standardisierte DES ist bis heute die am meisten verwendete Blockchiffre. Die Blockgröße beträgt 64 Bit, ebenso wie die Schlüssellänge, von denen aber 8 Bit als Parity Check Bits verwendet werden. Der Nachteil des nur 56 Bit langen Schlüssels kann durch dreifache Verschlüsselung (Triple DES) kompensiert werden. DES zählt zu den symmetrischen Verfahren, weil Sender und Empfänger über den gleichen Schlüssel verfügen müssen.

5.4.7 Zugriffsstatistik, Monitoring und Gebührenerfassung

Die größte Einsparung der Kommunikationskosten kann man nur erreichen, wenn man erkennen kann, wann die Kosten in welcher Höhe anfallen und durch wen (oder was) sie hervorgerufen wurden. Hier bieten sich folgende Möglichkeiten:

- Journal mit An- und Abmeldezeiten nach Benutzernamen,
- Statistik der übertragenen Daten,
- Gebührenanzeige und -auswertung,
- Anzeige des Zustandes der Kanäle,
- Anzeige der Übertragungsgeschwindigkeit und der Auslastung.

Da diese Funktionen nicht direkt mit der Aufrechterhaltung der Verbindung zu tun haben, verwenden die Hersteller von Bridges und Routern leider viel zu wenig Zeit für die Entwicklung solcher Hilfsmittel.

5.4.8 Netzwerkmanagement mit SNMP

Das Simple Network Management Protocol (SNMP) ist ein Protokoll, das auf der OSI-Schicht 4 arbeitet und auf dem UDP/IP Protokoll aufsetzt. Es ist im RFC 1157 beschrieben. Eingesetzt wird das Protokoll, um Netzwerkgeräte und Systeme zu überwachen und zu steuern. Die aktuellen Daten zu den Geräten werden dazu in einer Datenbank (Management Information Base – MIB) nach RFC 1213 gespeichert. Die Objekte der MIB werden in der Abstract Syntax Notation One (ASN.1) definiert und tragen einen eindeutigen Namen, über den sie angesprochen werden. Der SNMP-Agent ist ein kleines Programm, das diesen Zugriff auf die Datenbank hat und selbst über das SNMP-Protokoll angesprochen werden kann. Das Protokoll SNMP unterstützt nur 3 Operationen: Set, Get und Trap. Mit Get und Set werden Informationen aus der MIB gelesen und gesetzt. Die Operation Trap wird vom SNMP-Agent aus gesendet und enthält Warnungen und Fehlermeldungen für die Managementoberfläche (Abb. 5.18).

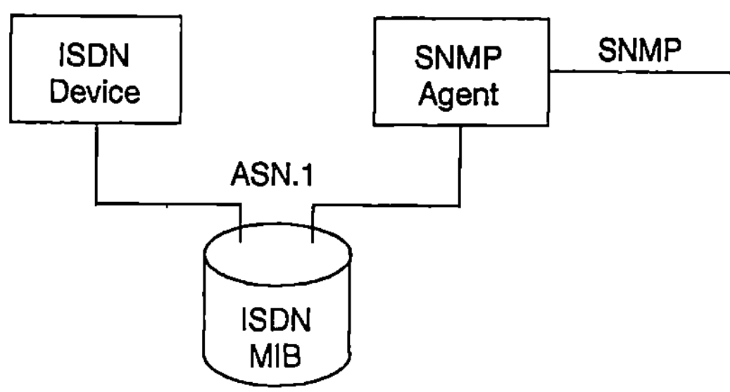

Abb. 5.18. Zugriff auf die ISDN-MIB

SNMP   Simple Network Management Protocol
MIB Management Information Base

Umfangreiche Software zum Netzwerkmanagement stellt die Informationen der zu steuernden Geräte dar und läßt die Konfiguration zu. Das bekannteste Produkt ist HP OpenView. Für die verschiedenen MIBs gibt es in HP OpenView eine Applikation, die die Informationen auch graphisch darstellen kann.

Für ISDN-Geräte ist eine eigene MIB in dem RFC 2127 definiert worden. Um ISDN-Schnittstellen managen zu können, werden folgende Informationen in der MIB benötigt:

- Informationen der physikalischen Schnittstelle, wie z.B. Basis- oder Primärmultiplexanschluß,
- Informationen der B-Kanäle,
- Informationen zum Steuerkanal (D-Kanal),
- zusätzliche Informationen zum Endgerät,
- zusätzliche Informationen zur Liste der verwalteten Telefonnummern.

Diesen 5 Anforderungen wird die ISDN-MIB durch 5 Informationsgruppen gerecht, in die die MIB eingeteilt ist. Viele Geräte werden durch eigene Applikationen überwacht und gesteuert, die kein SNMP unterstützen. Bei großen Netzwerken verlieren die Administratoren schnell die Übersicht, wenn sie ständig andere Programme für die verschiedenen Geräte nutzen müssen.

5.5 Point-to-Point Protocol (PPP)

Um den in Kapitel 5.4 beschriebenen Anforderungen gerecht zu werden, bedarf es umfangreicher Absprachen zwischen den einzelnen Gegenstellen. Damit auch in heterogenen Netzen mit verschiedenen Lösungen gearbeitet werden kann, wird ein umfassender Standard benötigt, der in Form eines Protokolls für WAN-Verbindungen realisiert wird. Das Point-to-Point Protocol (PPP) ist von der IETF entwickelt worden und hat sich weitestgehend auf dem Markt etabliert (Abb. 5.19).

Im wesentlichen wird das Protokoll nach dem Verbindungsaufbau und vor dem Datenaustausch aktiv. Es besteht aus mehreren Unterprotokollen und arbeitet auf Schicht 2 des OSI-Referenzmodells. Das LCP ist das erste Unterprotokoll. Es beginnt mit der Aushandlung der allgemeinen Einstellungen, wie z.B. die Art der Authentifizierung, des Rückrufs und der genutzten LAN-Protokolle. Die Aushandlung erfolgt im Ping-Pong Verfahren. Jede Seite gibt ihre Vorstellung für die Verbindung ab und akzeptiert oder lehnt die Vorschläge der Gegenseite ab, solange bis eine Übereinkunft gefunden wurde. Diese Aushandlung bezieht sich auf fast alle PPP-Unterprotokolle. Nach der allgemeinen Aushandlung im LCP werden die vereinbarten Unterprotokolle abgearbeitet. Das PAP und CHAP dienen der Zugriffsicherheit. Das CCP handelt die Art der Datenkompression aus, und eine Reihe von anderen Protokollen können weitere verbindungsspezifische Eigenschaften aushandeln. Das CBCP ist in der Lage, einen Rückruf auszuhandeln. Zur Aushandlung der Verbindungseigenschaften gibt es noch mehr Protokolle, deren Anzahl stetig wächst. Danach werden die protokollspezifischen Einstellungen ausgehandelt, so daß die fertig konfigurierten Protokolle zur Nutzung bereitstehen (Abb. 5.20).

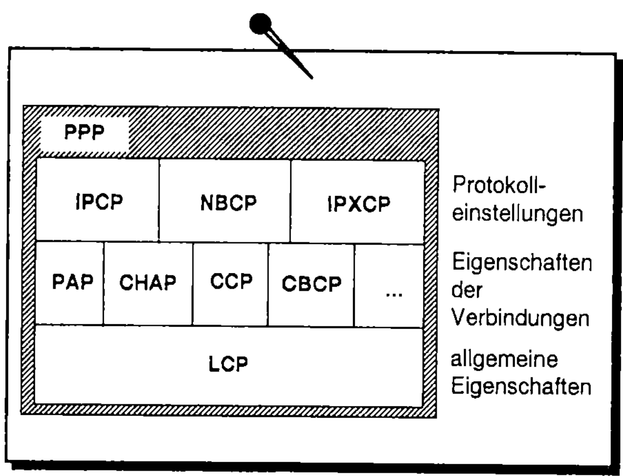

Abb. 5.19. Point-to-Point Protocol Aufbau

LCP	Link Control Protocol	CCP	Compression Control Protocol
PAP	Password Authentication Protocol	IPCP	Internet Protocol Control Protocol
CHAP	Challenge Handshake Authentication Protocol	NBCP	NetBIOS Control Protocol
		IPXCP	IPX Control Protocol

PPP ist definiert auf die Übertragung im HDLC-Format. Die *Flag-Felder* mit 0x7E zeigen den Beginn und das Ende des HDLC-Datenpaketes an. Das *Adreß-feld* für PPP wird mit 0xFF belegt und das *Kontrollfeld* mit 0x03 für HDLC-Frames mit nicht numerierter Information. Da diese Felder immer vorhanden sind, können sie auch weggelassen werden. Man spricht dann von der „Address and Control Field Compression". In dem zwei Byte langen *Protokollfeld* wird der Typ des PPP-Paketes angegeben. Die folgende Tabelle 5.2 gibt die Werte für einige PPP-Protokolle an.

Das *Informationsfeld* enthält die zu übertragenden Daten. Es hat standardmäßig eine Länge von 1 500 Byte, sofern nichts anderes ausgehandelt wurde. Abgeschlossen wird das Datenpaket durch eine 2 Byte lange *Frame-Check-Sequenz* (FCS) und dem HDLC-Ende-Flag.

Flag	Address	Control	Protocol	Information	FCS	Flag
0x7E	0xFF	0x03	16 Bit	...	16 Bit	0x7E

Abb. 5.20. Aufbau eines PPP-Datenpaketes

Das LCP-Protokoll hat die Aufgabe, die Verbindung aufzubauen und zu überwachen, Netzwerkprotokolle aufzubauen und die Verbindung wieder abzubauen (Listing 5.1).

Tabelle 5.2. Werte im PPP-Protokollfeld (Auszug)

Wert	Protokoll
00 2B	Novell IPX
00 2D	Van Jakobsen komprimiertes TCP/IP
00 2F	Van Jakobsen unkomprimiertes TCP/IP
00 3D	Multi Link
80 21	Internet Protocol Control Protocol
80 2B	IPX Control Protocol
80 35	Banyan Vines Control Protocol
80 3D	Multi Link Control Protocol
80 FD	Compression Control Protocol
C0 21	Link Control Protocol
C0 23	Password Authentication Protocol
C0 29	Callback Control Protocol
C2 23	Challenge Handshake Authentication Protocol

Listing 5.1 B-Kanal-Trace eines PPP-Verbindungsaufbaus

```
Sende LCP-Anfrage
FF 03 C0 21  01 00 00 2C  05 06 00 00   7A FA 07 02
08 02 0D 03  06 11 04 06  4E 13 17 01   E6 CD 37 10
82 52 11 D0  81 7D 00 20  AF E4 E2 FE   00 00 00 00
   LCP : id  0, len 44 ==> Configure-Request
            - Magic-Number 0x00007AFA
            - Protocol-Field-Compression
            - Addr-and-Control-Field-Compression
            - Callback ==> Location is determined during
                           CBCP negotiation
            - Multilink-MRRU 1614
            - Multilink-Endpoint-Discriminator
               -- Locally Assigned Address

Empfange LCP-Anfrage
FF 03 C0 21  01 00 00 13  03 05 C2 23   80 05 06 00
00 6E D9 07  02 08 02
   LCP : id  0, len 19 ==> Configure-Request
            - Authentification-Protocol ==> CHAP-128
            - Magic-Number 0x00006ED9
            - Protocol-Field-Compression
            - Addr-and-Control-Field-Compression

Sende LCP-Bestätigung
FF 03 C0 21  02 00 00 13  03 05 C2 23   80 05 06 00
00 6E D9 07  02 08 02
   LCP : id  0, len 19 ==> Configure-Ack
            - Authentification-Protocol ==> CHAP-128
            - Magic-Number 0x00006ED9
```

```
                - Protocol-Field-Compression
                - Addr-and-Control-Field-Compression

Empfange LCP-Ablehnung für Multilink
FF 03 C0 21   04 00 00 1F   11 04 06 4E   13 17 01 E6
CD 37 10 82   52 11 D0 81   7D 00 20 AF   E4 E2 FE 00
00 00 00
    LCP : id  0, len 31 ==> Configure-Reject
            - Multilink-MRRU 1614
            - Multilink-Endpoint-Discriminator
              -- Locally Assigned Address

Sende erneut LCP-Anfrage
FF 03 C0 21   01 01 00 11   05 06 00 00   7A FA 07 02
08 02 0D 03   06
    LCP : id  1, len 17 ==> Configure-Request
              - Magic-Number 0x00007AFA
              - Protocol-Field-Compression
              - Addr-and-Control-Field-Compression
              - Callback ==> Location is determined during
                            CBCP negotiation

Empfange LCP-Bestätigung
FF 03 C0 21   02 01 00 11   05 06 00 00   7A FA 07 02
08 02 0D 03   06
    LCP : id  1, len 17 ==> Configure-Ack
              - Magic-Number 0x00007AFA
              - Protocol-Field-Compression
              - Addr-and-Control-Field-Compression
              - Callback ==> Location is determined during
                            CBCP negotiation

Sende MS-LCP Erweiterung
C0 21 0C 02   00 12 00 00   7A FA 4D 53   52 41 53 56
34 2E 30 30
    LCP : id  2, len 18 ==> Identification (LCP)

Sende MS-LCP Erweiterung
C0 21 0C 03   00 13 00 00   7A FA 4D 53   52 41 53 2D
31 2D 51 41   36
    LCP : id  3, len 19 ==> Identification (LCP)

Empfange CHAP-Anforderung
C2 23 01 00   00 0D 08 5B   58 0F 05 68   AB 00 DC
    CHAP: id  0, len 13 ==> Challenge

Sende CHAP-Authentifizierung
C2 23 02 00   00 39 31 A2   EA 8D 8B A2   64 41 A1 FD
8C E2 CA 2F   7C FC 6D 5C   40 16 64 D7   5E 4B EA 7C
59 B0 43 ED   54 C5 0F 2B   57 94 04 03   A8 71 72 A5
54 BE E2 FA   53 2A 30 01   54 53 7A
    CHAP: id  0, len 57 ==> Response - 'TSz'
```

```
Empfange CHAP-Bestätigung
C2 23 03 00   00 04
  CHAP: id  0, len  4 ==> Success

Empfange CBCP-Anfrage
C0 29 01 01   00 06 01 02
  CBCP: id  1, len  6 ==> Callback Request
          - No callback

Sende CBCP-Antwort
C0 29 02 01   00 06 01 02
  CBCP: id  1, len  6 ==> Callback Response
          - No callback

Empfange CBCP-Bestätigung
C0 29 03 01   00 06 01 02
  CBCP: id  1, len  6 ==> Callback Ack
          - No callback

Sende CCP-Anfrage
80 FD 01 04   00 0A 12 06   00 00 00 01
  CCP : id  4, len 10 ==> Configure-Request
          - Microsoft PPC ==> values: 0x00 0x00 0x00 0x01

Empfange CCP-Anfrage
80 FD 01 01   00 0A 12 06   00 00 00 01
  CCP : id  1, len 10 ==> Configure-Request
          - Microsoft PPC ==> values: 0x00 0x00 0x00 0x01

Sende CCP-Bestätigung
80 FD 02 01   00 0A 12 06   00 00 00 01
  CCP : id  1, len 10 ==> Configure-Ack
          - Microsoft PPC ==> values: 0x00 0x00 0x00 0x01

Empfange CCP-Bestätigung
80 FD 02 04   00 0A 12 06   00 00 00 01
  CCP : id  4, len 10 ==> Configure-Ack
          - Microsoft PPC ==> values: 0x00 0x00 0x00 0x01

Sende IPCP-Anfrage
80 21 01 05   00 28 02 06   00 2D 0F 01   03 06 00 00
00 00 81 06   00 00 00 00   82 06 00 00   00 00 83 06
00 00 00 00   84 06 00 00   00 00
  IPCP: id  5, len 40 ==> Configure-Request
          - Van Jacobson Compressed TCP/IP - Max-Slot-Id 15
          - Comp-Slot-Id 1
          - IP Address 0.0.0.0
          - Option 0x81 - IP Address 0.0.0.0
          - Option 0x82 - IP Address 0.0.0.0
          - Option 0x83 - IP Address 0.0.0.0
          - Option 0x84 - IP Address 0.0.0.0
```

```
Empfange IPCP-Anfrage
80 21 01 02  00 10 02 06  00 2D 0F 01  03 06 C0 A8
05 B5
   IPCP: id  2, len 16 ==> Configure-Request
         - Van Jacobson Compressed TCP/IP - Max-Slot-Id 15
         - Comp-Slot-Id 1
         - IP Address 192.168.5.181

Sende IPCP-Bestätigung
80 21 02 02  00 10 02 06  00 2D 0F 01  03 06 C0 A8
05 B5
   IPCP: id  2, len 16 ==> Configure-Ack
         - Van Jacobson Compressed TCP/IP - Max-Slot-Id 15
         - Comp-Slot-Id 1
         - IP Address 192.168.5.181

Empfange IPCP-Ablehnung
80 21 04 05  00 1C 81 06  00 00 00 00  82 06 00 00
00 00 83 06  00 00 00 00  84 06 00 00  00 00
   IPCP: id  5, len 28 ==> Configure-Reject
         - Option 0x81 - IP Address 0.0.0.0
         - Option 0x82 - IP Address 0.0.0.0
         - Option 0x83 - IP Address 0.0.0.0
         - Option 0x84 - IP Address 0.0.0.0

Sende IPCP-Anfrage
80 21 01 06  00 10 02 06  00 2D 0F 01  03 06 00 00
00 00
   IPCP: id  6, len 16 ==> Configure-Request
         - Van Jacobson Compressed TCP/IP - Max-Slot-Id 15
         - Comp-Slot-Id 1
         - IP Address 0.0.0.0

Empfange IPCP-Ablehnung
80 21 03 06  00 0A 03 06  C0 A8 05 B6
   IPCP: id  6, len 10 ==> Configure-Nak
         - IP Address 192.168.5.182

Sende IPCP-Anfrage
80 21 01 07  00 10 02 06  00 2D 0F 01  03 06 C0 A8
05 B6
   IPCP: id  7, len 16 ==> Configure-Request
         - Van Jacobson Compressed TCP/IP - Max-Slot-Id 15
         - Comp-Slot-Id 1
         - IP Address 192.168.5.182

Empfange IPCP-Bestätigung
80 21 02 07  00 10 02 06  00 2D 0F 01  03 06 C0 A8
05 B6
   IPCP: id  7, len 16 ==> Configure-Ack
         - Van Jacobson Compressed TCP/IP - Max-Slot-Id 15
         - Comp-Slot-Id 1
         - IP Address 192.168.5.182
```

Dieser PPP-Trace zeigt einen Verbindungsaufbau, der aus einem Anruf einer Windows NT Workstation zu einem NT-Server über den Remote Access Service (RAS) entstanden ist. In den ersten Nachrichten dieses Traces ist die Aushandlung des LCP zu erkennen. Dazu muß das Protokoll in beide Richtungen bestätigt werden. Der Client ist in dieser Konstellation der Rufende, und der Server wird angerufen. Das erste Paket sendet der Client an den Server mit einer Konfigurationsanfrage (Configure-Request) mit den eigenen Vorstellungen der Verbindung. Danach empfängt der Client die Vorstellung des Servers, die er danach mit den gleichen Parametern bestätigt. Der Server hingegen lehnt die Einstellungen für eine Multilinkverbindung mit einem Configure-Reject ab. Die neuen Einstellungen ohne Multilink werden von Server mit Configure-Ack positiv bestätigt. Die beiden folgenden Pakete entsprechen einer LCP-Erweiterung von Microsoft zur Identifizierung und übergeben die Programmversion (MSRASV4.0) und den Computernamen (QA6) des Clients. Die folgenden 3 Pakete dienen der Authentifizierung mit dem im LCP ausgehandelten Protokoll CHAP. Der Benutzername (TSz) wird als Text übermittelt, während des Paßwort verschlüsselt wird. Das CBCP handelt in den nächsten 3 Paketen aus, daß kein Rückruf erfolgt. Das Compression Control Protocol handelt eine Kompression nach der Microsoft Point-to-Point Compression (MPPC) aus. Damit sind alle im LCP ausgehandelten Protokolle abgearbeitet. Jetzt wird das IP-Protokoll konfiguriert. Dazu sendet der Client eine leere IP-Adresse in der Erwartung, daß sie vom Server durch eine gültige Adresse ersetzt wird. Der Server sendet seine eigene IP-Adresse, die vom Client bestätigt wird. Die leere IP-Adresse lehnt der Server mit einem Not Acknowledged (Nak) ab, sendet aber gleichzeitig eine gültige IP-Adresse für den Client mit. Diese Adresse sendet der Client erneut, die dann vom Server bestätigt wird.

Die Verbindung ist also ohne Callback, mit Challenge Handshake Authentifizierung und mit Microsoft Komprimierung ausgehandelt. Als Netzwerkprotokoll wurde TCP/IP aufgebaut, das eine vom Server zugewiesene IP-Adresse ausgehandelt hat.

Zur Erhöhung der Übertragungsgeschwindigkeit ist das *Multilink Point-to-Point Protocol (MLPPP)* entwickelt und von der IEFT als RFC 1717 veröffentlicht worden. Es unterstützt logische WAN-Verbindungen gleichzeitig auf mehreren physikalischen Wegen (Kanalbündelung). Auf ISDN, mit den 2 Datenkanälen, ist das MLPPP ideal anwendbar. Es kann aber auch zur Bündelung mehrerer analoger Verbindungen sogar mit unterschiedlicher Geschwindigkeit genutzt werden.

Da die Übertragung auf zwei Kanälen oft auch zweimal Gebühren verursacht, ist die Bündelung nur gewünscht, wenn sie effektiv genutzt werden kann. Dazu wird zur Zeit das MLPPP-Unterprotokoll Bandwidth Allocation Control Protocol (BACP) entwickelt, das dynamisch, je nach Auslastung, Kanäle zu- oder abschalten kann.

Die Geräte auf der Clientseite einer Remote Access-Verbindung sind oft nicht nur für die Netzwerkverbindung ausgelegt. Auf den Kanälen können u.a. auch Telefongespräche und Telefax-Übertragungen realisiert werden. Damit bei einer mehrkanaligen Netzwerkverbindung auch telefoniert werden kann, müssen die eingehenden Telefonrufe trotzdem angezeigt werden. Wird der Ruf angenommen, kann die Netzwerkverbindung natürlich nur noch einkanalig genutzt werden.

Auch bei ausgehenden Rufen muß der zweite Kanal abgebaut werden, um anderen Diensten den Vortritt zu lassen. Die Funktionalität wird Call Pumping genannt.

LAN-Anbindungen von einzelnen Arbeitsplätzen und Firmenzweigstellen lassen sich auch über das Internet realisieren. Das hat den Vorteil, daß man preiswerte Internet-Zugänge realisieren kann, weil man den Internet-Provider im Ort hat und keine Verbindung über eine Fernzone aufbauen muß. Das bedeutet aber auch, daß man seine Verbindung sichern muß und daß die Computeradresse aus technischen Gründen aus dem Adreßraum des Firmennetzes stammen muß. Eine verfügbare Methode bietet das *Point-to-Point Tunneling Protocol (PPTP)*. Der große Trick dieses Protokolls besteht eigentlich nur darin, daß das Netzwerkprotokoll, das im Firmennetz verwendet wird, als Daten in ein Netzwerkprotokoll für die WAN-Verbindung eingebettet (getunnelt) wird. Am Übergang in das Firmennetz wird das Übertragungsprotokoll entfernt und die ferne Arbeitsstation kann arbeiten, als wäre sie direkt im Firmennetz integriert.

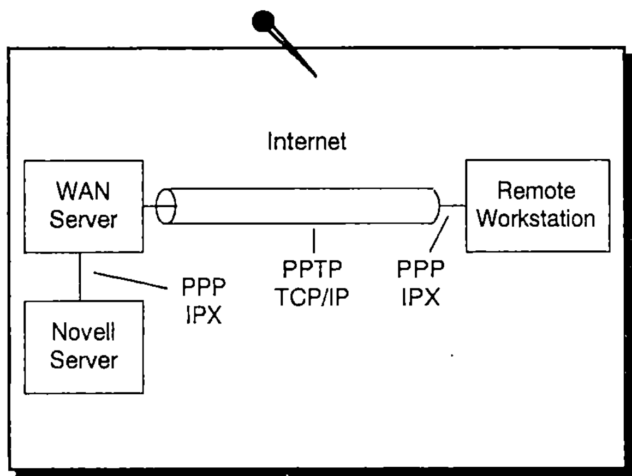

Abb. 5.21. Novell-Zugriff über Internet mit PPTP

Das PPTP wird immer dann genutzt, wenn Daten über das Internet übertragen werden sollen, die normalerweise nicht vom Internet übertragen werden. So z.B. wird das IPX-Protokoll nicht direkt übertragen. Der im Bild 5.21 dargestellte Fernzugriff auf ein IPX basierendes Netzwerk nutzt das Internet als reines Übertragungsmedium.

6 Schnittstellen

Die vielfache Nutzbarkeit des ISDN spiegelt sich auch in den Applikationen wieder. Damit die Applikationen auf das ISDN zugreifen können, benötigen sie standardisierte Schnittstellen, die von der Hardware über Treiber zur Verfügung gestellt werden. Je mehr Applikationen und Hardware die gleiche Schnittstelle unterstützen, um so mehr Kombinationsmöglichkeiten für den Nutzer entstehen.

Im Laufe der Zeit ist eine Vielfalt an Schnittstellen entstanden. In Europa steht dazu die Common-ISDN-API (CAPI) an erster Stelle. Aber auch die AT-Kommandoschnittstelle, als Schnittstelle für analoge Modems, und die TAPI, als moderne Kommunikationsschnittstelle von Microsoft, werden viel genutzt. In diesem Kapitel werden die wichtigsten Schnittstellen vorgestellt.

6.1 Common-ISDN-API (CAPI)

Die ersten ISDN-Adapter wurden als PC-Einsteckkarten realisiert. Die Karten wurden von verschiedenen Herstellern auf unterschiedlicher Hardwarebasis entwickelt. Durch das Ansprechen der unterschiedlichen Karten muß die Software kartenspezifisch entwickelt werden. Für den Softwareentwickler und den Anwender bedeutet das, daß er sich für eine bestimmte Hardware und eine passende Software entscheiden muß. Bei der Entscheidung sind auch die Fragen der Qualität und der Zukunftssicherheit von großer Bedeutung.

Der Wunsch nach Kompatibilität kam daher schnell auf. Schon 1989 haben sich die Herstellerfirmen AVM, Stollmann und Systec mit Beteiligung der Telekom (damals DBP Telekom) zu einem Arbeitskreis ISDN-PC zusammengeschlossen. Das Ziel des Arbeitskreises war die Schaffung einer einheitlichen, standardisierten Schnittstelle zum einfachen Zugriff auf ISDN-Karten. Es entstand die Common-ISDN-API (API – Application Programming Interface), die sich durch Kompatibilität und Hardwareunabhängigkeit auszeichnet. Später übernahm die Telekom die Schirmherrschaft über den CAPI-Arbeitskreis, dem mittlerweile über 50 internationale Firmen angehören.

Die erste Version der CAPI, die CAPI 1.0, war ausgelegt auf die deutsche ISDN-Ausprägung nach 1TR6 (Technische Richtlinie der DBP Telekom) und für das Betriebssystem MS-DOS entworfen. Es folgten einige Erweiterungen dieser CAPI zur Implementation unter verschiedenen Betriebssystemen und der Unterstützung von weiteren Diensten wie der Bitratenadaption nach V.110 und der Kommunikation mit analogen Faxgeräten, die als CAPI 1.1 Profil A zusammengeführt wurden.

Nach 5 Jahren erfolgreicher Markterprobung ist die CAPI 2.0 entstanden. Sie beinhaltet alle Vorteile der CAPI 1.1 und weitere ISDN-Leistungsmerkmale. Dabei basiert sie auf den Standards nach Q.931 und ETS 300 102, ist aber nicht auf sie beschränkt. Die CAPI 2.0 ist vom Standardisierungsgremium ETSI als europäische Schnittstelle anerkannt worden. Der große Nachteil der Version 2.0 besteht darin, daß sie nicht abwärtskompatibel zur Version 1.1 ist.

Mit der CAPI wird eine große Anzahl von Leistungsmerkmalen abgedeckt:

- Unterstützung der sogenannten Basic-Call Merkmale wie Verbindungsauf- und -abbau und Anzeige der Rufnummer des Anrufers.
- Unterstützung mehrerer B-Kanäle für Sprach- und Datenverbindungen.
- Unterstützung mehrerer logischer Kanäle für Datenverbindungen innerhalb einer physikalischen Verbindung.
- Selektionsmöglichkeit für verschiedene Dienste und Protokolle beim Verbindungsaufbau und beim eingehenden Ruf.
- Transparente Schnittstelle für Protokolle oberhalb Schicht 3.
- Unterstützung eines oder mehrerer S_0-Adapter bis zu mehreren S_{2M}-Adaptern.
- Gleichzeitige Unterstützung mehrerer Applikationen.
- Neutraler Ansatz für verschiedene Betriebssysteme.
- Asynchroner Datenaustausch für hohen Durchsatz.
- Definierter Mechanismus für herstellerspezifische Erweiterungen.

Der betriebssystemneutrale Ansatz ermöglicht eine leichte Portierung der Programme und der CAPI-Treiber. Die betriebssystemspezifischen Teile sind im Kapitel 8 der CAPI-Spezifikation definiert. Die CAPI unterstützt folgende Betriebssysteme:

- MS-DOS,
- MS-Windows 3.x,
- MS-Windows 95,
- MS-Windows NT,
- OS/2,
- Novell Netware und
- UNIX.

Zur Kompatibilität mit der Gegenstelle müssen die benötigten Protokolle auf beiden Seiten eingestellt sein. Die folgenden Kommunikationsprotokolle werden von der CAPI unterstützt:

- HDLC, SDLC, LAP-B;
- V.110, V.120, X.75;
- T.30 (Fax);
- Bittransparent (Sprache) sowie
- LAP-D, X.25 und X.31.

Auch die CAPI 2.0 wird ständig erweitert und verbessert. Die neuesten Definitionen gelten der Datenkompression nach V.42bis, dem Faxpolling und den Verbindungen zu analogen Modems.

Die CAPI-Schnittstelle stellt in allgemeiner Sicht die Verbindung zwischen den Applikationen und den ISDN-Adaptern her. Dabei ist die Zuordnung von Applikation zum ISDN-Adapter frei wählbar. Sowohl die Nutzung einer Applikation auf mehreren ISDN-Adaptern als auch von verschiedenen Applikationen auf einem Adapter kann über die CAPI realisiert werden (Abb. 6.1).

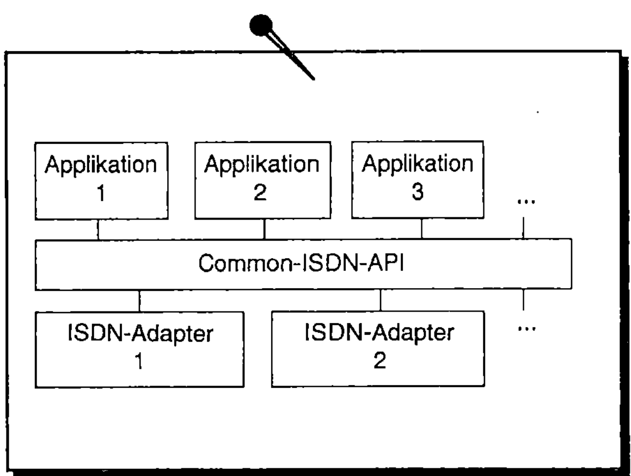

Abb. 6.1. Positionierung der CAPI

Der CAPI-Treiber kann die Protokollebenen 1 bis 3 im B-Kanal abdecken. Die CAPI-Schnittstelle liegt also im Sinne des OSI-Referenzmodells oberhalb Schicht 3 und bietet damit den Aufsatzpunkt für Applikationen und höhere Protokolle.

6.1.1 CAPI-Funktionen

Die Kommunikation zwischen Applikation und CAPI erfolgt über Nachrichten. Dafür existiert für die CAPI sowie für jede registrierte Applikation eine Nachrichtenwarteschlange (Message-Queue).

Für die Nutzung der Message-Queues sind lediglich 4 Funktionen nötig. Ihre Realisierung ist betriebssystemspezifisch. Diese Grundfunktionen bilden bereits eine vollständige Schnittstelle.

Bevor eine Applikation Kommandos an die CAPI absetzen kann, muß sie sich bei der CAPI anmelden. Dazu steht die Funktion CAPI_REGISTER zur Verfügung. Mit dieser Funktion weist die CAPI der Applikation eine eindeutige Applikationsnummer zu. Gleichzeitig wird die Message-Queue für die Applikation eingerichtet.

Alle Nachrichten der Applikation an die CAPI werden in der Message-Queue der CAPI abgelegt. Dazu steht die Funktion CAPI_PUT_MESSAGE zur Verfügung (Abb. 6.2).

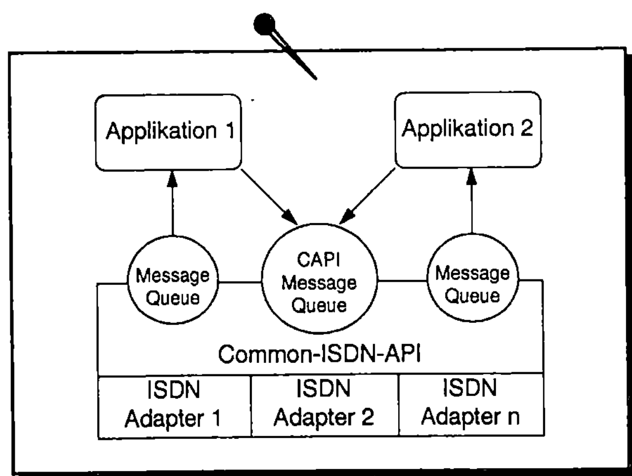

Abb. 6.2. CAPI Message-Queues

Die CAPI verwaltet für jede Applikation eine eigene Message-Queue. Die Nachrichten der CAPI an die Applikation werden in dieser Queue abgelegt. Zum Empfang dieser Nachricht nutzt die Applikation die Funktion CAPI_GET_MESSAGE. Falls die Applikation die Nachrichten nicht schnell genug auslesen kann, kommt es zum Überlauf, und die nachfolgenden Nachrichten gehen verloren.

So, wie sich die Applikation an die CAPI anmeldet, muß sie sich auch wieder abmelden. Die Funktion CAPI_RELEASE meldet die Applikation ab, worauf die CAPI die Message-Queue auflöst. Noch nicht ausgelesene Nachrichten gehen verloren (Abb. 6.3).

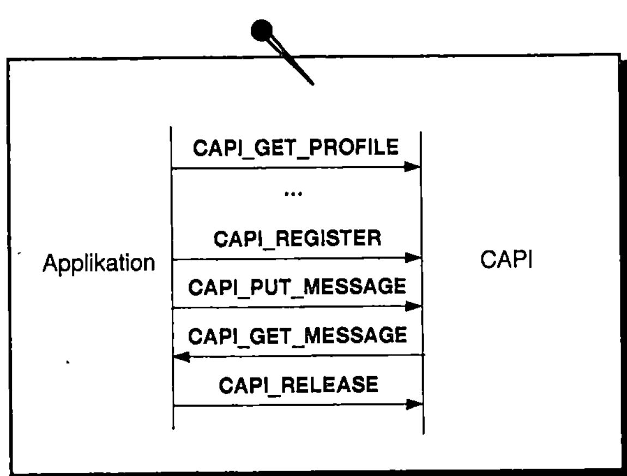

Abb. 6.3. Nachrichtenaustausch mit der CAPI

Neben den 4 Grundfunktionen sind weitere, zum Teil sehr nützliche, Funktionen in der CAPI definiert. Die folgende Tabelle gibt einen Überblick über alle in der CAPI 2.0 definierten Funktionen.

Tabelle 6.1. Funktionen der CAPI 2.0

Funktion	Beschreibung
CAPI_REGISTER	Registrierung einer Applikation
CAPI_RELEASE	Abmelden einer Applikation
CAPI_PUT_MESSAGE	Nachricht übergeben
CAPI_GET_MESSAGE	Nachricht holen
CAPI_SET_SIGNAL	Signalisierungsfunktion einstellen
CAPI_GET_MANUFACTURER	Herstelleridentifikation lesen
CAPI_GET_VERSION	Versionsnummer der CAPI lesen
CAPI_GET_SERIAL_NUMBER	Seriennummer lesen
CAPI_GET_PROFILE	Leistungsmerkmale der CAPI anfordern
CAPI_MANUFACTURER	herstellerspezifische Erweiterung

Alle Nachrichten, die zwischen Applikation und CAPI ausgetauscht werden, bestehen aus einem Nachrichtenkopf fester Länge (Header) und einem Datenbereich variabler Länge. Das vorgegebene Format wird in beiden Richtungen verwendet. Die maximale Länge einer CAPI-Nachricht ist auf 180 Byte beschränkt (Abb. 6.4).

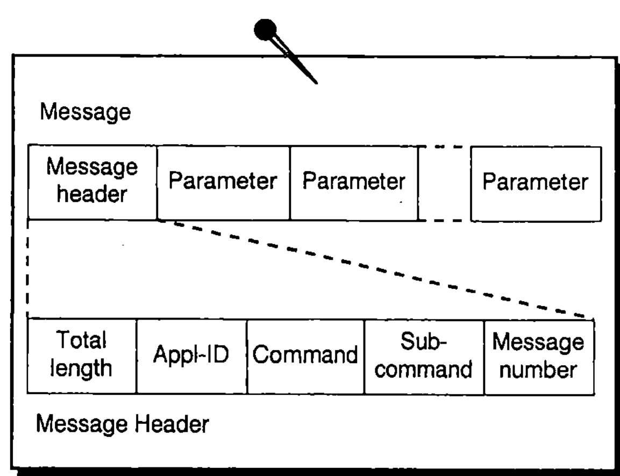

Abb. 6.4. CAPI-Message und Message Header

Total length	Gesamtlänge der Nachricht einschließlich Header
Appl-ID	Identifikation der Applikation, die die CAPI bei der Registrierung der Applikation vergeben hat
Command	Kommando
Subcommand	Unterteilung des Kommandos
Messagenumber	eindeutige Nachrichtennummer

Die Parameter der Nachricht werden in Typen fester und variabler Länge eingeteilt. Feste Längen entsprechen den Basistypen BYTE, WORD und DWORD. Der Nachrichtentyp STRUCT hat eine variable Länge. Die Länge der Struktur wird im ersten Byte des Parameters mit angegeben (Tabelle 6.2).

Tabelle 6.2. CAPI-Profile Struktur

Format	Bit	Funktion
WORD		Anzahl installierter ISDN-Adapter
WORD		Anzahl unterstützter Datenkanäle
DWORD		Globale Informationen
	0	interner ISDN-Adapter
	1	externe Geräte unterstützt
	2	Anschluß für Handapparat
	3	DTMF Unterstützung
DWORD		B-Kanal-Protokoll Schicht 1
	0	HDLC mit 64 kBit/s
	1	64 kBit/s transparent
	2	asynchrones V.110
	3	synchrones V.110
	4	Fax Gruppe nach T.30
	5	invertiertes HDLC
	6	56 kBit/s
DWORD		B-Kanal-Protokoll Schicht 2
	0	X.75
	1	Transparent
	2	SDLC
	3	LAP-D (X.31)
	4	Fax Gruppe nach T.30
	5	Point to Point Protocol (PPP)
	6	Transparent ohne Fehlerprüfung
DWORD		B-Kanal-Protokoll Schicht 3
	0	Transparent
	1	T.90 NL (T.70)
	2	ISO 8208 (EFT)
	3	X.25 DCE
	4	Fax Gruppe nach T.30

Das in Listing 6.1 dargestellte Beispielprogramm setzt auf die CAPI20.DLL auf und nutzt die Funktionen

- CAPI_GET_VERSION,
- CAPI_GET_MANUFACTURER und
- CAPI_GET_PROFILE.

Das Programm registriert sich nicht an der CAPI, sondern fragt nur die Leistungsparameter der CAPI ab. Auf diese Art können Schnittstellen auf ihre Nutzbarkeit geprüft werden, bevor sich die Applikation an die CAPI anmeldet. Die Funktion

CAPI_GET_PROFILE übergibt einen Speicherbereich, der von der CAPI mit ihren Leistungsparametern ausgefüllt wird. Die enthaltenen Informationen sind in Tabelle 6.2 enthalten.

Das Programm lädt die CAPI20.DLL mit der Funktion LoadLibrary(). Umfangreichere Programme können die CAPI auch als CAPI20.LIB statisch ihrem Programm zufügen. Nach erfolgreichem Laden der DLL werden die Funktionsadressen anhand der Funktionsnamen ermittelt. Da die CAPI-Spezifikation neben dem Namen auch die Funktionsnumerierung vorgibt, kann die Adreßermittlung auch über die Funktionsnummer erfolgen. Durch Aufruf der Funktion CAPI_GET_VERSION kann festgestellt werden, ob die richtige CAPI-Version unterstützt wird. Da diese Information durch den Namen der DLL bereits bekannt ist, erübrigt sich der Aufruf für die meisten Fälle. Durch die zusätzliche Herstellerversion kann jedoch erkannt werden, ob es sich bei der CAPI um einen bekannten Serviceprovider handelt. Nach dem Auslesen der Version wird über CAPI_GET_MANUFACTURER der Herstellername ausgelesen. Der Name wird als Zeichenkette empfangen. Zusammen mit der Version wird er im Beispielprogramm in einem Nachrichtenfenster (Messagebox) ausgegeben.

Die letzte CAPI-Funktion ist CAPI_GET_PROFILE, die aufgerufen wird. Diese Funktion füllt eine Struktur, in der die Leistungsmerkmale des CAPI-Serviceproviders verschlüsselt sind. Die Struktur ist in der Tabelle 6.2 dargestellt.

Listing 6.1. Beispielprogramm zur Abfrage der CAPI-Leistungsmerkmale

```
/* include */
#include "windows.h"

/* export function */
int PASCAL WinMain(HANDLE, HANDLE, LPSTR, int);

/* type definitions */
typedef WORD (FAR PASCAL *CAPI_GET_VERSION)
             (LPWORD, LPWORD, LPWORD, LPWORD);
typedef WORD (FAR PASCAL *CAPI_GET_MANUFACTURER)(LPBYTE);
typedef WORD (FAR PASCAL *CAPI_GET_PROFILE)(LPBYTE, WORD);

typedef struct
{
    WORD     wController;
    WORD     wChannel;
    DWORD    dwGlobal;
    DWORD    dwB1Prot;
    DWORD    dwB2Prot;
    DWORD    dwB3Prot;
    DWORD    dwReserved1;
    DWORD    dwReserved2;
    DWORD    dwReserved3;
} CAPI_PROFILE;
```

```c
/* Main function */
int PASCAL
WinMain(HANDLE      hInstance, HANDLE      hPrevInstance,
        LPSTR       lpCmdLine, int         nCmdShow)
{
        HINSTANCE                   hCapiInst;
        WORD                        wCapiRet;
        char                        szManufacturer[64];
        char                        szVersion[64];
        char                        szMessage[255];

        CAPI_GET_MANUFACTURER       CapiGetManufacturer;
static  BYTE                        byteBuffer[64];

        CAPI_GET_VERSION            CapiGetVersion;
static  WORD                        wCAPIMajor;
static  WORD                        wCAPIMinor;
static  WORD                        wCAPIManufacturerMajor;
static  WORD                        wCAPIManufacturerMinor;

        CAPI_GET_PROFILE            CapiGetProfile;
static  CAPI_PROFILE                tCapiProfile;
        /* only for the first controller */
        WORD                        wCtrlNr = 1;

    /* load dll */
    hCapiInst  = LoadLibrary ("CAPI20.DLL");
    if (hCapiInst < HINSTANCE_ERROR)
    {
        MessageBox( NULL, "File 'CAPI20.DLL' not found.",
                          "Error", MB_OK );
        return( 1 );
    }

    /* get address of CAPI_GET_VERSION entry point */
    (FARPROC)
    CapiGetVersion  = GetProcAddress( hCapiInst,
                                      "CAPI_GET_VERSION" );
    if (CapiGetVersion == NULL)
    {
        MessageBox( NULL,
                    "Function 'CAPI_GET_VERSION' not found.",
                    "Error", MB_OK );
        FreeLibrary( hCapiInst );
        return( 1 );
    }

    /* start CAPI_GET_VERSION function */
    wCapiRet = (CapiGetVersion) ( &wCAPIMajor,
                                  &wCAPIMinor,
                                  &wCAPIManufacturerMajor,
                                  &wCAPIManufacturerMinor);
```

```c
if (wCapiRet == 0)
{
    wsprintf( szVersion, (LPSTR) "CAPI %u.%u (%u.%u)",
              wCAPIMajor, wCAPIMinor,
              wCAPIManufacturerMajor,
              wCAPIManufacturerMinor );
}
else
{
    MessageBox( NULL, "CAPI error", "Error", MB_OK );
}

/* get address of CAPI_GET_MANUFACTURER entry point */
(FARPROC) CapiGetManufacturer  =
    GetProcAddress( hCapiInst,
                  "CAPI_GET_MANUFACTURER" );

if (CapiGetManufacturer == NULL)
{
    MessageBox(  NULL,
        "Function 'CAPI_GET_MANUFACTURER' not found.",
              "Test", MB_OK );
    FreeLibrary( hCapiInst );
    return( 1 );
}

/* start CAPI_GET_MANUFACTURER function */
wCapiRet = (CapiGetManufacturer)((LPBYTE) &byteBuffer);
if (wCapiRet == 0)
{
    wsprintf( szManufacturer, "%s",(LPSTR) byteBuffer);
}
else
{
    MessageBox( NULL, "CAPI error", "Error", MB_OK );
}

/* show results */
wsprintf( szMessage, "%s von %s gefunden.",
          (LPSTR) szVersion, (LPSTR) szManufacturer );
MessageBox( NULL, szMessage, "CAPI Test", MB_OK );

/* get address of CAPI_GET_PROFILE entry point */
(FARPROC) CapiGetProfile  = GetProcAddress( hCapiInst,
                                "CAPI_GET_PROFILE" );
if (CapiGetProfile == NULL)
{
    MessageBox(  NULL,
            "Function 'CAPI_GET_PROFILE' not found.",
              "Test", MB_OK );
    FreeLibrary( hCapiInst );
```

```
        return( 1 );
}

/* start CAPI_GET_PROFILE function */
wCapiRet =
(CapiGetProfile) ((LPBYTE) &tCapiProfile, wCtrlNr);
if (wCapiRet == 0)
{
    wsprintf(  szMessage,
            "Controller:\t\t%02u\nB-channel:\t%02u",
            tCapiProfile.wController,
            tCapiProfile.wChannel );
    MessageBox( NULL, szMessage,
                "CAPI Profile", MB_OK );
}
else
{
    MessageBox( NULL, "CAPI error", "Error", MB_OK );
}

/* free library */
FreeLibrary( hCapiInst );
return( 0 );
}
```

Nach dem Start gibt das Programm 2 Nachrichtenfenster aus, die die CAPI-Version sowie den CAPI-Anbieter und in dem zweiten Fenster die Leistungsmerkmale der gefundenen CAPI anzeigt (Abb. 6.5).

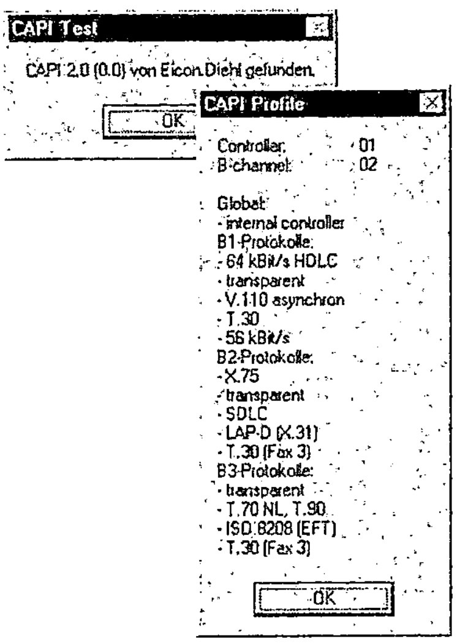

Abb. 6.5. CAPI-Testprogramm

Für große Projekte können Entwicklungsumgebungen wie das CAPI-SDK (Software Development Kit) genutzt werden. Dort sind zeitintensive Arbeiten wie die Erstellung der Funktionsdeklarationen, Rückgabewerte und Strukturen bereits vorgefertigt worden. Das CAPI-SDK ist auf der beigefügten CD enthalten.

6.1.2 CAPI-Nachrichten

Die CAPI-Funktionen CAPI_PUT_MESSAGE und CAPI_GET_MESSAGE tauschen die Nachrichten zwischen CAPI und Applikation aus (Abb. 6.6).

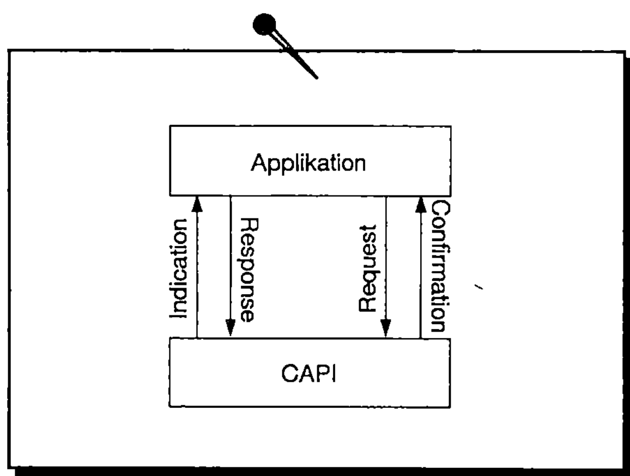

Abb. 6.6. CAPI-Nachrichtenaustausch

Die Funktion der Nachrichten wird durch die Endung _REQ (Anfrage), _CONF (Bestätigung), _IND (Anzeige) und _RESP (Antwort) im Namen gekennzeichnet. Die Nachrichten sind in der CAPI festgeschrieben und können allgemein in 3 Gruppen eingeteilt werden:

- Signalisierung,
- Datenaustausch,
- Administrierung.

Die folgenden 3 Tabellen (6.3–6.5) enthalten alle in der CAPI 2.0 definierten Nachrichten. Genauere Informationen über Nachrichtenparameter und Rückgabewerte sind der CAPI-Spazifikation der beiliegenden CD zu entnehmen.

Wie die Nachrichten genutzt werden können, erkennt man am besten an den Beispielen des Verbindungsauf- und -abbaus.

Tabelle 6.3. Funktionsgruppe Signalisierung

Nachricht	Beschreibung
CONNECT_REQ	Aufbau einer physikalischen Verbindung
CONNECT_CONF	lokale Bestätigung der Anfrage
CONNECT_IND	zeigt einen eingehenden Verbindungs-aufbau an
CONNECT_RESP	Antwort auf die Anzeige
CONNECT_ACTIVE_IND	zeigt die Durchschaltung des B-Kanals an
CONNECT_ACTIVE_RESP	Antwort auf die Anzeige
DISCONNECT_REQ	Abbau einer physikalischen Verbindung
DISCONNECT_CONF	lokale Bestätigung der Anfrage
DISCONNECT_IND	zeigt den Verbindungsabbau an
DISCONNECT_RESP	Antwort auf die Anzeige
ALERT_REQ	sendet ein Achtung (Klingelzeichen)
ALERT_CONF	lokale Bestätigung der Anfrage
INFO_REQ	Senden einer Signalisierungsinformation
INFO_CONF	lokale Bestätigung der Anfrage
INFO_IND	zeigt eine Signalisierungsinformation an
INFO_RESP	Antwort auf die Anzeige

Tabelle 6.4. Funktionsgruppe Datenaustausch

Nachricht	Beschreibung
CONNECT_B3_REQ	Aufbau einer logischen Verbindung
CONNECT_ B3_CONF	lokale Bestätigung der Anfrage
CONNECT_ B3_IND	zeigt eing. logischen Verbindungsaufbau an
CONNECT_ B3_RESP	Antwort auf die Anzeige
CONNECT_ B3_ACTIVE_IND	zeigt die Durchschaltung der Ebene 3 an
CONNECT_ B3_ACTIVE_RESP	Antwort auf die Anzeige
CONNECT_ B3_T90_ACTIVE_IND	Erfordert Umschaltung von T.70NL auf T.90NL
CONNECT_ B3_T90_ACTIVE_RESP	Antwort auf die Anzeige
DISCONNECT_ B3_REQ	Abbau einer logischen Verbindung
DISCONNECT_ B3_CONF	lokale Bestätigung der Anfrage
DISCONNECT_ B3_IND	zeigt den Abbau der Ebene 3 an
DISCONNECT_ B3_RESP	Antwort auf die Anzeige
DATA_ B3_REQ	Senden von Daten der Ebene 3
DATA_ B3_CONF	lokale Bestätigung der Anfrage
DATA_ B3_IND	zeigt ankommende Daten an
DATA_ B3_RESP	Antwort auf die Anzeige
RESET_ B3_REQ	Zurücksetzen der logischen Verbindung
RESET _ B3_CONF	lokale Bestätigung der Anfrage
RESET _ B3_IND	Aufforderung zum Zurücksetzen der Ebene 3
RESET _ B3_RESP	Antwort auf die Anzeige

Tabelle 6.5. Funktionsgruppe Administrierung und Erweiterungen

Nachricht	Beschreibung
LISTEN_REQ	aktiviert die Rufanzeige
LISTEN_CONF	lokale Bestätigung der Anfrage
FACILITY_REQ	Anforderung von Zusatzleistungen
FACILITY_CONF	lokale Bestätigung der Anfrage
FACILITY_IND	zeigt die Anfrage nach zusätzl. Leistungen an
FACILITY_RESP	Antwort auf die Anzeige
SELECT_ B_PROTOCOL_REQ	Zusatzeinstellung für B-Kanal-Protokolle
SELECT_ B_PROTOCOL_CONF	lokale Bestätigung der Anfrage
MANUFACTURER_REQ	herstellerspezifische Anfrage
MANUFACTURER _CONF	lokale Bestätigung der Anfrage
MANUFACTURER _IND	herstellerspezifische Anzeige
MANUFACTURER _RESP	Antwort auf die Anzeige

6.1.3 Verbindungsaufbau

Der Aufbau einer ISDN-Verbindung erfolgt nach einem Schema, das im Bild 6.7 dargestellt ist. Vor dem Verbindungsaufbau muß die angerufene Applikation seiner CAPI die Bereitschaft zur Rufannahme melden. Standardmäßig ist die Rufannahme nicht eingeschaltet.

Die Nachricht LISTEN_REQ teilt der CAPI neben der allgemeinen Bereitschaft, eingehende Rufe anzunehmen, auch mit, auf welche Dienste und auf welche Rufnummern (MSN/EAZ) die Applikation antworten möchte. Während der Dienst durch die Art der Applikation (Fax, Dateitransfer, Telefonie, ...) gegeben

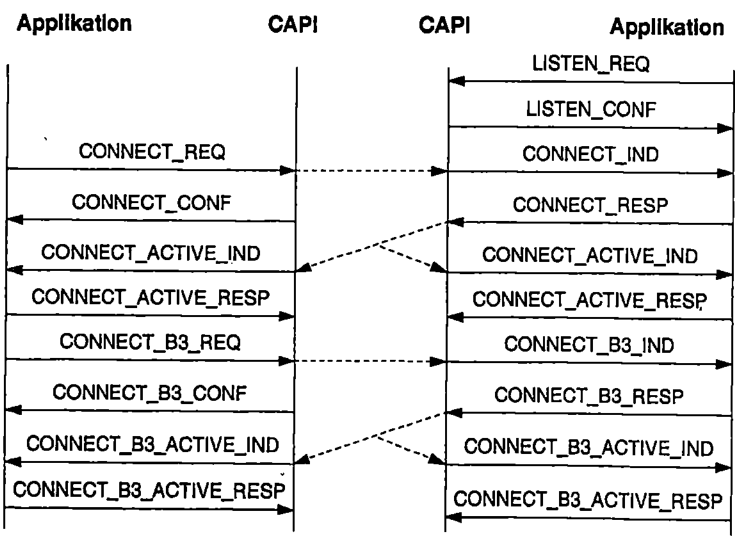

Abb. 6.7. CAPI-Verbindungsaufbau

ist, kann die Rufnummer, auf die die Applikation reagieren soll, vom Benutzer fest vorgegeben werden. Da die CAPI gleichzeitig mehrere Applikationen unterstützt, kann über die Kombination Dienst/Rufnummer vorgegeben werden, welche Applikation den Ruf angeboten bekommt. Arbeiten zwei Applikationen auf der CAPI mit demselben Dienst, z.B. ein Faxprogramm und ein Anrufbeantworter, so müssen die Programme auf unterschiedliche Rufnummern konfiguriert sein, um sich den Ruf nicht gegenseitig wegzunehmen.

Die Anrufbereitschaft kann jederzeit durch die Nachricht LISTEN_REQ ohne Dienstparameter und Rufnummer beendet werden.

Der physikalische Verbindungsaufbau wird von der rufenden Applikation mit der Nachricht CONNECT_REQ begonnen. In den Parametern dieser Nachricht wird angegeben, welche Zieladresse die zu erreichende Gegenstelle hat und welcher ISDN-Dienst genutzt werden soll.

Die CAPI bestätigt die Anforderung über ein lokales CONNECT_CONF und übergibt der Anwendung den PLCI (Physical Link Connection Identifier) und den Parameter INFO, der die korrekte Verarbeitung der Anforderung bestätigt.

Die Nachricht CONECT_REQ wird dem Empfänger zugestellt und als CONNECT_IND angezeigt. Auch diese Nachricht enthält einen lokalen PLCI als Parameter. Die Applikation beantwortet die Nachricht mit CONNECT_RESP, die einen Parameter enthält, der die CAPI informiert, ob die Verbindung angenommen werden soll oder nicht. Wird jedoch der Verbindungsaufbau abgelehnt oder nicht beantwortet, enthält die anrufende Applikation die Nachricht DISCONNECT_IND. Wird die Verbindung angenommen, werden beide Applikationen mit einer Nachricht CONNECT_ACTIVE_IND über die erfolgte Durchschaltung des B-Kanals informiert.

Ist die physikalische Verbindung hergestellt, kann mit dem Aufbau der Protokolle im Datenkanal bis Schicht 3 begonnen werden. Die Schicht 3-Verbindung wird auch als logische Verbindung bezeichnet. Die logische Verbindung setzt auf der physikalischen Verbindung auf. Die Nachricht CONNECT_B3_REQ beginnt den Protokollaufbau. Der Parameter PLCI kennzeichnet die physikalische Verbindung, und ein weiterer Parameter übergibt die gewünschten Protokolle für Schicht 2 und 3 der Datenverbindung. Bei der angerufenen Applikation wird der Wunsch als CONNECT_B3_IND gemeldet. Ähnlich dem physikalischen Verbindungsaufbau wird auch die positive Response an beide Applikationen durch eine CONNECT_B3_ACTIVE_IND Nachricht gesendet. Zur Identifizierung der logischen Verbindung wird ein NCCI (Network Control Connection Identifier) als Parameter übergeben. Auf einer physikalischen Verbindung können gleichzeitig mehrere logische Verbindungen aufgebaut sein, die jeweils durch den NCCI unterschieden werden können.

6.1.4 Datenübertragung

Die CAPI überträgt die Nutzdaten nur über die aufgebaute logische Verbindung. Die Zuordnung der Nachrichten zur logischen Verbindung erfolgt über den NCCI. Die Daten selbst sind nicht in der Nachricht enthalten. Auf die Nutzdaten wird über einen Zeiger und die Länge der Dateninformationen verwiesen. Die Datenübertragung wird mit der Nachricht DATA_B3_REQ eingeleitet. Der Empfänger erhält eine DATA_B3_IND mit einem Verweis auf die erhaltenen Daten (Abb. 6.8).

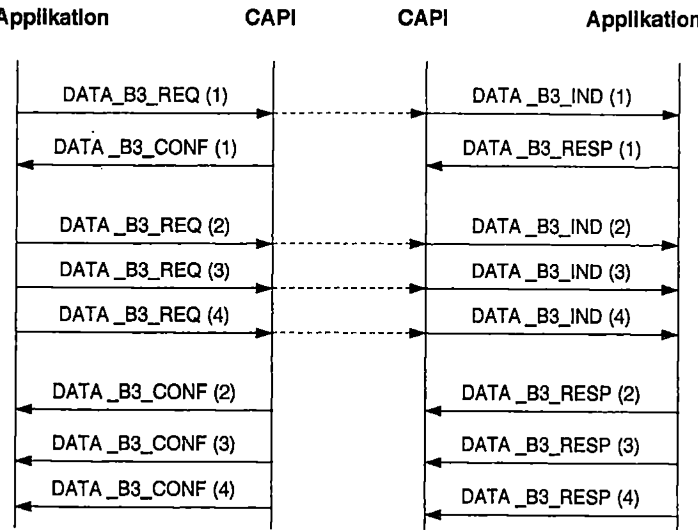

Abb. 6.8. CAPI-Datenübertragung

Die Nachrichten werden zusätzlich durchnumeriert, damit die Daten nach der Bestätigung durch DATA_B3_CONF wieder gelöscht werden können und der Speicherbereich wieder freigegeben wird. Außerdem kann die sendende Applikation die nächsten Daten senden, ohne auf die Bestätigung zu warten, wodurch sich die Übertragungsgeschwindigkeit wesentlich erhöht.

6.1.5 Verbindungsabbau

Der Verbindungsabbau erfolgt erst auf der logischen Ebene, bevor die physikalische Ebene getrennt wird. Die Nachricht DISCONNECT_B3_REQ leitet den Abbau der logischen Verbindung ein. Der Parameter NCCI kennzeichnet die abzubauende logische Verbindung. Der Verbindungsabbau kann bei Fehlern im Verbindungsaufbau auch ohne vorhergehenden Request angemeldet werden (Abb. 6.9).

Nachdem alle logischen Verbindungen getrennt sind, wird der physikalische Abbau durch die Nachricht DISCONNECT_REQ eingeleitet. Neben dem PCLI-Parameter zur Kennzeichnung der physikalischen Verbindung kann über den Parameter CAUSE der Grund des Abbaus mit angegeben werden. Der Verbindungsabbau kann auch durch das ISDN ausgelöst werden. In diesen Fällen wird eine DISCONNECT-Nachricht auf beiden Seiten empfangen. Der Zeitpunkt dieser Nachricht ist nicht vorhersehbar und muß von den Applikationen abgefangen werden.

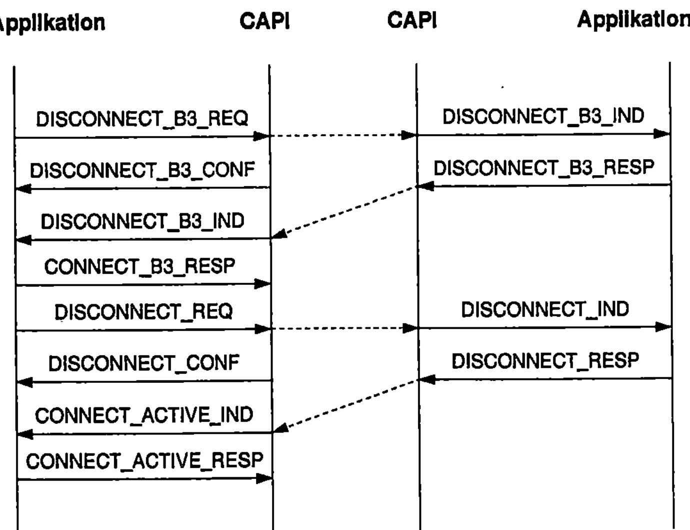

Abb. 6.9. CAPI-Verbindungsabbau

6.2 Applikationsschnittstelle APPLI/COM

Eine weitere Vereinfachung des ISDN-Zugriffs für Applikationen bietet die
APPLI/COM. Sie ist speziell als Schnittstelle für die Telematikdienste entstanden.
Eigendlich ist die APPLI/COM ursprünglich nicht für ISDN entworfen, sondern
arbeitet unabhängig von dem darunterliegenden Netz. Sie ist aber für den Einsatz
als ISDN-Schnittstelle, wegen der Unterstützung unterschiedlicher Dienste, besonders interessant (Abb. 6.10).

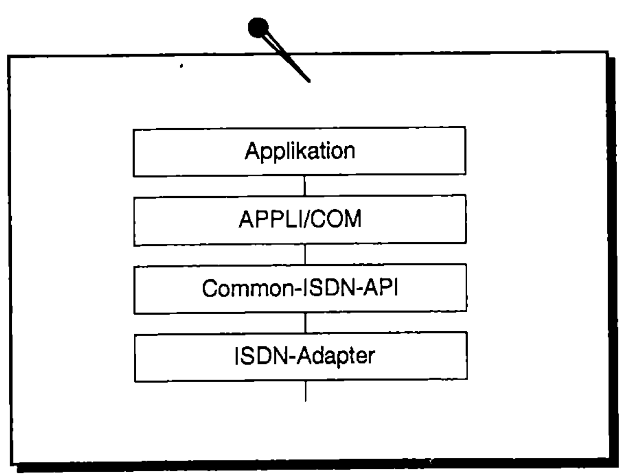

Abb. 6.10. Positionierung der APPLI/COM

Die APPLI/COM arbeitet in bezug auf das OSI-Referenzmodell oberhalb der Schicht 7. Häufig setzt die APPLI/COM auf der darunterliegenden CAPI-Schnittstelle auf.

Durch die Internationalisierung der APPLI/COM wurde die Bezeichnung Communication Application (CA) für den Anbieter und Local Application (LA) für die Applikation eingeführt. Die Kommunikation über diese Schnittstelle arbeitet, wie bei der CAPI, über Nachrichten. Die Nachrichten werden über Funktionen oder Beschreibungsdateien ausgetauscht, wobei die Beschreibungsdateien als einfachster Mechanismus der Interessantere ist. Die Nachrichten werden als Task Data Description (TDD) bezeichnet. Die Nachrichtendateien sind lesbare Textdateien mit einer vorgegebenen Syntax, die über das Dateisystem des Computers ausgetauscht werden (Abb. 6.11).

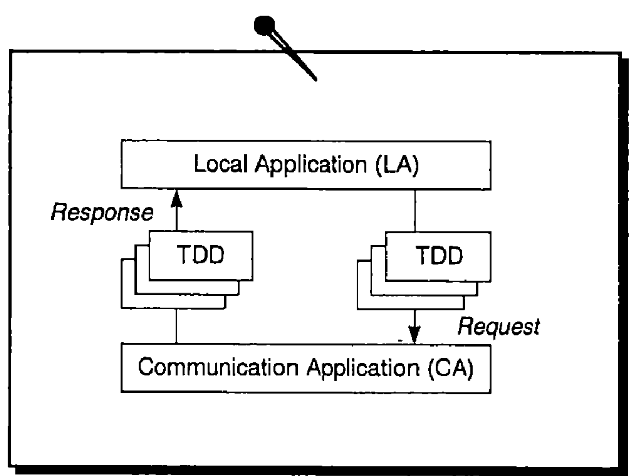

Abb. 6.11. Austauschmechanismus der APPLI/COM

Die TDD stellt eine Funktion dar, deren Syntax als Formular vorgegeben ist. Jede Funktion ist in einer eigenen Datei beschrieben. Neben der Kennung enthält die Datei den Namen der Funktion und eine Reihe von Parametern. Parameter ohne Wertvorgabe werden von der CA als Rückgabewert ausgefüllt (Abb. 6.12).

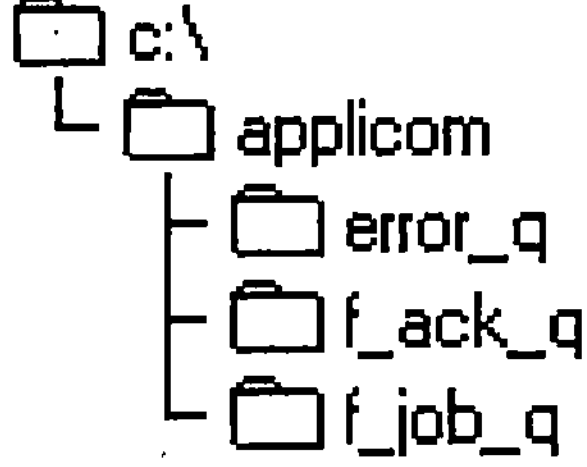

Abb. 6.12. Verzeichnissystem der APPLI/COM

Zum Versenden eines Faxdokuments beispielsweise legt die Applikation eine TDD in das Job-Verzeichnis F_JOB_Q (Function Job Queue) der APPLI/COM. Die TDD ist vom Funktionstyp SEND-ACK und enthält unter anderem den Verzeichnispfad und den Dateinamen des Dokumentes sowie die Rufnummer, an die das Fax gesendet werden soll. Nach erfolgreichem Versand durch die APPLI/COM findet die Applikation die TDD im Bestätigungsverzeichnis F_ACK_Q (Function Acknowledge Queue) mit weiteren Informationen wie Sendezeit und Ergebnis wieder. Im Fehlerfall wird die TDD in das Fehler-Verzeichnis ERROR_Q (Error Queue) der APPLI/COM gelegt, ergänzt um die Fehlermeldung. Die Applikation kann dann entsprechend reagieren.

Die verfügbaren Funktionsgruppen und Funktionen der APPLI/COM sind in der Tabelle 6.6 dargestellt.

Tabelle 6.6. Funktionen der APPLI/COM

Funktionsgruppe Send	**Dokumentversand**
SEND SEND_ACK	Unbestätigter Versand Bestätigter Versand
Funktionsgruppe Receive	**Dokumentempfang**
RECEIVE	Übernahme empfangener Dokumente
Funktionsgruppe Trace	**Vorgangsverwaltung in CA**
COPY CANCEL DELETE DISPATCH PURGE RESCHEDULE	Vorgangsdatei kopieren Vorgang stornieren Seriennummer lesen Vorgang einer LA zuordnen Vorgangsliste aufräumen Vorgang reaktivieren
Funktionsgruppe Submit	**Zusatzdienste der LA**
PRINT CONVERT CHECK	Ausdrucken eines Dokuments Konvertieren eines Dokuments Überprüfen des Formats
Funktionsgruppe Extend	**Erweiterungen**
EXTEND NATIONAL PRIVATE	Internationale Erweiterung Nationale Erweiterung Private Erweiterung

6.3 COM-Port Emulation

Die ersten WAN-Verbindungen für Computer wurden über Modems realisiert. Modem steht für Modulation und Demodulation, was sich auf das Modulieren von Tonfrequenzen auf die Telefonverbindung bezieht. Die Frequenzen entsprechen digitalen Werten, die auf der fernen Seite zurückgewandelt (demoduliert) werden. Modems gibt es in externer oder interner Bauweise. Als externe Geräte sind sie über den COM-Port des Computers angeschlossen. Interne Modems realisieren in der Regel einen weiteren COM-Port für den Computer, über den das Modem angesprochen wird. Die Applikationen können einfach über den internen oder externen COM-Port auf das Modem und damit auf die WAN-Verbindung zugreifen (Abb. 6.13).

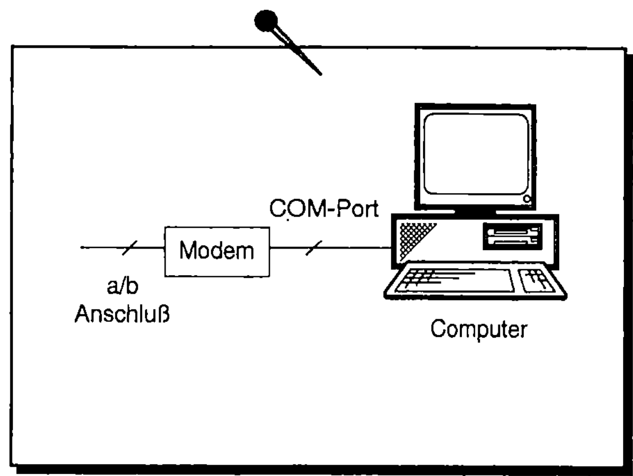

Abb. 6.13. Anschluß am externen Modem

Die Modemkommunikation wird unterschieden in Steuerung und Datenkommunikation. Die Steuerinformationen werden nur bis zum Modem gereicht und dort verarbeitet. Die Dateninformationen werden in der Regel transparent weitergeleitet. Die Steuerung des Modems erfolgt über AT-Befehle. Die AT-Befehle werden oft auch nach dem Hersteller Hayes-Befehle genannt. Sie haben sich von einem amerikanischen zu einem internationalen Industriestandard entwickelt und werden von wahrscheinlich allen Modems unterstützt.

Die AT-Befehle beginnen mit AT, was für Attention (Achtung) steht. Die darauffolgenden Parameter werden vom Modem interpretiert. Die wichtigsten Funktionen der AT-Befehle liegen in der Verbindungssteuerung und dem Übergang vom Steuermodus in den Datenmodus und zurück. Der Übergang in den Datenmodus erfolgt automatisch nach dem Verbindungsaufbau oder über den Befehl ATO. Da im Datenmodus alle Daten unbetrachtet zur Gegenstelle gesendet werden, greifen hier die AT-Befehle nicht. Es muß also eine andere Steuermöglichkeit gesucht werden, um von dem Datenmodus in den Steuermodus zu gelangen. Dazu ist eine Sequenz erdacht worden, die als Datenstrom nicht vorkommen darf und die als einzige im Datenstrom überprüft wird. Die Sequenz besteht aus 3 hintereinander folgenden Pluszeichen. Nach dem Übergang in den Steuermodus kann die Verbindung dann mit dem Befehl ATH abgebaut werden (Tabelle 6.7).

Tabelle 6.7. AT-Befehlssatz (Auszug)

AT-Befehl	Beschreibung
ATDT <n>	Rufaufbau mit Tonwahl
ATDP <n>	Rufaufbau mit Pulswahl
ATA	Rufannahme
ATE 0/1	lokales Echo aus/an
ATH	Auflegen
ATM 0/1	Monitorlautsprecher aus/ein
ATO	Datenmodus aktivieren
ATS n=v	Register n mit Wert v belegen
ATZ	Modem zurücksetzen
AT&F	Grundprofil laden
AT&V	Anzeige des aktuellen Profils
AT+F < ... >	Faxerweiterungen
AT+V < ... >	Voiceerweiterungen

Der AT-Befehlssatz ist für die Benutzung des Modems als Faxgerät stark erweitert worden. Der AT+F Befehlssatz besteht aus etwa 44 Befehlen, die die ordnungsgemäße Kommunikation zu Faxgeräten gewährleistet. Auch für die computerunterstützte Telefonie ist der Befehlssatz mit 25 AT+V Befehlen erweitert worden. Modems, die den AT+F und den AT+V Befehlssatz unterstützen, werden als Fax-Voice-Modems bezeichnet.

Die Rückgabewerte des Modems sind ebenfalls definiert und können als binäre Werte oder als Zeichenkette angefordert werden. Die wichtigsten Rückgabewerte sind in der Tabelle 6.8 angegeben.

Tabelle 6.8. Modem-Rückgabewerte (Auszug)

Binär	Zeichen	Bedeutung
0	OK	Positive Antwort
1	CONNECT	Verbunden
2	RING	Eingehende Rufanzeige
3	NO CARRIER	Kein Trägersignal
4	ERROR	Allgemeiner Fehler
5	CONNECT 1200	Verbunden mit 1 200 bps
6	NO DIALTONE	Kein Freiton
7	BUSY	Gegenstelle besetzt
8	NO ANSWER	Gegenstelle antwortet nicht
9 ... 23	CONNECT <speed>	Verbunden mit ...

So, wie analoge Modems auf AT-Befehle reagieren können, sind auch ISDN-Terminaladapter oder ISDN-PC-Adapter in der Lage diese Befehle auszuwerten. ISDN-Terminaladapter verarbeiten die Befehle in der Firmware des Gerätes, das über die serielle Schnittstelle an den Computer angeschlossen ist. Einen wesentlichen Nachteil dieser Anschlußvariante bildet der COM-Port. Er ist nicht in der Lage, 2 Verbindungen gleichzeitig zu bedienen. Da der ISDN-Anschluß 2 Kanäle zur Verfügung stellt, kann nur die Hälfte genutzt werden. Viele ISDN-Terminaladapter sind aber auch in der Lage, hinter dem COM-Port die Kanäle zu bündeln und somit den zweiten Kanal zur Geschwindigkeitserhöhung zu nutzen. Damit ist er aber immer noch nicht in der Lage, zu unterschiedlichen Gegenstellen gleichzeitig eine Verbindung aufzubauen. Durch den eventuellen Nachfolger des COM-Ports, den Universellen Seriellen Bus (USB), wird diese Einschränkung aufgehoben sein. Neben einer schnelleren Übertragung realisiert der USB mehrere logische Verbindungen.

Die PC-Adapter müssen, wie die internen Modems auch, einen COM-Port emulieren, über den sie mit der Applikation kommunizieren. Für DOS-Applikationen bedeutet das, daß sie den ISDN-Adapter über den Interrupt 14 bedienen. Unter Windows wird ein ISDN-Treiber an den virtuellen COM-Treiber (VCOMM) angemeldet und von ihm bedient.

Da fast alle PC-Adapter die CAPI-Schnittstelle anbieten, kann ein geeigneter Treiber aus der CAPI eine Modememulation realisieren. Der berühmteste Treiber in diesem Bereich ist der CFOS. Der Name CFOS setzt sich aus CAPI und FOSSIL zusammen, den Schnittstellen, die der Treiber auf beiden Seiten bedient. FOSSIL wiederum steht für Fido Opus Seadog Standard Interface Layer, was aus der analogen DFÜ in privaten Fido-Mailboxen heraus entstanden ist und in etwa der AT-Befehlsschnittstelle entspricht.

Das Problem für alle ISDN-Geräte besteht darin, daß für die Nutzung im ISDN mehr Einstellungen benötigt werden, als der AT-Befehlssatz hergibt. Das bezieht sich auf die Einstellungen des ISDN-Dienstes, die Wahl des Protokolls im B-Kanal, die Unterstützung von Mehrfachrufnummern und auf vieles mehr. Leider haben alle ISDN-Hersteller ihre eigene AT-Befehlserweiterung für ISDN entwickelt, und es ist nie eine Standardisierung von AT-Befehlen für ISDN entstanden. Die wahrscheinlich übersichtlichste Erweiterung hat die Firma Eicon.Diehl entwickelt, die alle ISDN-Erweiterungen im AT+I Befehlssatz zusammengeführt hat.

Das in Windows enthaltene Terminalprogramm ist ideal geeignet, die AT-Befehle manuell zu testen. Es wird auf den COM-Port konfiguriert, über den das Modem erreichbar ist. Einsetzbar ist das Terminalprogramm für eine einfache Kommunikation zu anderen Terminalprogrammen oder zu privaten Mailboxen. Ist die Wählverbindung zu einem anderen Terminalprogramm im Datenmodus hergestellt, werden alle lokal eingegebenen Zeichen auf dem fernen Programm dargestellt und umgekehrt. Neben der einfachen Zeichenübertragung können auch Dateien übertragen werden. Die Übertragung der Dateien erfolgt im Binärmodus. Zur gesicherten Übertragung sind spezielle Protokolle entwickelt worden, die von beiden Seiten unterstützt werden müssen. Weit verbreitete Protokolle sind Kermit, X-Modem, Y-Modem und Z-Modem, die sich hauptsächlich in der Prüfsummenbildung und der Paketlänge unterscheiden.

6.4 Telephony API (TAPI)

Microsoft und INTEL haben gemeinsam eine eigene Schnittstelle für die Telefonie definiert, die Telephony API (TAPI) (Abb. 6.14). Ziel der TAPI ist eine weitere Globalisierung der Schnittstelle für Sprach- und Datenkommunikation über WAN-Verbindungen. Die TAPI in Windows 3.x ist als eine 16-Bit-Schnittstelle, die unter Windows 95 und Windows NT 4.0 als 32-Bit-Version enthalten.

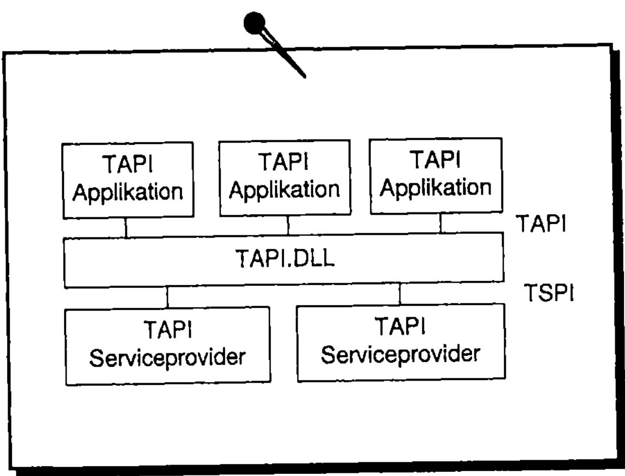

Abb. 6.14. Positionierung der TAPI

Die Version 1.3 ist als 16-Bit-Schnittstelle erstmals in Windows for Workgroups integriert. Sie ist durch die Version 1.4 abgelöst und sollte nicht weiter genutzt werden. Die neuen Versionen 1.4 und 2.0 (32-Bit) sind nicht 100% abwärtskompatibel. Die weiteren Ausführungen beschränken sich daher auf die TAPI in Windows 95 und Windows NT (Tabelle 6.9).

Bereits in Windows 95 enthalten sind sowohl die TAPI.DLL, eine Reihe von TAPI-Applikationen als auch ein TAPI-Serviceprovider. Die TAPI.DLL ist eine Funktionsbibliothek von Microsoft, die die Zuordnung der Anfragen und Antworten zwischen Applikationen und Serviceprovider realisiert. Als Serviceprovider ist das Unimodem in Windows 95 enthalten. Es setzt auf dem Treiber für die

Tabelle 6.9. Übersicht über TAPI-Versionen

	Windows 3.x TAPI 1.3	Windows 95 TAPI 1.4	Windows 95 TAPI 2.0	Windows NT TAPI 2.0
TAPI-Serviceprovider	16 Bit	16 Bit	32 Bit	32 Bit
TAPI-Anwendung	16 Bit	32 Bit	32 Bit	32 Bit

seriellen und parallelen Schnittstellen VCOMM auf. Der Austausch von Steuerbefehlen zwischen Unimodem und VCOMM erfolgt über AT-Befehle, wodurch diese Kombination allen Modemherstellern einen einfachen Weg zur TAPI-Unterstützung bietet. Zur Integration eines TAPI-Modems in Windows 95 wird nur eine Beschreibung der Initialisierung und des unterstützten Befehlssatzes benötigt.

Wichtig für die Nutzung der TAPI ist, daß nur der Verbindungsauf- und -abbau geregelt ist. Wie die erstellte Verbindung genutzt wird (Media Stream) ist dann die Aufgabe einer anderen Schnittstelle. Eine Applikation kann neben der TAPI noch andere Schnittstellen unterstützen oder die hergestellte Verbindung selbst nutzen. Beispielsweise baut das Hyperterminal die Verbindung über die TAPI auf und nutzt sie über die serielle Schnittstelle selbst.

Haupteinsatz der TAPI in Windows 95 ist wahrscheinlich das DFÜ-Netzwerk, das im Anschluß näher erläutert werden soll.

6.4.1 WAN-Miniport

Das von Microsoft verfolgte Konzept der TAPI setzt sich durch die fehlende Datenschnittstelle nur schwer durch. In Kombination mit dem Unimodem konnte sich die TAPI jedoch etablieren. Das Unimodem unterstützt in der Windows 95 Version nur Datenverbindungen. Auch ein entwickeltes Unimodem/V, das auch Voicedaten unterstützt, hat sich als zu komplex erwiesen. Für die Unterstützung der ISDN-Geräte verfolgt Microsoft einen weiteren Weg und hat das WAN-Miniportkonzept entwickelt, das für Windows 95 und Windows NT gleichermaßen realisiert wurde. Es unterstützt zur Zeit die Computervernetzung über den Remote Access Service (RAS).

Die Treiberarchitektur von Windows 95 Remote Access bei Nutzung von Modems ist in Bild 6.15 gezeigt.

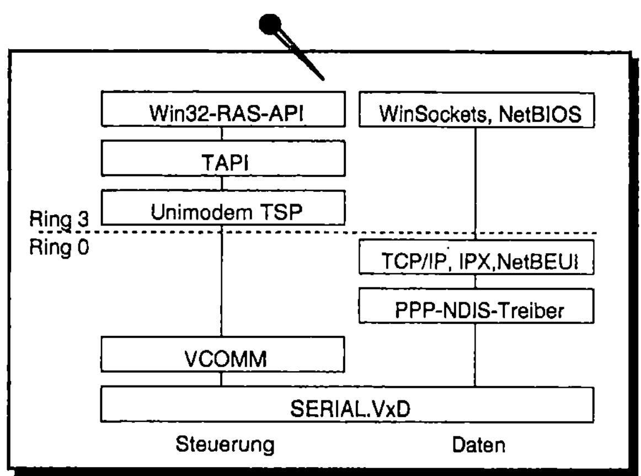

Abb. 6.15. Windows 95 RAS-Unterstützung

Die Windows-basierenden Applikationen, wie das DFÜ-Netzwerk, können eine Verbindung über die Win32-RAS-API aufbauen. Auch Windows Sockets-Applikationen können den Aufbau initiieren, wenn eine Verbindung benötigt wird. Eine Dialogbox für den Verbindungsaufbau erscheint, in der die Angaben Benutzername, Paßwort und Telefonnummer angegeben bzw. bestätigt werden müssen.

Der Verbindungsaufbau erfolgt über die TAPI. Wie im Bild 6.15 dargestellt, übergibt der TAPI-Serviceprovider Unimodem die Steuerungsdaten dem Modem über VCOMM und dem VCOMM-Porttreiber, der in der Regel die serielle Schnittstelle (Serial.VxD) bedient. Ist die Verbindung aufgebaut, wird der Datenstrom dem Point-to-Point Protocol (PPP) NDIS-Treiber übergeben, und die Datenübertragung kann beginnen. Der PPP-NDIS-Treiber ist in dem DFÜ-Adapter enthalten und realisiert NDIS in der Version 3.1. Als Netzwerktransportprotokolle werden die Treiber genutzt, die auch für LAN-Verbindungen genutzt werden.

Im Bild 6.16 ist die Treiberstruktur für den Windows 95 Remote Network Access (RNA) bei ISDN-Nutzung dargestellt. Die benötigten NDIS-WAN-Treiber werden durch das ISDN Accelerator Pack von Microsoft installiert. Das ISDN Accelerator Pack erweitert das DFÜ-Netzwerk auf ISDN-Fähigkeit und ist frei im Internet erhältlich. Der NDIS-WAN-Miniporttreiber ist der einzige hardwareabhängige Teil und wird daher zum ISDN-Adapter mitgeliefert.

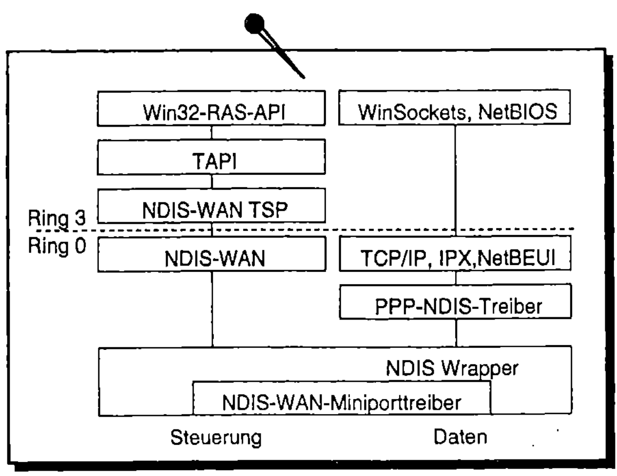

Abb. 6.16. Windows 95 RAS mit ISDN-Unterstützung

Für Applikationen und Benutzer ändert sich gegenüber der Nutzung über Modems nichts. Die Applikationen bauen die Verbindung über RAS-API oder WinSockets auf. Bei der Erstellung des Verbindungsobjekts im DFÜ-Netzwerk muß der Benutzer statt des Modems den ISDN-Adapter wählen. Für den Verbindungsaufbau über ISDN nutzt die RAS-API die gleichen TAPI-Funktionen. Als TAPI-Serviceprovider wird der NDIS-WAN genutzt, der über den WAN-Miniport mit der Hardware kommuniziert. Nach dem Verbindungsaufbau wird der Datenstrom an den PPP-Treiber übergeben.

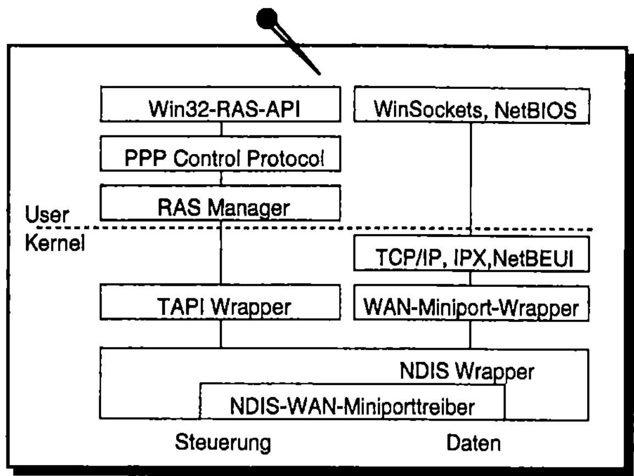

Abb. 6.17. Windows NT RAS mit ISDN-Unterstützung

Die Treiberarchitektur unter Windows NT unterscheidet sich kaum von der Windows 95 ISDN-Unterstützung. Der wichtigste Punkt bei der Betrachtung ist, daß der Hardwarehersteller fast den gleichen Treiber für Windows 95 und NT anbieten kann (mit kleinen Unterschieden im Zugriff auf die Registrierungsdatenbank) und auch der Applikationshersteller die gleichen Schnittstellen unter Windows 95 und NT nutzt (Abb. 6.17).

Wird das WAN-Miniportkonzept für weitere Datenschnittstellen als für die NDIS-Schnittstelle erweitert, kann es zu einer echten Konkurrenz zur CAPI werden.

6.4.2 TAPI Client-Server Architektur

Speziell zur Hardwareeinsparung und zur zentralen Verwaltung der Ressourcen kann die TAPI auch im Netzwerk angeboten werden. Der hardwareabhängige Teil

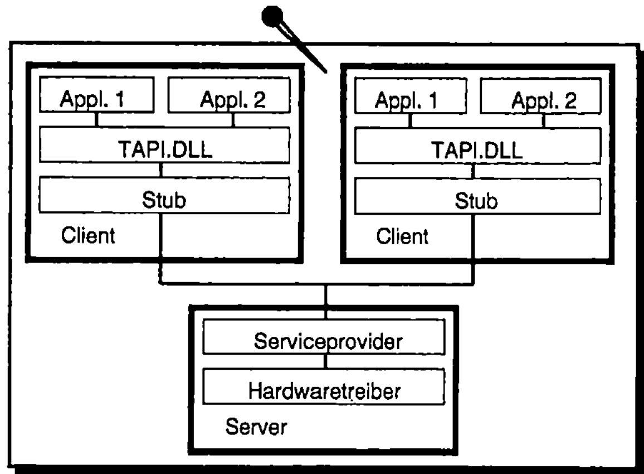

Abb. 6.18. TAPI Client-Server Architektur

des Serviceprovidertreibers arbeitet auf dem Server. Zur Applikation wird auf jedem Client ein kleiner Treiber installiert, der lediglich die TAPI zur Verfügung stellt (Abb. 6.18).

So lassen sich Telefonnebenstellenanlage und Rechnernetzwerke zu einer funktionierenden Einheit zusammenfügen. Solche komplexen Lösungen werden immer mehr von Herstellern der Nebenstellenanlagen angeboten.

6.4.3 Programmieren einer TAPI-Applikation

Wer eine TAPI-Applikation selbst entwickeln möchte, bekommt von Microsoft, neben einer umfangreichen Beschreibung der Schnittstelle, auch Programmierbeispiele. Jeder Programmierer muß sich dabei mit folgenden Begriffen in der TAPI auseinandersetzen: Phone, Line, Address und Call. Das Gerät, mit dem die TAPI arbeitet, ist als Phone bezeichnet und hat Klingel, Tasten u.s.w., die angesprochen werden können. Hinter den Lines verbergen sich die physikalischen und logischen Ressourcen, die die Verbindung zum Telefonnetz herstellen. Die erste Aufgabe beim Verbindungsaufbau besteht also darin, eine Line zu besorgen, über der die Verbindung aufgebaut werden soll. Hinter Address verbirgt sich im allgemeinen die Telefonnummer der fernen Gegenstelle. Sind Line und Address bekannt, kann ein Anruf (Call) erfolgen. Der Call hat verschiedene Zustände, z.B. Dialtone, Dialing, Connected oder Busy. Nach erfolgreichem Verbindungsaufbau liefert die TAPI der Applikation eine Zugriffsnummer (Handle) auf den geöffneten Datenkanal.

Die TAPI-Programmierung kennt 3 verschiedene Ausprägungen:

• Basic Telephony,
• Supplementary Telephony und
• Extended Telephony.

Für die Programmierung der Basic Telephony stehen nur Funktionen für den Auf- und Abbau der Verbindung zur Verfügung. Die Funktionen reichen zwar nicht aus, eine komforable Telefonunterstützung zu entwickeln, können aber mit einfachsten Mitteln artfremden Applikationen schnell eine Telefonunterstützung zufügen. In der Supplementary Telephony werden alle Funktionen angeboten, wie sie auf modernen Telefonanlagen und Modems üblich sind. Die Extended Telephony erlaubt herstellerspezifische Erweiterungen der TAPI.

Die Basic Telephony wird unter Zuhilfenahme der in Windows 95 enthaltenen Wählhilfe genutzt. Die einzige TAPI-Funktion, die genutzt werden muß, ist tapiRequestMakeCall(). Das folgende Programm demonstriert einen Anruf über PC, der dann vom Telefon übernommen werden kann (Listing 6.2). Zur Nutzung des Programms werden die Dateien DIALER.EXE, TAPI.DLL und TAPIEXE.EXE (ein kleines Programm, das von der TAPI.DLL automatisch gestartet und beendet wird) benötigt. Sie sind in Windows 95 und dem TAPI-SDK enthalten.

Listing 6.2. Demonstrationsprogramm zur Basic Telephony

```c
/* include */
#include "windows.h"


/* export function */
int PASCAL WinMain(HANDLE, HANDLE, LPSTR, int);


/* type definitions */
typedef long (FAR PASCAL *tapiRequestMakeCall)
                        (LPCSTR, LPCSTR, LPCSTR, LPCSTR);


/* Main function */
int PASCAL
WinMain(HANDLE                  hInstance,
        HANDLE                  hPrevInstance,
        LPSTR                   lpCmdLine,
        int                     nCmdShow)
{
        HINSTANCE               hTapiInst;
        long                    lTapiRet;

        tapiRequestMakeCall     tMakeCall;
static  char                    szBuffer[64];

        char                    szApplication[] = "TAPI Test";
        char                    szDialName[] = "Test";

    /* check the dialnumber */
    if (*lpCmdLine == '\0')
    {
        MessageBox( NULL, "Syntax: TTest <dial number>",
                        "Syntax error", MB_OK );
        return( 1 );
    }
    /* load dll */
    hTapiInst  = LoadLibrary ("TAPI.DLL");
    if (hTapiInst < HINSTANCE_ERROR)
    {
        MessageBox( NULL, "File 'TAPI.DLL' not found.",
                        "Error", MB_OK );
        return( 1 );
    }


    /* get address of tapiRequestMakeCall entry point */
    (FARPROC) tMakeCall = GetProcAddress( hTapiInst,
                                "tapiRequestMakeCall" );
```

```c
if (tMakeCall == NULL)
{
    MessageBox( NULL, "Function 'tapiRequestMakeCall'
                            not found.", "Test", MB_OK );
    FreeLibrary( hTapiInst );
    return( 1 );
}


/* run tapiRequestMakeCall function */
lTapiRet = (tMakeCall) ( (LPCSTR) lpCmdLine,
                         (LPCSTR) szApplication,
                         (LPCSTR) szDialName, NULL);
switch (lTapiRet)
{
case 0:
    /* Function 'tapiRequestMakeCall' success. */
    break;
case 1:
    MessageBox( NULL, "No call manager app running",
                "Test", MB_OK );
    break;
case 2:
    MessageBox( NULL, "Request queue full",
                "Test", MB_OK );
    break;
case 3:
    MessageBox( NULL, "Invalid destination address",
                "Test", MB_OK );
    break;
default:
    wsprintf( szBuffer, (LPSTR) "Unrecognized error:
                                %ld", lTapiRet );
    MessageBox( NULL, (LPSTR) szBuffer, "Test", MB_OK );
    break;
}


/* free library */
FreeLibrary( hTapiInst );
return( 0 );
}
```

Das Demoprogramm lädt die TAPI.DLL mit LoadLibrary(), um deren Funktionen zu benutzen. Ist die DLL erfolgreich geladen, wird die Adresse der Funktion tapiRequestMakeCall() über GetProcAddress() ermittelt. Konnte die Adresse ermittelt werden, wird die Funktion aufgerufen. Als Parameter benötigt die Funktion mindestens die Rufnummer, die im Demoprogramm als Parameter beim Aufruf über geben werden muß. Die Parameter Applikationsname, Verbindungsname und Kommentar sind optional und können durch den Wert NULL ersetzt werden. Bei Ausführung des Befehls wird ein Dialog mit den angegebenen Parametern angezeigt, und der Benutzer wird bei ausgehendem Ruf aufgefordert, den Telefonhörer des am gleichen Anschluß geschalteten Telefons abzunehmen.

Das Demoprogramm soll zeigen, wie Programme mit Zugriff auf Adreßdatenbanken oder elektronische Telefonbücher auf einfachste Art so erweitert werden können, daß die vorhandene Rufnummer zum Wählen benutzt werden kann.

6.5 Netzwerkverbindungen (NDIS)

Seit den ausgehenden 80er Jahren sind viele Implementationen von Transportprotokollen entstanden, die sich in den Schichten 3 und 4 des OSI-Referenzmodells bewegten. Alle entstandenen Netzwerkschnittstellen mußten vom Hersteller der Netzwerkkarten unterstützt werden. Somit hatte jede Netzwerkkarte einen Treiber für jedes Netzwerk.

Die Firmen 3Com und Microsoft haben 1989 zusammen eine Softwareschnittstelle zwischen Kartentreiber und dem Transportprotokoll definiert. Dieser Standard ist als Network Device Interface Specification (NDIS) bezeichnet worden.

Der Erfolg dieser Schnittstelle ist nicht zuletzt durch die Akzeptanz bei der Netzwerkindustrie entstanden. Da die NDIS-Schnittstelle nicht protokollabhängig ist, kann jeder Netzwerkanbieter sein Protokoll auf dieser Schnittstelle implementieren.

Die NDIS-Version 2.0 wird unter Windows for Workgroups und OS/2 genutzt. Sie unterstützt maximal 4 Transportprotokolle pro Adapter. Ein Protokollmanager arbeitet zwischen den Netzwerkprotokollen und realisiert die Paketzuweisung (Routing) zwischen den Protokollen und den Netzwerkressourcen. Der NDIS-Treiber ist ein „Real Mode" Treiber und wird unter DOS als TSP-Programm geladen. Die NDIS 3.0 Version, ebenfalls unter Windows for Workgroups einsetzbar, ist ein „Protected Mode" Treiber, der unter Windows geladen wird. Er benutzt keinen Speicher in dem engen, für DOS verfügbaren Raum, kann aber erst unter Windows genutzt werden.

Windows 95 unterstützt NDIS-Schnittstellen in den Versionen 2.0 und 3.1. Die Version 2.0 wird nur zur Kompatibilität unterstützt. Die Version 3.1 ersetzt die Version 3.0 vollständig und unterstützt zusätzlich das dynamische Laden und Entladen während des Betriebes (Plug & Play). Durch den Plug & Play-Mechanismus ist es möglich, die erkannten Netzwerkadapter (für ISA, PCI oder PCMCIA-Adapter) sofort zu laden und, ohne den Rechner neu zu starten, in Betrieb zu nehmen.

Ebenfalls neu in Windows 95 ist das NDIS Mini-Driver Modell. Alle NDIS-Treiber haben einen großen Teil an gleichem Programmcode. Nur etwa die Hälfte des Treibers ist abhängig von der Hardware. Der NDIS-Wrapper enthält den Programmcode, der von allen NDIS Mini-Drivern genutzt werden kann. Der gleiche Mini-Driver kann auch unter Windows NT genutzt werden (Abb. 6.19).

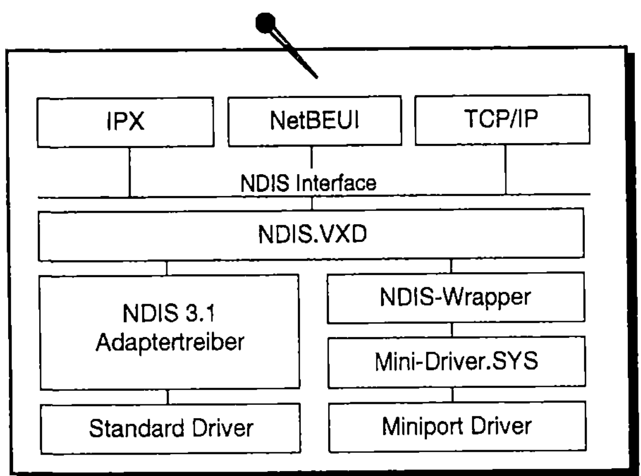

Abb. 6.19. Vergleich NDIS 3.1-Treiber – NDIS-Minitreiber

Im Kapitel 6 sind viele ISDN-fähige Schnittstellen, die zum Teil ebenfalls große Bedeutung haben, nicht erwähnt. Sie unterscheiden sich in ihrer Funktionalität nur wenig zur beschriebenen Schnittstelle. So ist die PCI (Programming Communication Interface) als ISDN-Schnittstelle vergleichbar mit der CAPI, hat aber zur Zeit kaum eine Marktbedeutung. Die TSAPI von Novell ist vergleichbar mit der TAPI, aber speziell auf Novell-Betriebssysteme definiert. Die ODI-Schnittstelle (Open Data Link Interface – ODI) ist eine Schnittstelle für Netzwerkadapter, wie auch die NDIS-Schittstelle, und ist ebenfalls für Netzwerkkopplung via ISDN nutzbar.

7 Betriebssysteme

Die Computer sind vielfältig einsetzbar. Für verschiedene Einsatzgebiete sind unterschiedliche Betriebssysteme nutzbar. Bei der Auswahl des Betriebssystems spielt auch die Kommunikationsfähigkeit und damit auch der Zugriff auf das ISDN eine wichtige Rolle. In diesem Kapitel sollen daher die Voraussetzungen der Betriebssysteme und die Möglichkeiten der auf diesen Betriebssystemen laufenden Applikationen dargestellt werden.

7.1 MS-DOS / Windows 3.1

Zur Zeit der Entwicklung der ersten ISDN-Adapter für den PC war MS-DOS bereits ein gestandenes Betriebssystem. Für die Entwicklung von ISDN-Schnittstellen hat daher das MS-DOS eine Vorreiterrolle gespielt. Die CAPI-Schnittstelle wurde ursprünglich nur für DOS definiert. Alle Implementierungen für andere Betriebssysteme folgten erst später.

Die CAPI-Schnittstelle unter DOS wird über den Softwareinterrupt F1 erreicht, wobei die notwendigen Treiber als TSR-Programm (Terminated Stay Ready – geladen und verfügbar) in den Speicher geladen werden.

Auch von Windows 3.0 aus wurde über den Softwareinterrupt auf das TSR zugegriffen. Für einen einfacheren Zugriff auf die ISDN-Schnittstelle wurde, dem

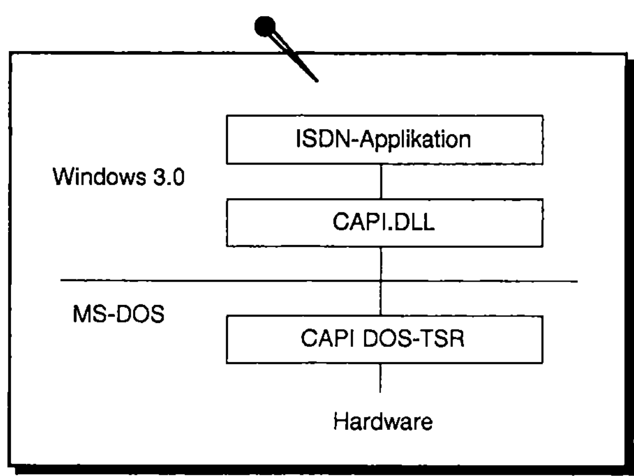

Abb. 7.1. ISDN-Zugriff unter Windows 3.0

Windows-Grundgedanken entsprechend, eine DLL-Schnittstelle (Dynamic Link Library – dynamisch ladbare Funktionsbibliothek) definiert, die wiederum auf das TSR zugreift (Abb. 7.1).

Mit zunehmender Funktionalität durch weitere Protokolle (V.110, V.120) und weitere Schnittstellen (NDIS, ODI) und auch durch andere Hardware im PC, die ebenfalls TSR-Programme geladen haben, wird der Speicherplatz unter DOS schnell knapp. Die obere Grenze ist 640 KByte, die DOS verwalten kann. Einige TSR-Programme kann man in den Speicherraum zwischen 640 KByte und 1 MByte (Expanded Memory) zwischenlagern, der Bereich ist aber dennoch begrenzt (Abb. 7.2).

Die aktiven ISDN-Adapter können die Protokollbehandlung auf der Karte speichern und von dem Prozessor des Adapters abarbeiten lassen, so daß nur ein minimaler Speicherverbrauch unter DOS notwendig ist.

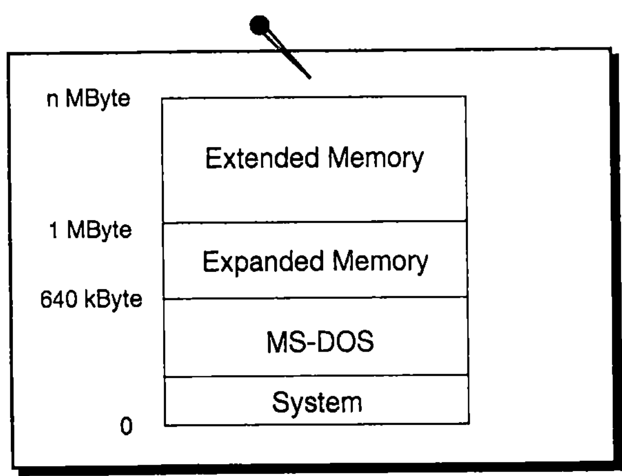

Abb. 7.2. Speicheraufteilung bei MS-DOS

7.2 Windows for Workgroups / Windows NT 3.1

Seit dem Erscheinen von Windows 3.0 im Jahr 1989 erobert diese Benutzeroberfläche fast die ganze PC-Welt. Mit Windows for Workgroups (Version 3.11) wurde erstmals ein Peer-to-Peer Netzwerk verfügbar, das auch als Netzwerkoberfläche geeignet ist. Es kann selbst ein Netzwerk aufbauen oder als Oberfläche für andere Server-basierende Netzwerke dienen. Durch eine Reihe von Programmen und Hilfsmittel wird die Arbeit im Netz noch erleichtert.

7.2.1 Windows for Workgroups CAPI Implementation

Unter Windows for Workgroups wurde erstmals von Microsoft versucht, Komponenten für ISDN in das Betriebssystem mit einzubringen. In Deutschland wurde eine Kooperation mit ACOTEC eingegangen und in Amerika wurde versucht, ISDN-Hardwarehersteller für den Remote Access Service (RAS) zu gewinnen.

7.2.2 GroupGate

Das Ergebnis der Zusammenarbeit zwischen ACOTEC und Microsoft Deutschland war eine „zehnte Diskette" mit einem ISDN-NDIS-Treiber „GroupGate", der auf die CAPI 1.1 unter DOS aufgesetzt ist. Diese zehnte Diskette wurde in jeder deutschen Windows for Workgroups Diskettenversion (außer OEM) mit ausgeliefert.

Mit dem NDIS-Treiber GroupGate können die Netzwerkfähigkeiten von Windows for Workgroups auch über ISDN genutzt werden. Nach Verbindungsaufbau zwischen zwei mit GroupGate ausgerüsteten Rechnern können dadurch Funktionalitäten wie Laufwerk-Sharing, Drucker-Sharing und Nachrichtenübermittlung über die ISDN-Verbindung genutzt werden, als wären sie in einem lokalen Netz.

Von ACOTEC wurde zusätzlich eine Vollversion angeboten, die durch eine Softwarebridge nicht nur einzelne Rechner sondern auch ganze Netzwerke miteinander verbinden kann und auch eine Telematikkomponente zur Fax-, Telex- und Dateiübertragung enthält.

Das GroupGate aus der zehnten Diskette ist technisch gesehen ein NDIS 2.0-Treiber – also ein Real Mode Treiber, der unter DOS als TSR geladen wird und auf den CAPI-TSR der Hardwarehersteller aufsetzt. Das hat den Vorteil, daß die ISDN-Verbindung bereits unter DOS aufgebaut werden kann, bedeutet aber auch, daß wieder wertvoller DOS-Speicher für den NDIS-Treiber benötigt wird (Abb. 7.3).

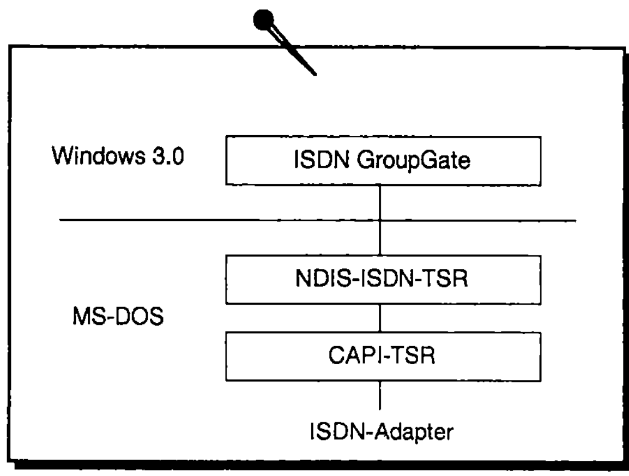

Abb. 7.3. Treiberstruktur GroupGate

An der Oberfläche wird das GroupGate durch ein Programm gesteuert, in dem die Verbindungen auf- und abgebaut werden und auch die Zugriffsrechte, Timeouts und andere Werte eingestellt werden. Ein kleiner GroupGate-Monitor zeigt den aktuellen Stand der Verbindung an.

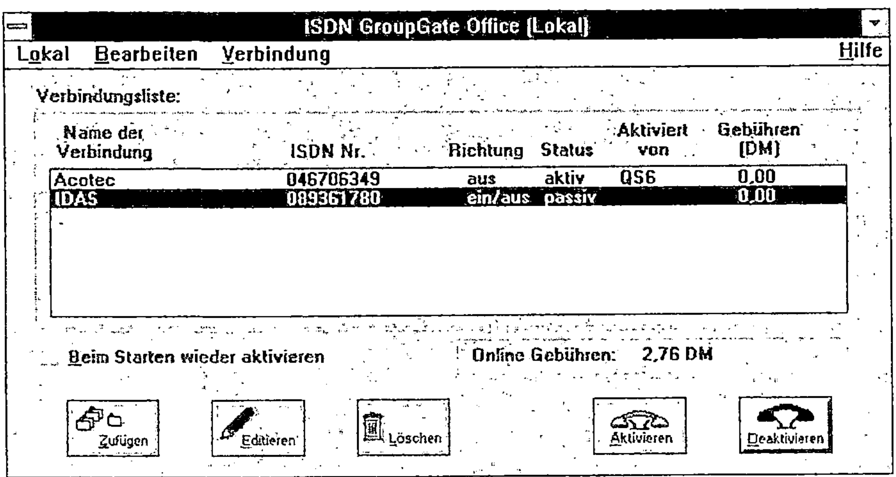

Abb. 7.4. GroupGate Benutzeroberfläche

Die Rechnerkopplung über ISDN hat noch zwei Besonderheiten. Zum einen können durch die Verbindungen zum Teil erhebliche Gebühren anfallen. Hier gelten die allgemeinen Tarifgebühren der Telekom. Zum anderen öffnet man sein lokales Netz und muß es demzufolge vor unberechtigtem Zugang schützen.

Zur Kostenminimierung sind unterschiedliche Fähigkeiten im GroupGate implementiert worden. Die laufenden Gebühren werden im GroupGate Office und im ISDN-Monitor ständig angezeigt. Damit ist der Benutzer ständig gewarnt, während er kostenpflichtig arbeitet. Außerdem ist ein Short Hold Modus implementiert. Bei Inaktivität wird die ISDN-Verbindung physikalisch abgebaut. Der Timeout dafür ist einstellbar. Sowie die ISDN-Verbindung wieder benötigt wird, erfolgt eine neue Anwahl der Gegenstelle und die Verbindung steht wieder zur Verfügung. Dadurch wird vermieden, daß die ISDN-Verbindung unnötig lange aufrechterhalten wird und dabei Gebühren verursacht. Der Verbindungsaufbau im ISDN ist dabei so schnell (max. 2 Sek.), daß für den Benutzer kaum eine Wartezeit entsteht. Der Short Hold Modus ist mit einer zusätzlichen Intelligenz ausgestattet. Er mißt die Dauer des ersten Gebührentaktes. Ab dem zweiten Gebührentakt wird der eingestellte Timeout bis kurz vor dem nächsten Gebührenimpuls verzögert. Damit wird vermieden, daß innerhalb eines Gebührentaktes die Verbindung mehrfach auf- und abgebaut wird. Der Short Hold Modus bietet so eine weitere Möglichkeit, die ISDN-Gebühren so gering wie möglich zu halten.

Eine weitere Besonderheit bei der Rechnerkopplung über ISDN ist die Datensicherheit. Durch die Inbetriebnahme einer ISDN-Karte im lokalen Netz sind alle Daten der Öffentlichkeit zugänglich, solange es keine sicheren Schutzmechanismen gibt. Das GroupGate enthält eine Reihe solcher Schutzmechanismen, die zusätzlich zu den in Windows for Workgroups enthaltenen wirken. Da ISDN bekanntlich in der Lage ist, vor dem Datenverkehr die Rufnummer des Anrufers zu übertragen, kann hier bereits entschieden werden, ob eine Verbindung zugelassen wird oder nicht. Die Rufnummernidentifikation ist ein sehr sicherer Schutz vor unberechtigtem Zugriff. Dazu muß allerdings die Rufnummer aller Kommunikationspartner bekannt sein. Ein zweiter Zugriffsschutz wird über eine Paßwortübertragung realisiert. Sofern das richtige Paßwort eingegeben wurde, kann die Verbindung genutzt werden. Trotz aller angebotenen Schutzmechanismen ist der Benutzer des GroupGates selbst verantwortlich für seinen ISDN-Zugang.

7.2.3 Remote Access Service

Fast zeitgleich mit Windows for Workgroups hat Microsoft die ersten Versionen von Windows NT (Version 3.0 und 3.1) auf den Markt gebracht. Für den Fernzugriff enthält NT den Remote Access Service (RAS). Der RAS in der ersten Version entspricht funktionell etwa einem NDIS-Treiber. Die Verbindung konnte aber nur von Windows for Workgroups zu Windows NT oder zwischen zwei Windows NT Rechnern aufgebaut werden. Die Verbindung war zu nichts kompatibel außer zum RAS in Windows NT 3.51, und sie hat nur das Protokoll NetBEUI übertragen. Ausgerichtet war der RAS-Service in erster Linie für die Nutzung von Modems. Nur der amerikanische ISDN-Adapterhersteller Digiboard (heute Digi International) hat den RAS über ISDN unterstützt.

7.3 Windows 95

Windows 95 ist ein modernes 32-Bit-Betriebssystem, das die Betriebssysteme MS-DOS, Windows 3.1 und Windows for Workgroups ablösen wird. Die wohl auffälligsten Neuerungen von Windows 95 sind einerseits die nach neuesten, softwareergonomischen Erkenntnissen gestaltete Oberfläche und andererseits, daß Windows 95 direkt gestartet wird. Technisch ist der Hardwarezugriff ohne DOS-Treiber möglich, wodurch die Verarbeitungsgeschwindigkeit wesentlich erhöht wurde.

7.3.1 CAPI-Subsystem

In der deutschsprachigen Version von Windows 95 ist die CAPI als CAPI-Subsystem integriert. Für Microsoft bedeutet diese Entscheidung erstmalig die Anerkennung einer europäischen Schnittstelle. Außerdem ist dieser Schritt ein Meilenstein für die Durchsetzung der CAPI-Schnittstelle als internationaler Standard.

Die CAPI-Schnittstelle wird von einigen Herstellern der ISDN-Adapter auch selbst (ohne CAPI-Subsystem) angeboten. Das hat einerseits lizenzrechtliche Vorteile, weil das CAPI-Subsystem ohne Genehmigung des Herstellers nicht ausgeliefert werden kann. Das wäre z.B. für alle nicht deutschsprachigen Versionen von Windows 95 notwendig. Für Qualitätssicherung und Support hat es den Vorteil, daß bei auftretenden Fehlern nicht zwei Anbieter den Fehler einander zuweisen, ohne das Problem zu lösen. Viele Hersteller haben das CAPI-

Subsystem auch erweitert, um beispielsweise auch die CAPI in der Version 1.1 zur Verfügung zu stellen. Diese Version wird oft als Duale CAPI bezeichnet.

Das CAPI-Subsystem entspricht den Anforderungen der Windows Open Service Architecture (WOSA), einem Konzept einfacher Treiber vom Hardwarehersteller zum Betriebssystem, das seinerseits eine einheitliche Applikationsschnittstelle bietet. Das CAPI-Subsystem benötigt daher nur einen relativ einfachen Treiber für den Zugriff auf den ISDN-Zugang, und es stellt darauf aufbauend eine Reihe von Standardschnittstellen für unterschiedliche Anwendungen zur Verfügung. Der Hardwarehersteller kann dadurch die Zahl der verschiedenen Treiber drastisch reduzieren und folglich die Entwicklung auf die Hardware konzentrieren. Der Anwendungsprogrammierer hingegen hat eine Auswahl verschiedener Schnittstellen zur Verfügung, die sich bei jeder genutzten Hardware gleich präsentiert und letztendlich dem Anwender eine freie Auswahl an Hard- und Software erlaubt (Abb. 7.5).

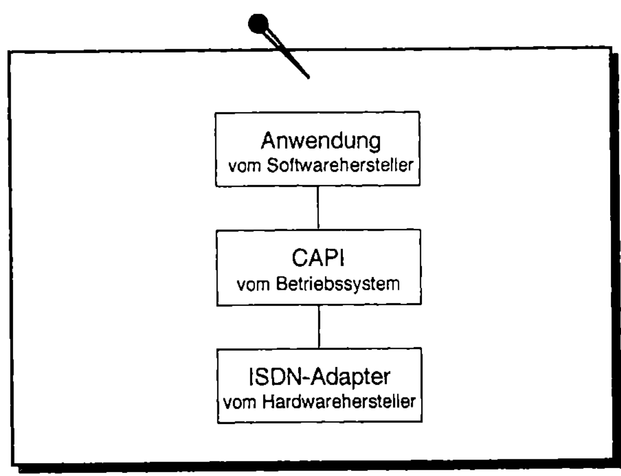

Abb. 7.5. CAPI im WOSA-Konzept

Das CAPI-Subsystem ist von der CAPI-Association anerkannt und in den Standard aufgenommen. Es basiert auf Schnittstellen in zwei Richtungen: in die eine Richtung für den Zugang zur ISDN-Hardware und in die andere Richtung zu den Schnittstellen der Anwendungsprogramme.

Für den Zugang zum ISDN setzt das CAPI-Subsystem auf das CAPI-Service Provider Interface (CAPI-SP) auf. Diese Treiberschnittstelle arbeitet nachrichtenorientiert und basiert auf der allgemeinen CAPI 2.0. Um die Treiberentwicklung für das CAPI-Subsystem noch einfacher zu gestalten, ist ein Device Development Kit (DDK) verfügbar, das ein kompilierbares Modell enthält. In der Regel muß dieser Code nur um den hardwarespezifischen Teil ergänzt werden (Abb. 7.6).

Das CAPI-Service Provider Interface ist als multivendor-fähige Schnittstelle ausgelegt, so daß gleichzeitig ISDN-Adapter unterschiedlicher Hersteller genutzt werden können.

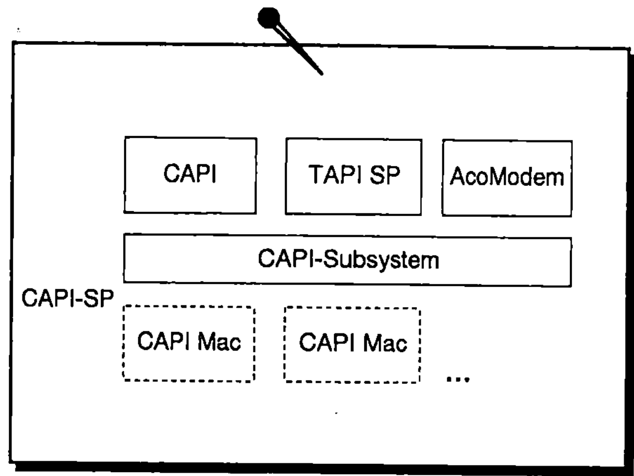

Abb. 7.6. Komponenten des CAPI-Subsystems

Auf der Applikationsseite stehen verschiedene Standardschnittstellen zur Verfügung, die den Applikationen den ISDN-Zugang nutzbar machen. So steht die CAPI 2.0 zur Verfügung, um reine ISDN-Anwendungen zu unterstützen. Die Telephony API (TAPI) stellt für allgemeine Telefonapplikationen den Zugang zum ISDN bereit, und das AcoModem ermöglicht dem DFÜ-Netzwerk, die Vorteile des digitalen Netzes zu nutzen.

Die wohl wichtigste Schnittstelle ist die CAPI 2.0, die gleich in fünf verschiedenen Formen zur Verfügung gestellt wird (Abb. 7.7).

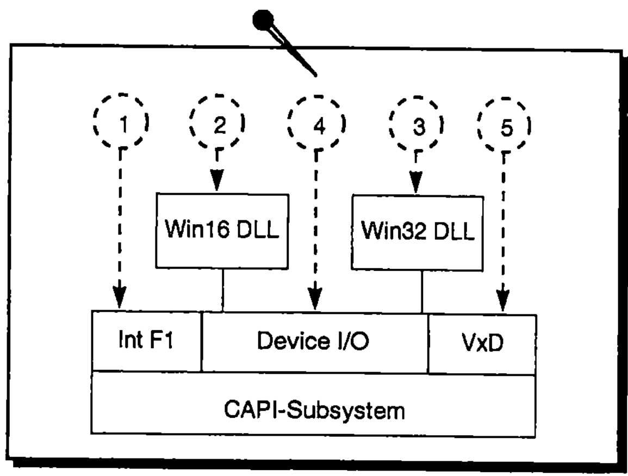

Abb. 7.7. CAPI-Schnittstellen des CAPI-Subsystems

1: für MS-DOS

Die DOS-CAPI arbeitet über den Softwareinterrupt F1 und wird üblicherweise durch ein TSR-Programm zur Verfügung gestellt (TSR-Terminated Stay Ready). Das CAPI-Subsystem fängt diesen Softwareinterrupt ab und bearbeitet ihn zentral im Windows 95 Kern. Da das CAPI-Subsystem ohne TSR-Programm arbeitet, wird kein Speicher in dem für DOS-Applikationen verfügbaren Bereich benötigt.

2: für Windows 16-Bit-Anwendungen

Die Windows 16-Bit-Schnittstelle wird über eine Funktionsbibliothek mit dem festgeschriebenen Namen CAPI20.DLL zur Verfügung gestellt. Die CAPI20.DLL ist für Applikationen des Betriebssystems Windows 3.x entwickelt worden. Durch das CAPI-Subsystem haben diese Applikationen auch unter Windows 95 Zugriff auf die verfügbaren ISDN-Zugänge.

3: für Windows 32-Bit-Anwendungen

Applikationen, die im 32-Bit-Modus von Windows arbeiten, können die 16-Bit DLL nicht benutzen. Sie benötigen die 32-Bit-Funktionsbibliothek (CAPI2032.DLL), die ursprünglich für Windows NT definiert worden ist und vom CAPI-Subsystem auch für Windows 95 zur Verfügung gestellt wird.

Sowohl die 16- als auch die 32-Bit-DLL können während der Abarbeitung der Programme geladen und entladen werden. Ein großer Vorteil des CAPI-Subsystems ergibt sich auch daraus, daß bei Mehrkarteninstallation jeweils nur eine CAPI.DLL im System vorhanden sein muß.

4: als Device I/O Schnittstelle

Ebenso wie über die 32-Bit-DLL können die 32-Bit-Applikationen auch die Device I/O Schnittstelle für den ISDN-Zugang nutzen. Diese Schnittstelle im CAPI-Subsystem sollte von allen neu zu entwickelnden Applikationen genutzt werden. Sie stellt den ISDN-Zugang als Gerät oder Objekt zur Verfügung.

5: als Gerätetreiberschnittstelle (VxD-Interface)

Für die Entwicklung von Gerätetreibern wird wiederum ein virtueller Gerätetreiber (VxD) zur Verfügung gestellt. Diese CAPI-Schnittstelle steht schon während des Bootvorgangs zur Verfügung und arbeitet als einzige im Windows 95 System-

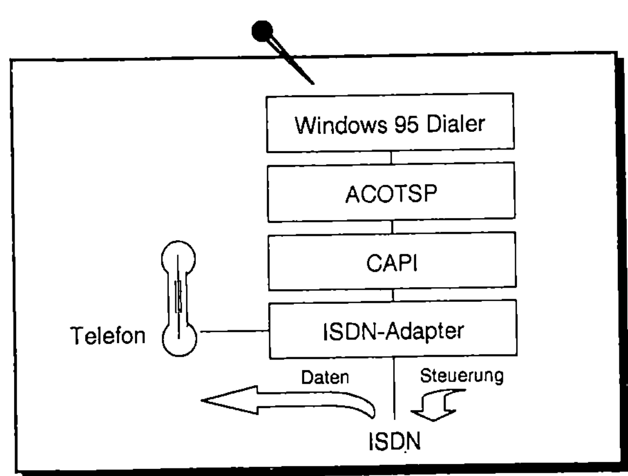

Abb. 7.8. CAPI-Subsystem TAPI-Serviceprovider

kern (Ring 0). Denkbare Anwendungen dieser Schnittstelle sind NDIS-Treiber, ISDN-Bridges und -Router oder ähnliches.

Für Applikationen, die auf die Microsoft TAPI-Schnittstelle aufsetzen, stellt das CAPI-Subsystem einen TAPI-Serviceprovider (ACOTSP) zur Verfügung (Abb. 7.8).

Das in Windows 95 enthaltene Programm Wahlhilfe (Dialer) ist beispielsweise ein Programm, das auf die TAPI-Schnittstelle aufsetzt und damit auch das CAPI-Subsystem nutzen kann. Die TAPI definiert nur die Verbindungssteuerung. Da für den Telefondienst die Daten (Sprache) nicht über den PC geleitet werden müssen, kann so eine einfache Telefonunterstützung realisiert werden. Voraussetzung ist ein ISDN-Adapter mit Telefonanschluß. Die Wahlhilfe enthält unter anderem Funktionen für die Kurzwahl und protokolliert alle Gespräche.

Die Nutzung des ACOTSP ist nur auf die Verbindungssteuerung beschränkt. Für die Unterstützung von TAPI-Applikationen mit Datenübertragung gibt es im CAPI-Subsystem den Weg über das AcoModem (Abb. 7.9).

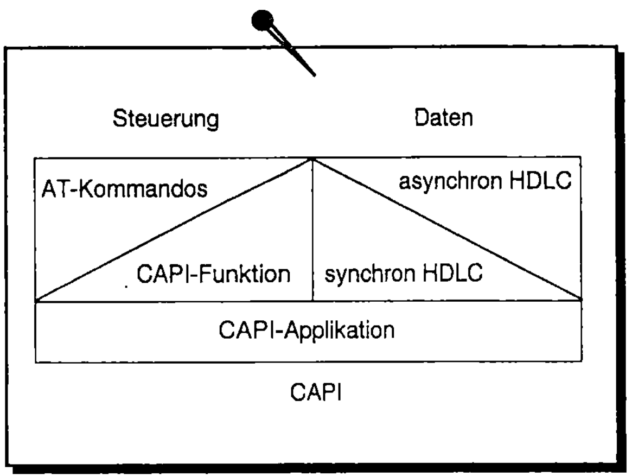

Abb. 7.9. Komponenten des AcoModem

Das CAPI-Subsystem stellt durch das AcoModem einen ISDN-Port für Windows 95 zur Verfügung. An der Oberfläche wird er als ein ISDN-Modem eingerichtet. Da das DFÜ-Netzwerk auf asynchronen Datenaustausch ausgelegt ist, wird im AcoModem zusätzlich eine synchron/asynchron Umwandlung des Datenstroms durchgeführt. Durch diese Umwandlung kann das AcoModem auch mit synchronen Gegenstellen (reine ISDN-Geräte), wie ISDN-Router und Windows NT RAS, auf ISDN Daten austauschen.

Die Steuerung des AcoModems erfolgt über AT-Befehle, die soweit interpretiert werden, wie das DFÜ-Netzwerk sie benötigt. Die Informationen zum Modem werden dem System über die Windows 95 Registrierungsdatenbank zur Verfügung gestellt (Listing 7.1).

Listing 7.1. Einträge in der Windows 95 Registratur für das AcoModem. (Auszug)

```
[HKLM\System\CurrentControlSet\Services\Class\Modem ...]
    "Reset"="ATZ<cr>"
[...\Settings]
    "Prefix"="AT"
    "Terminator"="<cr>"
    "DialPrefix"="D"
    "DialSuffix"=";"
[...\Init].
    "1"="AT"
    "2"="AT+MSN=+PROTOCOL=HDLC+FRAMING=DETECT"
[...\Answer]
    "1"="ATA<cr>"
[...\Hangup]
    "1"="ATH<cr>"
[...\Init]
    "1"="AT<cr>"
    "2"="AT&FE0V0&C1&D2S0=0<cr>"
[...\Monitor]
    "1"="None"
[...\Responses]
    "OK"         =hex:00,00,00,00,00,00,00,00,00,00
    "CONNECT"    =hex:02,00,00,00,00,00,00,00,00,00
    "ERROR"      =hex:03,00,00,00,00,00,00,00,00,00
    "NO CARRIER"=hex:04,00,00,00,00,00,00,00,00,00
    "DISCONNECT"=hex:04,00,00,00,00,00,00,00,00,00
    "NO DIALTONE=hex:05,00,00,00,00,00,00,00,00,00
    "BUSY"       =hex:06,00,00,00,00,00,00,00,00,00
    "RING"       =hex:08,00,00,00,00,00,00,00,00,00
```

Besonders interessant ist der Initialisierungs-String in der Sektion [...\Init], der auch im Konfigurationsdialog des Modems editierbar ist. Hier kann bei Bedarf die eigene MSN eingetragen werden. Als Protokoll ist HDLC voreingestellt. Damit arbeiten auch die meisten Gegenstellen. Es kann aber auch auf X.75 umgestellt werden. Das Framing im dritten Wert kann auf Synchron (=SYNC) und Asynchron (=ASYNC) eingestellt werden. Über die Einstellung DETECT erfolgt eine Frameanalyse des ersten übertragenen Frames, und das Framing wird automatisch an die Gegenstelle angepaßt.

Aus treibertechnischer Sicht ist das AcoModem.VxD ein Port, der sich, genau wie auch der Serial.VxD, für die seriellen Schnittstellen beim VCOMM und damit dem Unimodem anmeldet. Das Unimodem erkennt den neuen Port und stellt ihn als TAPI-Gerät zur Verfügung (Abb. 7.10).

Durch die vom DFÜ-Netzwerk unterstützten Protokolle sind folgende Gegenstellen mit dem ISDN-Modem erreichbar:

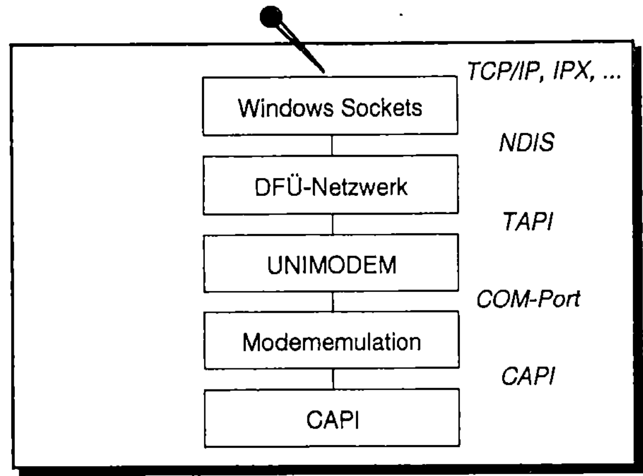

Abb. 7.10. Modememulation im CAPI-Subsystem

- Windows 95 mit dem CAPI-Subsystem,
- Windows NT Remote Access Service (RAS),
- ISDN-Terminaladapter,
- Windows NT und Windows 95 mit ISDN-Terminaladaptern,
- ISDN-Router mit PPP-Unterstützung.

zu Windows 95

Da mit dem CAPI-Subsystem auch die Serverkomponente des DFÜ-Netzwerks mit installiert wird, kann schon zwischen zwei Windows 95 Rechnern eine ISDN-Kopplung aufgebaut werden. Über den DFÜ-Server erhält der ferne Rechner sogar Zugriff auf das gesamte lokale Netzwerk, während aus dem LAN heraus nicht auf den fernen Rechner zugegriffen werden kann.

zu Windows NT RAS

Die Hauptausrichtung des DFÜ-Netzwerks ist der Zugriff auf ferne Windows NT-Server und NT-Netzwerke. Auf dem Windows NT-Server benötigt man den Remote Access Service (RAS) und einen passenden ISDN-Adapter. Solche Lösungen werden von vielen ISDN-Kartenherstellern angeboten. Der NT-Server kann gleichzeitig bis zu 256 fernen Rechnern den Zugriff erlauben, wobei die Sicherheit von Windows NT auch über ISDN-Zugang greift. Ein besonderes Leistungsmerkmal des RAS ist die Rückruffunktion. Der Windows 95-Client kann sich, abhängig von Name und Paßwort, über eine auf dem Server fest eingestellte Rufnummer zurückrufen lassen. Bei unterschiedlichen Rückrufnummern (mobile Client) kann die Nummer auch vom fernen Rechner an den Server übergeben werden. Über die Rückruffunktion können die Kosten auf der Seite des Clients minimiert werden, was besonders für Heimarbeitsplätze und Hotels von Vorteil ist. Der Rückruf mit voreingestellter Rückrufnummer ist ein weiterer Schutz vor unberechtigtem Zugriff.

zu ISDN-Terminaladaptern

Der ISDN-Terminaladapter ist über den seriellen Anschluß an den Rechner angebunden. Er verarbeitet den AT-Befehlssatz wie jedes andere Modem auch, nutzt aber den ISDN-Zugang für die Datenübertragung. Die asynchrone Übertragung findet in der Regel über die Protokolle V.110 und V.120 statt. Im asynchronen V.110 sind nur Geschwindigkeiten bis 38,4 kBit/s definiert. Um mit dem CAPI-Subsystem einen Terminaladapter zu erreichen, wird im Verbindungsdialog des DFÜ-Netzwerks an die Rufnummer die Kennung +F_ASY angefügt, wodurch die synchron/asynchron Umwandlung ausgeschaltet wird.

zu ISDN-Routern

ISDN-Router mit PPP-Unterstützung müssen mindestens in einem übertragenen Netzwerkprotokoll übereinstimmen und die Kompatibilität innerhalb des PPP realisieren können. Das DFÜ-Netzwerk kann nur als Workstation-Client, nicht als gleichwertiger Router, an solche Gegenstellen angeschlossen werden.

Für alle Gegenstellen gilt, daß eine Verbindung nie automatisch auf- oder abgebaut wird. Der Benutzer darf also nicht vergessen, daß die Verbindung nach der Nutzung wieder abzubauen ist.

Voraussetzung zur Installation ist das in Windows 95 enthaltene DFÜ-Netzwerk. Die Installation wird über eine Setup-Informationsdatei (*.INF) realisiert, die vom Windows 95 Netzwerksetup (NDI – Network Device Installer) ausgeführt wird. Das AcoModem wird im gleichen Zuge vom Netzwerksetup und nicht vom Modemsetup installiert. Eine reine Installation für ISDN-Adapter als Modem und Netzwerkkarte ist unter Windows 95 leider noch nicht möglich.

Vor der Installation des CAPI-Subsystems ist der ISDN-Adapter zu installieren. Das CAPI-Subsystem wird dann als Protokoll auf diesen Adapter gebunden.

Die Installation wird in der Systemsteuerung über das Netzwerksymbol begonnen. Nach dem Öffnen des Dialogs wird über die Schaltfläche „Hinzufügen" die Art der Netzwerkkomponente auswählbar. Für ISDN-Adapter ist in der Liste der Eintrag "Adapter" zu wählen. Im folgenden Fenster sind alle von Windows 95 unterstützten Netzwerkadapter auswählbar. Dort sind unter anderem auch die ISDN-Adapter aufgeführt, die das CAPI-Subsystem unterstützen. Nach der Auswahl des Herstellers und des korrekten Kartentyps werden alle notwendigen Dateien auf das System kopiert. Bei fast allen Adaptern müssen vor dem Neustart des Systems die Kartenparameter wie Interrupt (IRQ), E/A-Basisadresse und DMA-Adreßbereich eingestellt werden. Von Windows 95 werden die einstellbaren Werte auf mögliche und wahrscheinliche Konflikte mit anderen Systemkomponenten geprüft.

Nach der Adapterinstallation kann sofort mit der Installation des CAPI-Subsystems begonnen werden. Das CAPI-Subsystem ist als Protokoll in Windows 95 enthalten, beinhaltet aber alle CAPI 2.0-Schnittstellen, den TAPI-Serviceprovider und das AcoModem. Im Netzwerkdialog der Systemsteuerung ist das Protokoll ISDN CAPI 2.0 zu wählen.

Nach der Installation ist die Bindung des Protokolls auf den ISDN-Adapter zu erkennen (Abb. 7.11).

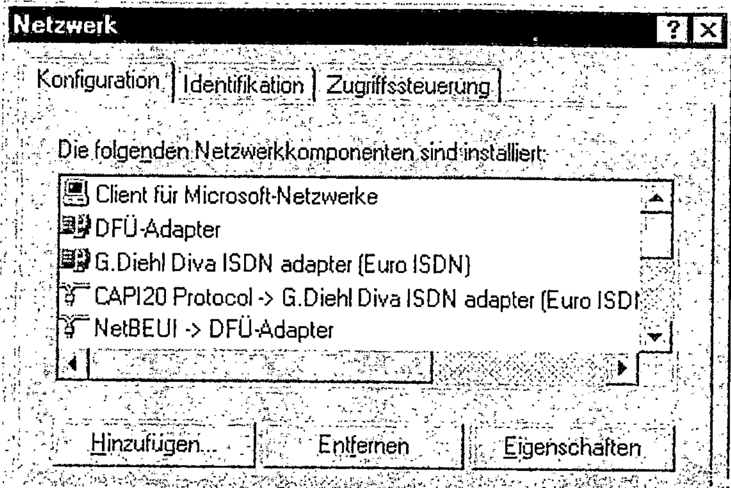

Abb. 7.11. Netzwerkkonfiguration mit CAPI-Subsystem

Nach dem Neustart des Systems sollte der erfolgreiche Ladevorgang des ISDN-Adaptertreibers überprüft werden. Dazu kann der Windows 95-Gerätemanager genutzt werden. Er ist erreichbar über den Systemdialog in der Systemsteuerung oder als Eigenschaft des Arbeitsplatzsymbols auf dem Bildschirm. Im Gerätemanager sind alle Geräte im und am Computer dargestellt. Falls am Logo des ISDN-Adapters ein gelbes Infosymbol zu erkennen ist, konnte die Karte nicht richtig geladen werden. In den meisten Fällen sind die Konfigurationsparameter zu ändern. Einen Überblick über die bereits benutzten Interrupts und E/A-Basisadressen liefert ebenfalls der Garätemanager. Ist der ISDN-Adapter richtig konfiguriert, können die Komponenten des CAPI-Subsystems eingerichtet werden. Die CAPI 2.0-Schnittstellen müssen nicht konfiguriert werden. Sie können sofort von der Applikation getestet und benutzt werden.

7.3.2 ISDN Accelerator Pack

Die enorme Nachfrage nach ISDN-Unterstützung von Windows 95 aus Europa, aber immer mehr auch aus Amerika, hat Microsoft veranlaßt, einen neuen Weg zu gehen. Unter Windows NT waren zum Zeitpunkt dieser Entscheidung bereits einige ISDN-Lösungen verfügbar, die den Remote Access Service (RAS) unterstützten. Also hat Microsoft ein Entwicklungspaket herausgebracht, das die ISDN-Treiber von Windows NT auch unter Windows 95 lauffähig macht. Als Ergebnis dieser Aktion ist das ISDN Accelerator Pack entstanden (Abb. 7.12). Die Version 1.0 ist seit Februar 1996 von verschiedenen Onlinesystemen und im Internet (www.microsoft.de) frei verfügbar. Leider hatten nur zwei PC-Kartenhersteller, Digi International und Eicon.Diehl, einen Treiber für ihre ISDN-Adapter beilegen können. Als reiner RAS-Treiber unterstützt das ISDN Accelerator Pack nur das

DFÜ-Netzwerk. Dieser Weg der ISDN-Unterstützung wird von Microsoft weiter ausgebaut. In der Version 1.1 ist z.B. die Kanalbündelung über das Multilink PPP (MLPPP) unterstützt und die DFÜ-Netzwerkoberfläche ist weiter auf ISDN abgestimmt. Das gesamte Paket wird in späteren Versionen von Windows voll integriert sein. Eine Version 1.2 unterstützt das Point-to-Point Tunneling Protocol (PPTP).

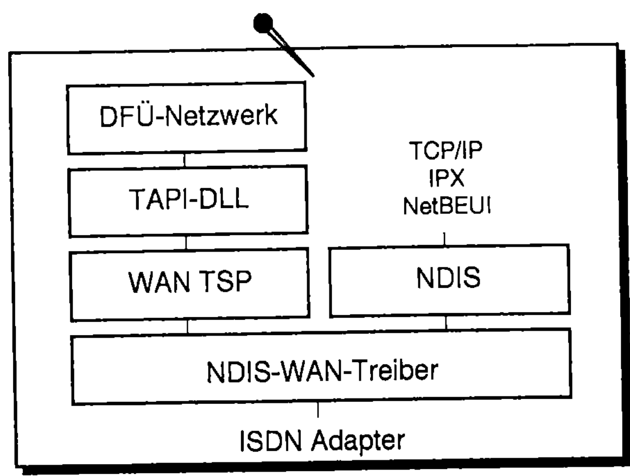

Abb. 7.12. Komponenten des Microsoft ISDN Accelerator Pack

Das NDIS-WAN-Miniportkonzept nutzt einen eigenen TAPI-Serviceprovider und geht nicht, wie es beim AcoModem der Fall ist, über das asynchrone Unimodem. Dadurch sind ISDN-Operationen wie Rufnummernübertragung möglich, die unter der Modememulation nicht realisierbar sind. Die synchron/asynchron Umwandlung entfällt.

7.4 Windows NT

Mit Windows NT deckt Microsoft seine Palette an Betriebssystemen auf dem Markt an Servern und Workstations ab. Für diese Aufgaben kommt der ISDN-Unterstützung eine besondere Rolle zu. Das bezieht sich sowohl auf die hohe Übertragungsrate und Sicherheit der Übertragung als auch auf die Vielfältigkeit der verfügbaren Protokolle.

Um den unterschiedlichen Applikationen und Treibern den ISDN-Zugriff zu ermöglichen, werden einheitliche Schnittstellen benötigt. Während sich in Deutschland und Europa die CAPI als ISDN-Schnittstelle entwickelt hat, geht Microsoft einen eigenen Weg. Bisher bietet nur das WAN-Miniportkonzept unter Windows NT eine ISDN-Unterstützung an.

7.4.1 Windows NT CAPI-Implementation

Die CAPI-Schnittstelle ist für MS-DOS, Windows, UNIX, Novell und andere Betriebssysteme in der Version 1.1 definiert worden. Ausgerichtet ist die CAPI 1.1 auf die deutsche Ausprägung des ISDN nach 1TR6. Mit der Einführung von Euro-ISDN wurde der Standard angepaßt und neu als CAPI 2.0 herausgegeben. Für modernere Betriebssysteme wie Windows NT und Windows 95 wurde die CAPI nur noch in der Version 2.0 definiert.

Das Betriebssystem Windows NT ist streng geteilt in die Funktionen der Anwendungs- und der Systemdienste. Dazu ist Windows NT in den User-Mode und den Kernel-Mode (Microkernel) getrennt. Um die Anwendungen möglichst unabhängig von der Hardware arbeiten zu lassen, greift jede Applikation auf den Microkernel zu, der wiederum über entsprechende Treiber auf die Hardware zugreift. Für die Applikation ist somit die Schnittstelle zu den Systemdiensten immer gleich, und für den Treiber im Betriebssystemkern ist allein der Hersteller der Hardware verantwortlich. Alle Anwendungen bleiben im User-Mode des Betriebssystems (Abb. 7.13).

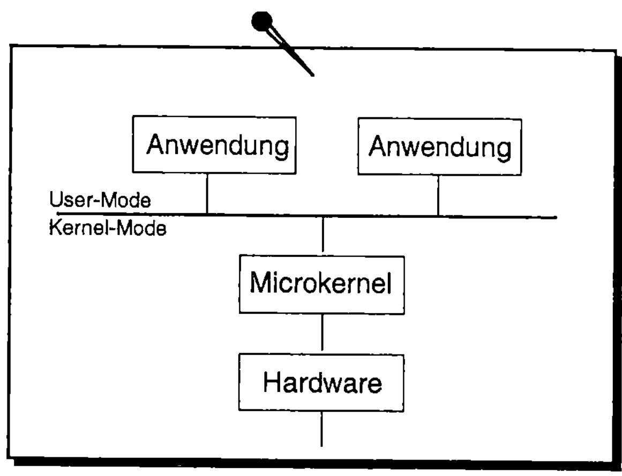

Abb. 7.13. Windows NT – Microkernel

Die CAPI 2.0 ist für Windows NT sowohl im User-Mode als auch im Kernel-Mode definiert. Für Kernel-Mode-Applikationen (Treiber) ist die CAPI als Gerätetreiber definiert. Die Schnittstelle zu dem Gerätetreiber basiert auf Ein- und Ausgabepaketen (Device I/O Control), die sowohl von Applikationen im User-Mode als auch im Kernel-Mode gesendet werden können. Der CAPI 2.0-Gerätetreiber stellt ein Objekt dar, das über seinen Namen angesprochen werden kann. Der Name des Geräteobjektes ist \Device\CAPI20x, wobei x eine fortlaufende Nummer für jeden ISDN-Controller darstellt.

Für Applikationen im User-Mode stellt der Gerätetreiber ein symbolisches Link zum gleichen Geräteobjekt dar. Der Name des symbolischen Links ist \DosDevice\CAPI20x, wobei x der Nummer des originalen Objektes entspricht. Die Applikationen im User-Mode können jetzt auf einfache Weise mit der Win32-

Funktion ReadFile() und WriteFile() die CAPI-Dienste unter dem Namen \\.\CAPI20x nutzen.

Weiterhin ist die CAPI unter Windows NT als Dynamic Link Library (DLL) definiert. Die Schnittstelle zwischen Applikation und CAPI-DLL ist hier eine reine Funktionsschnittstelle. Der Name der DLL ist als CAPI2032.DLL in der CAPI-Spezifikation festgelegt. Alle Funktionen der DLL sind im 32-Bit-Format. Ihre Namen und Funktionsnummern sind ebenfalls fest definiert. In der Regel greift die CAPI-DLL direkt auf die CAPI-Gerätetreiberschnittstelle zu (Abb. 7.14).

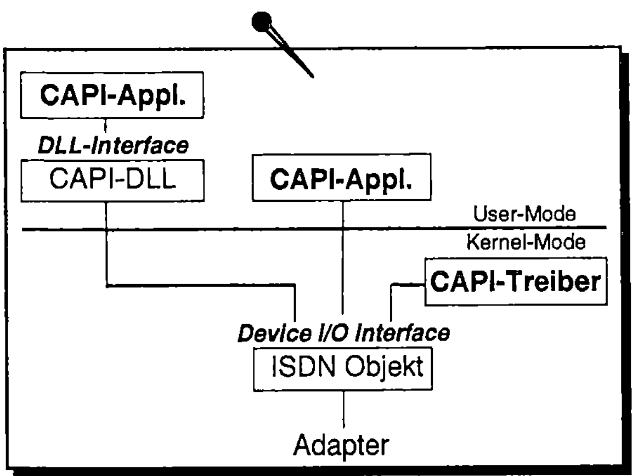

Abb. 7.14. CAPI-Schnittstellen unter Windows NT

Für Applikationen, die im 16-Bit-Windows-Subsystem von Windows NT (WOW) arbeiten, kann zusätzlich die CAPI20.DLL bereitgestellt werden. Sie realisiert exakt die gleiche Schnittstelle wie die DLL unter Windows 3.1 und bietet einen Zugriff für Windows-16-Bit-Applikationen, wie z.B. der T-Online-Decoder der Deutschen Telekom.

7.4.2 WAN-Miniport

Die zweite ISDN-fähige Schnittstelle in Windows NT wird über den WAN-Miniporttreiber realisiert, der den WAN-Zugang für den Remote Access Service (RAS) zur Verfügung stellt.

Der Remote Access Service dient dem Fernzugriff auf Windows NT-Server und Windows NT-Netzwerke. Er setzt dabei auf Modem-, X.25- und ISDN-Verbindungen auf. Durch die Übertragung der Netzwerkprotokolle IPX, TCP/IP und dem Microsoft NetBEUI Protokoll kann über die Verbindung auch auf Novell- und UNIX-Server sowie auf das Internet zugegriffen werden.

Für die Kompatibilität zu anderen Gegenstellen nutzt RAS das Point-to-Point Protocol (PPP). Durch die damit mögliche Verbindung zu Gegenstellen, wie z.B. ISDN-Router oder -Bridges, läßt sich Windows NT RAS problemlos in heterogene Netzwerke einfügen. Durch die Kompatibilität zu ISDN-Routern kann mit

ISDN-RAS der Internet-Zugriff direkt zum Provider erfolgen. Ab der Windows NT Version 4.0 unterstützt der RAS auch das Multilink PPP (MLPPP) zur Kanalbündelung und damit zur Erhöhung der Performance.

Um ein hohes Maß an Geheimhaltung der sensiblen Daten zu sichern, unterstützt der RAS eine Datenverschlüsselung zusätzlich zur Paßwortverschlüsselung. Die Datenverschlüsselung erfolgt nach dem RC4 Algorithmus der RSA Data Security, Inc. Eine Verschlüsselung nach DES (Data Encryption Standard) ist noch nicht verfügbar.

Durch eine Datenkomprimierung vor der Übertragung kann die Geschwindigkeit in der Regel noch einmal um das 1½- bis 2fache erhöht werden.

Ein sehr nützliches Leistungsmerkmal des Remote Access Service ist die Rückruffunktion. Unter Windows NT eingerichtete Benutzer können gesondert gekennzeichnet werden, um sich vom Server automatisch zurückrufen zu lassen. Damit fallen die Gebühren für die Verbindung auf der Serverseite an, was natürlich die firmeninterne Abrechnung vereinfacht, und es kann, bei Verbindungen zum Ausland oder aus Hotels heraus, sogar bares Geld sparen. Die Auslösung des Rückrufs kann auf zwei unterschiedlichen Wegen erfolgen. In Variante 1 übermittelt der Client nach einem initialen Aufruf dem Server die Rufnummer, unter der er zurückgerufen werden möchte. Der Server überprüft Benutzername und Paßwort und die Erlaubnis für den Rückruf. Nach erfolgreichem Check wird die Verbindung vorerst abgebaut und der Server ruft über die übertragene Nummer zurück. In Variante 2 wird die Rückrufnummer entsprechend dem Benutzernamen fest beim Server hinterlegt. Diese Variante kann daher nur genutzt werden, wenn der ferne Benutzer immer vom gleichen Anschluß aus anruft, dient dafür aber zur Verbesserung des Schutzes vor unberechtigtem Zugriff. In jedem Fall wird aber mindestens eine Gebühreneinheit zur Überprüfung der Zugriffsrechte benötigt (Abb. 7.15).

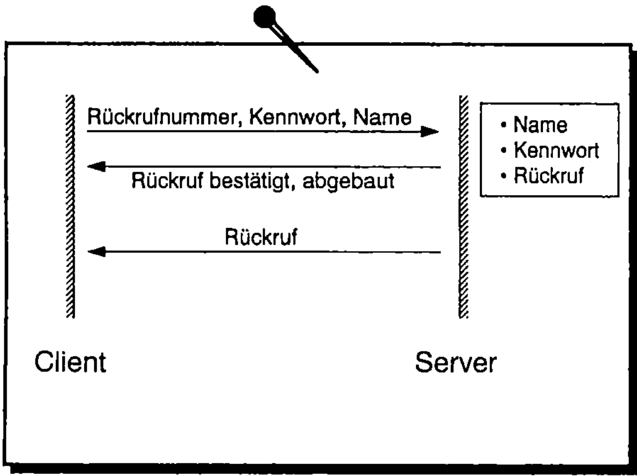

Abb. 7.15. RAS-Rückruffunktion

Um eine kundengerechte Nutzung des RAS zu ermöglichen, ist eine Programmierschnittstelle (RAS-API) verfügbar. Über die RAS-API steht dem Programmierer die Leistungsfähigkeit zur Verfügung, wie sie von den Programmen RAS-Verwaltung, RAS-Telefonbuch und RAS-Monitor genutzt werden. So können über diese Schnittstelle neue Verbindungseinträge angelegt, der Status der Verbindung angezeigt und auch eingehende Verbindungen erlaubt oder abgewiesen werden.

Der Verbindungsaufbau kann aber auch einfach von der Kommandozeile aus erfolgen, was an einer kleinen Batch-Datei gezeigt werden soll. Die Basis bildet das Programm RASDIAL, das auf den RAS-Telefonbucheintrag BERLIN zugreift. Die im Listing dargestellte Batch-Datei realisiert beispielsweise eine Aktualisierung des Dokuments News.DOC von dem fernen Rechner namens NTSRV1.

Listing. 7.2. Batch-Datei UPDATE.BAT zur RAS-Steuerung

```
RASDIAL  BERLIN User Paßwort
COPY \\NTSRV1\News\News.DOC
RASDIAL BERLIN /disconnect
```

ISDN ist aufgrund der Sicherheit und hohen Übertragungsgeschwindigkeit besonders geeignet für die schnelle Übertragung großer Datenmengen. Als Beispiel seien die Fernadministrierung über den MS System Management Server oder der Datenbankzugriff auf einen SQL Server genannt. Hier können Server aufgebaut werden, die mehreren Clients gleichzeitig den ISDN-Zugriff auf den Datenbestand erlauben. Auch der automatische Datenabgleich zweier SQL Server (Replikation) kann über ISDN realisiert werden. Auf der Clientseite kann sowohl mit Windows NT Workstation als auch mit Windows 95 gearbeitet werden. Unter Windows 95 ist das DFÜ-Netzwerk als Clientapplikation für den RAS vorgesehen.

Die folgenden Gegenstellen sind mit dem ISDN-fähigen RAS erreichbar:

- NT Server RAS,
- NT Workstation RAS,
- Windows 95 DFÜ-Netzwerk,
- PPP-fähige NDIS-Treiber,
- Novell ISDN-Router (AVM, Diehl, ...),
- UNIX ISDN-Router (Bintec, netCS,...),
- externe ISDN-Router (Cisco, Wellflied, ...).

Der ISDN-Zugang für den Remote Access Service kann außer über den ISDN-PC-Adater auch über ISDN-Terminaladapter erfolgen.

ISDN-Terminaladapter sind Geräte, die über einen COM-Port an den Windows NT Rechner angeschlossen werden. Sie können mit dem asynchronen Treiber des RAS genauso angesprochen werden, wie analoge Modems. Auf der anderen Seite der Verbindung muß ein anderer Terminaladapter die Daten über die asynchrone

Schnittstelle dem RAS übergeben. Das ist vergleichbar mit einem über ISDN verlängerten Nullmodem-Kabel. Diese Lösung kann nur zwischen zwei Terminaladaptern eingesetzt werden, und sie erreicht durch die Umwandlung der asynchronen Daten nie die volle ISDN-Geschwindigkeit. Bei älteren Computern treten bei Terminaladaptern auch Probleme mit den Bausteinen für den COM-Port auf, die der hohen Übertragungsrate im ISDN nicht immer standhalten. Im Gegensatz dazu sind ISDN-PC-Karten mit dem Bussystem des Rechners verbunden und stellen für den RAS direkt einen synchron arbeitenden NDIS-WAN-Treiber zur Verfügung.

Der RAS kann sowohl als Client als auch als Server arbeiten. Die Installation des RAS wird über die Systemsteuerung vorgenommen. Dort werden die Aufgaben der ISDN-Ports bestimmt: ob sie für eingehende oder ausgehende Rufe zuständig sind, oder ob sie in beide Richtung arbeiten. Hier unterscheidet sich die Windows NT Workstation von der Windows NT Server Version. Die Workstation kann nur einen Port für eingehende Rufe freigeben, während der Server auf allen Ports eingehend arbeiten kann. Weiterhin wird in der Systemsteuerung festgelegt, welche LAN-Protokolle für die Verbindung genutzt werden können. Für jedes Protokoll wird zusätzlich eingestellt, ob der Zugriff nur auf den NT Rechner erlaubt ist oder ob das gesamte lokale Netz zur Verfügung steht (Abb. 7.16).

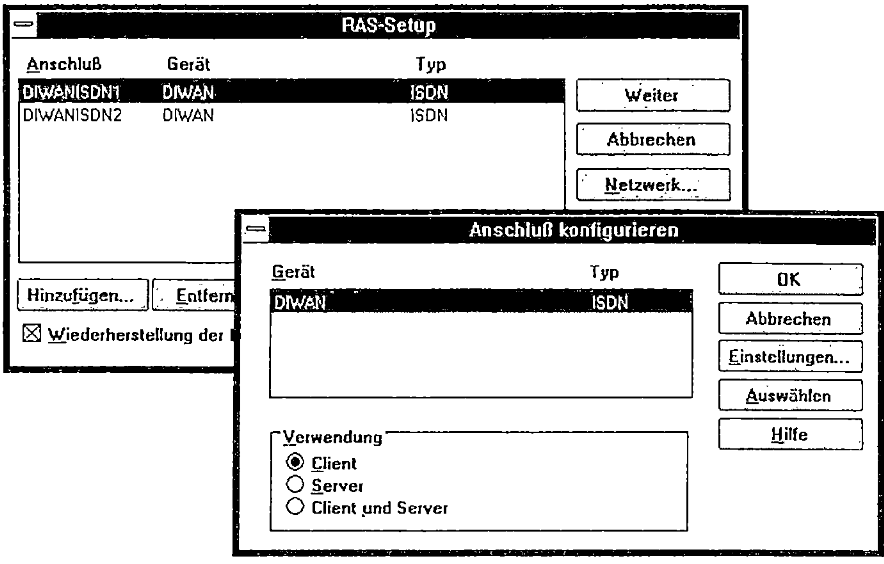

Abb. 7.16. RAS-Konfiguration in der NT-Systemsteuerung

Für den Netzwerkzugriff arbeitet der RAS-Server als Router. Empfangene Datenpakete werden über den WAN-Treiber an den internen Router geleitet und dort über den LAN-Treiber dem Netzwerk zur Verfügung gestellt. Wird die Verbindung vom PC zum Netzwerk aufgebaut, können je nach Zugriffsrecht, die Ressourcen aller fernen Rechner genutzt werden.

Der Client wird durch das RAS-Telefonbuch dargestellt. Hier wird für jeden fernen Server ein eigener Eintrag angelegt. Es wird konkret definiert, über welchen Port der Ruf hinausgeht und welche Protokolle genutzt werden sollen.

Der Server wird in der RAS-Verwaltung konfiguriert. Hier kann der Serverdienst gestartet und gestoppt werden. Die Zugriffsrechte der fernen Benutzer werden ebenfalls hier vergeben. Voraussetzung ist, daß der ferne Benutzer ein Benutzerkonto besitzt. Diesem Konto wird dann das Zugriffsrecht erteilt. Damit ist der RAS-Dienst vollständig in das Sicherheitskonzept von Windows NT integriert. Auch die Rückruffunktion und die Art des Rückrufes werden für das Benutzerkonto festgelegt.

7.4.3 NDIS

Neben der Unterstützung des Remote Access Services von Windows NT können ISDN-Adapter auch direkt eine Netzwerkkarte emulieren. Dazu stellen sie sich dem System gegenüber als LAN-Karte, z.B. Ethernet-Adapter oder Token Ring-Adapter dar (Abb. 7.17).

Durch den Einsatz von ISDN-NDIS-Treibern kann die Routingfähigkeit der Protokollstacks genutzt und ganze NT-Netzwerke gekoppelt werden, während über den RAS nur einzelne Workstations an das NT-Netzwerk angeschlossen werden können.

Die Protokollstacks für TCP/IP und IPX in Windows NT sind routingfähig. Können die Datenpakete auf dem Netz nicht zugeordnet werden, übergibt Windows NT diese Pakete dem anderen Netz.

ISDN-NDIS-Treiber haben in der Regel keine Benutzeroberfläche. Die notwendige Telefonnummer wird bei der Installation angegeben. Manche Treiber bieten auch die Angabe einer Ersatznummer, für den Fall, daß der Verbindungsaufbau zur ersten Nummer nicht erfolgen konnte. Oft sind auch Applikationen beigelegt, die den Zustand des Datenkanals oder des Steuerkanals überprüfen.

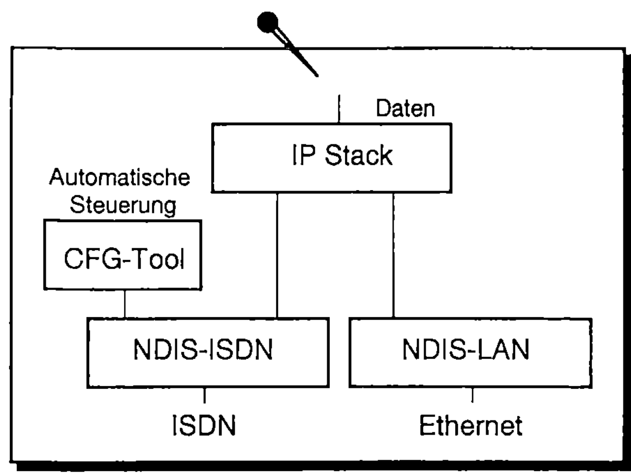

Abb. 7.17. LAN-Emulation eines ISDN-Adapters

Der Verbindungsauf- und -abbau erfolgt automatisch. Für ISDN-Wählverbindungen ist es aus Kostengründen notwendig, daß die Verbindung nicht mit dem Laden des Treibers aufgebaut und bis zum Ausschalten des Rechners stehen bleibt. Die Funktion „Dial on Demand" des NDIS-Treibers realisiert, daß die Verbindung erst bei Bedarf aufgebaut wird. Erst nach einer einstellbaren Zeit ohne Benutzung der Verbindung wird die Verbindung abgebaut und bei erneutem Bedarf automatisch wieder neu aufgebaut. Die Funktionalität des dynamischen Auf- und -abbaus wird Short Hold genannt. Die Schwierigkeit der Realisierung des Short Hold ist, zu entscheiden, welche Datenpakete unbedingt übertragen werden müssen und welche nicht. Dazu sind aufwendige Analysen der Protokolle entwickelt worden, die die Protokolle filtern und sogar teilweise aktiv bedienen (Spoofing). Da die Verbindungen kostenpflichtig für den Betreiber sind, ist die Qualität des Short Hold von entscheidender Bedeutung.

Moderne NDIS-Treiber unterstützen das Point-to-Point Protocol (PPP). Damit sind sie auch für fremde Gegenstellen wie NT-RAS und moderne ISDN-Router ansprechbar (Abb. 7.18).

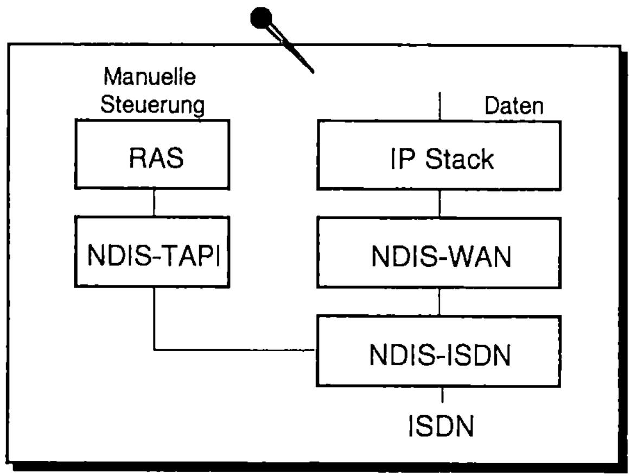

Abb. 7.18. ISDN-Netzwerkverbindung mit RAS

NDIS-Treiber werden für reine LAN-Kopplungen zu bekannten Gegenstellen über ISDN eingesetzt. So z.B. bei Firmen mit mehreren Standorten zur Nutzung gemeinsamer Datenbeständen oder zum Nachrichtenaustausch. Für ISDN-Verbindungen mit einer hohen Auslastung können oft die preisgünstigen ISDN-Festverbindungen genutzt werden.

7.5 OS/2

OS/2 ist ein 32-Bit-Betriebssystem von IBM. Es ist ein multitaskingfähiges Betriebssystem mit einer graphischen Oberfläche. Integriert in OS/2 ist eine Unterstützung von MS-DOS und Windows 3.1 Anwendungen.

7.5.1 OS/2 CAPI-Implementation

Zur ISDN-Unterstützung ist, wie für alle wichtigen Betriebssysteme, die CAPI-Schnittstelle definiert. Unter OS/2 kann auf der Applikationsebene (Application Level) und auf Treiberebene (Device Driver Level) auf die CAPI zugegriffen werden. Die CAPI kann aber auch als DOS-CAPI installiert werden. Sie funktioniert dann aber nur für DOS- und Windows-Anwendungen.

Applikationen haben einen ISDN-Zugriff über die DLL-Schnittstelle. Die Schnittstelle ist als 32-Bit-Funktionsschnittstelle realisiert. Die Funktionen werden von der CAPI20.DLL zur Verfügung gestellt. Alle Zeiger auf Funktionen und Nachrichten sind einfache 0:32 Zeiger (flat pointer). Die Datensegmente, auf die die Zeiger deuten, können die 64 KByte Grenze nicht überschreiten.

Für das Betriebssystem OS/2 kann die CAPI auch als sogenannter physikalischer Gerätetreiber (Physical Device Driver – PDD) arbeiten. In dieser Form dient die CAPI anderen Gerätetreibern. Die CAPI-Funktionen der CAPI PDD werden über das Inter Device Driver Level zur Verfügung gestellt. Der Client PDD ruft einen Inter Device Driver Call (IDC) auf, um eine CAPI-Funktion auszuführen. Der Name der CAPI PDD ist im Treiber enthalten als „CAPI20" mit Leerzeichen auf 8 Zeichen erweitert. Weiterhin ist der Eintrittspunkt für den IDC enthalten. Der Prototyp der CAPI PDD IDC-Funktion lautet:

```
word CAPI20_IDC (word funcCode, void *funcPara);
```

Der Parameter funcCode bestimmt die CAPI-Funktion und der Parameter funcPara zeigt auf die zur CAPI-Funktion gehörenden Parameter. Auch die CAPI 1.1 war bereits für OS/2 als CAPI.DLL definiert.

7.5.2 Port-Connection Manager

Die Connectivity-Komponente von OS/2 ist der Port-Connection Manager. Er stellt zur Verbindungssteuerung das GCCI (Generalized Call Control Interface) zur Verfügung, auf das die Applikationen Communication Manager CM/2 oder LAN-Distance aufsetzen. Die Daten werden über die NDIS 2 Schnittstelle übertragen (Abb. 7.19).

Der Communication Manager realisiert eine IBM 3270- und 5250-Terminalemulation für den Zugriff auf IBM Hosts. So kann z.B. mit einem ISDN-fähigen Port-Connection Manager und CM/2 auf einen Front-End-Prozessor mit X.21-Terminaladapter zugegriffen werden (Abb. 7.20).

Der Communication Manager enthält ebenfalls ein SNA-Gateway, das den Hostzugriff mehrerer Station im Netz ermöglichen kann.

Die zweite Connectivity-Applikation, die auf den Port-Connection Manager aufsetzt ist LAN Distance. LAN Distance ermöglicht entfernten PCs den Zugriff auf das Firmennetz. Es wird in zwei Varianten angeboten.

LAN Distance Remote – ermöglicht den Zugang eines Remote PC zu einem anderen Remote PC oder über einen LAN Distance Connection Server zu einem LAN. Der Computer kann nicht gleichzeitig mit dem lokalen Netz und LAN

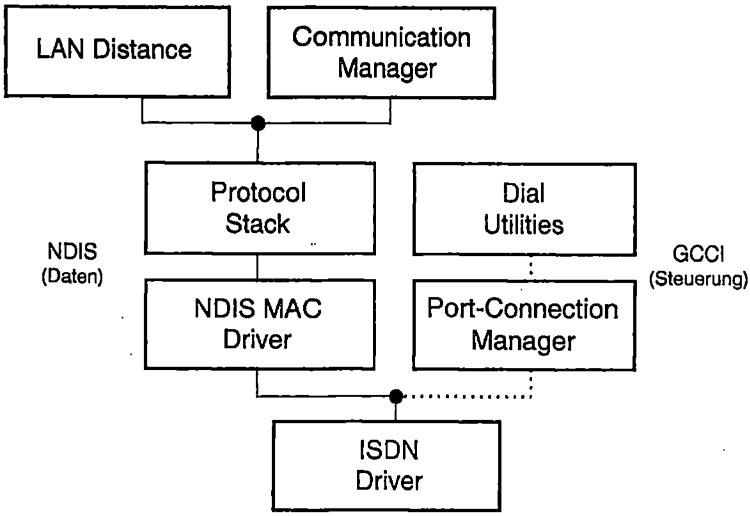

Abb. 7.19. Port-Connection Manager

Distance Remote arbeiten. Beim starten des Computers erscheint eine Abfrage, mit welchem Netzwerk gearbeitet werden soll.

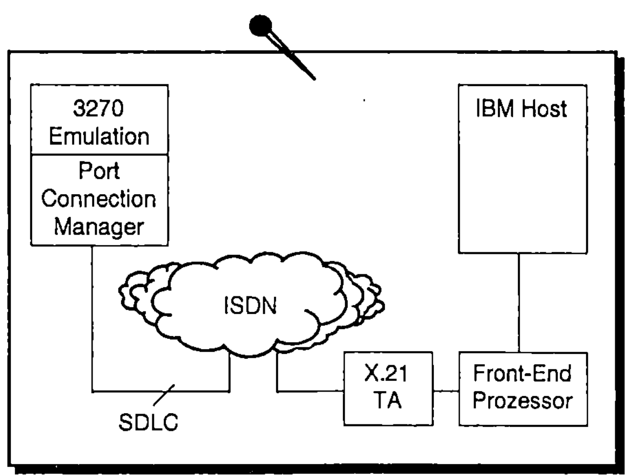

Abb. 7.20. Remote Anbindung über CM/2

LAN Distance Server – ermöglicht die Einwahl von Remote PCs oder einem anderen LAN Distance Server zur LAN-LAN-Kopplung (Abb. 7.21).

Die Verbindungen des LAN Distance arbeiten auf einem proprietären Point-to-Point Protocol und unterstützen Datenkomprimierung und Rückruf. Zur Überwachung der Verbindungen sind Monitor- und Statistikfunktionen enthalten.

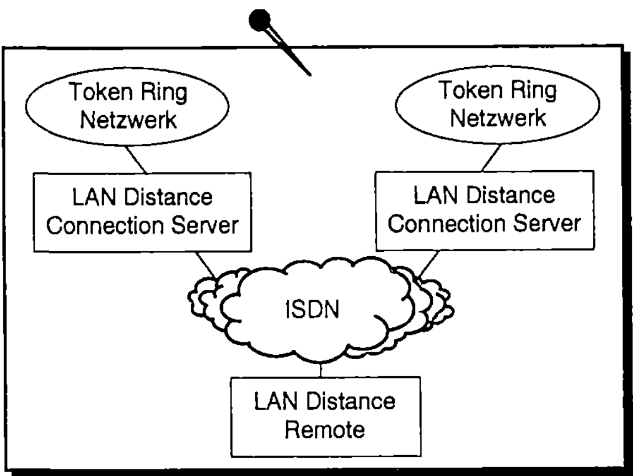

Abb. 7.21. LAN-Kopplung über LAN-Distance

7.6 Novell

Novell hat sich für die Unterstützung der CAPI entschieden. Die Unterstützung einer einzigen CAPI-Schnittstelle vom Hardwarehersteller, wie es der CAPI-Standard beschreibt, war für Novell aber nicht ausreichend. Die Schnittstelle sollte für mehrere ISDN-Adapter unterschiedlicher Hersteller ausgelegt sein. Daher hat sich Novell für einen CAPI-Manager als Zwischenschicht entschieden.

Der CAPI-Manager unterstützt alle Standardfunktionen der CAPI 2.0, wie auch die Hilfsfunktionen, die das ISDN-Ressourcenmanagement realisieren (Abb. 7.22).

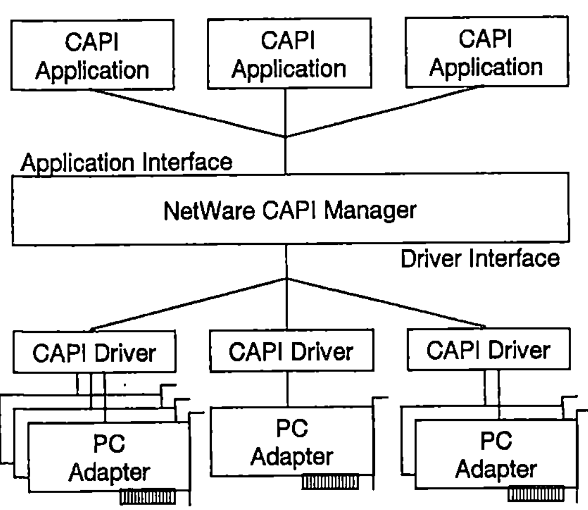

Abb. 7.22. Architektur des NetWare CAPI-Managers

Er ist als NetWare Loadable Module (NLM) implementiert und arbeitet als Service-Multiplexer der herstellerspezifischen CAPI-Serviceprovider und als globale

Schnittstelle für alle Applikationen. Die unterliegenden CAPI-Serviceprovider der Hersteller sind ebenfalls als NLM implementiert.

7.6.1 Multiprotokollrouter (MPR)

Novell und der deutsche ISDN-Adapterhersteller AVM haben für NetWare 3.x einen Multiprotokollrouter entwickelt. Er nutzt die Routingfähigkeiten innerhalb des Netzwerkbetriebssystems aus. Übertragen werden die Protokolle:

- IPX,
- TCP/IP,
- Appletalk,
- OSI,
- Novell NetBIOS,
- SNA und
- IBM NetBIOS.

wobei SNA und IBM NetBIOS nicht routingfähig sind und daher über eine Bridge-Funktionalität übertragen werden. Für den ISDN-Adapter muß eine ODI-Schnittstelle zur Verfügung stehen, damit NetWare über ISDN routen kann. ODI steht für Open Data Link Interface und ist eine Netzwerkschnittstelle, vergleichbar mit der NDIS-Schnittstelle. Die WAN-Fähigkeit der Protokolle wurde über umfangreiche Mechanismen wie Filter und Protokoll-Spoofing von AVM und anderen ISDN-Adapterherstellern realisiert. Mittlerweile werden Novell-MPRs von verschiedenen Herstellern angeboten. Sie unterscheiden sich hauptsächlich in der Implementierung der verschiedenen Filter. Zur Kompatibilität mit anderen Routern realisieren die ODI-Treiber das Point-to-Point Protokoll.

Seit der NetWare Version 4.x arbeitet der Multiprotokollrouter auf der CAPI-Schnittstelle und realisiert große Teile der Protokollbehandlung für WAN-Verbindungen selbst. Vom Hardwarehersteller wird kein spezieller ODI-Treiber mehr verlangt. Es reicht eine CAPI-Implementierung aus.

7.6.2 Fax-Server (FaxWare)

Ebenfalls auf der CAPI aufsetzend werden Fax-Server für Novell realisiert. Ein NLM auf dem Server nutzt die CAPI zum Empfang und Versand der Dokumente. Die Kommunikation zu den Arbeitsstationen erfolgt über das Netzwerkprotokoll, wo in Novell-Netzen vorrangig IPX genutzt wird. Die Arbeitsstationen benötigen eine eigene Applikation, die die Faxkonvertierung und Kommunikation mit dem Fax-NLM des Servers realisiert. Die Marktführung übernimmt die Tobit-FaxWare, die auch für alle wichtigen Clientbetriebssysteme entsprechende Software zur Verfügung stellt.

7.6.3 Virtuelle CAPI

Den ISDN-Zugriff in Novell-Netzwerken vervollständigt die virtuelle CAPI. Auf den Arbeitsstationen wird eine CAPI installiert, die auf ein Netzwerkprotokoll aufsetzt. Das Netzwerkprotokoll stellt die Verbindung zum Server her, der den Zugriff auf das ISDN hat. Dazu arbeitet auf dem Server eine Applikation, die wiederum auf einer CAPI aufsetzt und diese Schnittstelle über das Netzwerk exportiert. Die virtuelle CAPI wird vorrangig für die Nutzung verschiedener Online-Dienste genutzt. Es können aber auch alle anderen CAPI-Applikationen über die virtuelle CAPI genutzt werden.

Die virtuelle CAPI ist nicht im Betriebssystem enthalten, muß also von einem Drittanbieter genommen werden. Zu beachten sind dabei die Betriebssysteme auf den Arbeitsstationen, die versorgt werden sollen.

Für die virtuelle CAPI werden die ISDN-Ressourcen schnell aufgebraucht. Während der MPR für mehrere Arbeitsstationen die Netzwerkverbindung anbieten kann und der Fax-Server seine Aufträge zwischenspeichern und nacheinander abarbeiten kann, belegt eine Arbeitsstation über die virtuelle CAPI mindestens einen ISDN-Kanal.

8 Anwendungen

Den abschließenden Teil der ISDN-Konfiguration, und damit die Schnittstelle zum Benutzer, bildet die Applikation (Anwendung). Hier gibt es eine riesige Anzahl vom Programmen verschiedenster Hersteller. Sie alle vorzustellen würde den Rahmen dieses Buches sprengen. Durch die schnelle Verbesserung und Erweiterung der Programme sind diese Informationen auch schnell veraltet. Daher soll in diesem Kapitel aufgezeichnet werden, welche Möglichkeiten eine Applikation hat, das ISDN zu nutzen. Aktuelle Produktinformationen sind in den vielen Fachzeitschriften zu finden.

Für alle Applikationen gilt, daß man nach Betriebssystem und Schnittstelle entscheiden muß. Natürlich kann man auch das Betriebssystem oder die Schnittstelle nach dem ausgewählten Programm auswählen, was bei bestimmten Serverprogrammen durchaus verständlich ist.

8.1 Telematik

Telematikprogramme übertragen Dokumente oder Dateien. Zu dieser Gruppe gehören hauptsächlich Programme, die Telefax und Dateiübertragung realisieren.

8.1.1 Telefax

Faxprogramme werden allgemein als Einzelplatzlösung und Netzwerklösung unterschieden. Für die Netzwerklösung ergeben sich weitere Anforderungen für die Zuordnung und den Transport innerhalb des lokalen Netzwerks.

Faxprogramme stellen nur wenig Ansprüche an das Betriebssystem und arbeiten unter allen gebräuchlichen Systemen. Die Wahl einer graphischen Benutzeroberfläche ist natürlich vorteilhaft für die Anzeige.

Wesentlich wichtiger ist die Schnittstelle zur Hardware. Hier muß auch betrachtet werden, ob und welche Faxgruppen die Hardware unterstützt. Fax Gruppe 4 stellt zwar wenig Ansprüche an die Hardware, wird aber auch selten genutzt. Als Schnittstelle kommt in der Regel nur die CAPI oder eine Modememulation in Frage. Bei der CAPI kann die Frage nach Unterstützung des analogen Faxdienstes über das CAPI-Profil beantwortet werden. Unterstützt die Hardware kein analoges Fax, kann immer noch eine Softwarefaximplementierung in der Anwendung, sofern vorhanden, genutzt werden. Die Vor- und Nachteile von Softwarefax sind im Kapitel 3.3.1 dargestellt. Auch bei der Modememulation gibt es Unterschiede. Voraussetzung ist immer die Unterstützung des AT+F Befehlssatzes. Hier kann wiederum ein Class 1- oder ein Class 2-Modem emuliert werden. Das Class 2-Modem arbeitet mit weniger Kommandos, kann aber einige Leistungsmerkmale, wie z.B. den Faxabruf, nicht realisieren. Daher ist eine Emulation eines Class 1-Modems eigentlich immer vorzuziehen. Viele moderne Modememulationen unterstützen beide Klassen.

Senden

Faxprogramme haben mittlerweile ein umfangreiches Angebot an Leistungsmerkmalen, die das Senden der Dokumente erleichtern:

- Wahlwiederholung,
- Adreßbuch,
- automatische Deckblattgenerierung,
- Anzeige vor Versand,
- zeitversetztes Senden,
- Rundsenden,
- Serienfax,
- Sendequittung.

Das Erstellen des Dokuments kann in verschiedenen Editoren erfolgen. Damit alle gewünschten Editoren genutzt werden können, erfolgt die Konvertierung der Dokumente in der Regel über spezielle Faxdruckertreiber.

In der Faxkommunikation hat sich das Faxdeckblatt durchgesetzt. Das ist eine eingefügte erste Seite mit allgemeinen Informationen. Damit kann der Empfänger sofort erkennen, von wem das Fax ist, an wen es gerichtet ist und was das Thema auf den folgenden Seiten sein wird. Weiterhin sind Information wie die Anzahl der Seiten, das Datum und die gewählte Faxnummer enthalten. Gute Faxprogramme enthalten einen Deckblatteditor, der alle bekannten Informationen aus dem System oder dem Adreßbuch automatisch ausfüllt.

Das Rundsenden entspricht der Möglichkeit, ein Dokument automatisch an mehrere Gegenstellen zu versenden. Dazu werden Verteiler (Listen mit mehreren Rufnummern) anstelle der Rufnummer angegeben, die vom Faxprogramm nacheinander abgearbeitet werden. Das Serienfax ist ein erweitertes Rundsenden. Es fügt zusätzlich persönliche Daten in das Dokument ein. So wird beispielsweise die persönliche Anrede in einem Fax an mehrere Leute realisiert. Diese Funktionalität wird oft im Zusammenwirken mit dem Adreßbuch realisiert.

Durch das zeitversetzte Senden können günstige Tarife für die Übertragung genutzt werden. Das lohnt sich besonders bei Serienfaxen oder sehr großen Dokumenten. Die automatische Wahlwiederholung bei nicht erreichter oder besetzter Gegenstelle erhöht dabei die Erfolgsquote.

Empfangen

Auch beim Empfangen unterscheiden sich die Faxprogramme erheblich. Daß auch die einfachste Funktionalität wichtig ist, zeigt die Anzeige eingehender Dokumente. Nichts ist nervender, als wenn ein Nachrichtenfenster auf dem Bildschirm erscheint, auf den der Fokus gerichtet ist. Wenn jemand einen Text schreibt, wird er mit Fehlermeldungen überschüttet, sobald er mit dem Fokus auf die Meldung weiterschreibt. Eine konfigurierbare Anzeige als akustisches Signal oder Zeichen in der Taskleiste ist daher viel angenehmer.

Das wichtigste Element beim Faxempfang stellt jedoch die Dokumentanzeige dar. Da eine Faxseite auf einem normalen Monitor nicht komplett lesbar dargestellt werden kann, ist das Verändern der angezeigten Größe (Zoomen) und Verschieben des Bildausschnittes (Scrollen) notwendig. Viele Leute versenden die erste Seite auf dem Kopf stehend, weil sie die Faxnummer von der oberen Hälfte am Faxgerät abtippen. Damit diese Dokumente trotzdem gelesen werden können, muß die Seite in der Anzeige gedreht werden können.

Zur weiteren Behandlung des Dokuments werden aus der Dokumentanzeige Funktionen zum Ausdruck, Speichern und Umwandeln in gängige Bildformate angeboten. Die Speicherung sollte auf jedem Fall in komprimierter Form erfolgen, da bei häufiger Kommunikation die vorhandenen Speichermedien schnell aufgebraucht sind. Hinter den Faxdokumenten verbergen sich Bilder, die auch wieder in Texte zurückgewandelt werden können. Dazu wird eine optische Zeichenerkennung (Optical Character Recognition – OCR) genutzt. Die gezeichneten Schriftzeichen werden mit bekannten Bildern verglichen und bei weitestgehender Übereinstimmung durch das erkannte Zeichen ersetzt. Maschinell erstellte Dokumente können mit einer recht hohen Trefferquote zurückübersetzt werden. Es ist aber nur selten mit einer richtigen Übersetzung von 100% zu rechnen.

Für viele Einsatzbereiche ist die Nachweisbarkeit der Faxkommunikation extrem wichtig. Ein Kommunikationsjournal sollte jede Kommunikation protokollieren. Die Dokumente selbst müssen natürlich auch aufgehoben werden. Daher werden Archivierungssysteme für gesendete und empfangene Dokumente benutzt. Eine einfache Archivierung kann auch über den automatischen Ausdruck erfolgen. Jedes Dokument wird auf einem speziell angegebenen Drucker zusätzlich einmal ausgedruckt. Von dort kann es direkt in einen Ordner einsortiert werden. Das entspricht zwar nicht dem Gedanken des papierlosen Büros, ist aber für viele die praktischste Form der Aufbewahrung.

Netzwerkfähigkeit

Durch den Einsatz einer Faxlösung im lokalen Netzwerk entstehen eine Reihe von Vorteilen gegenüber mehreren Einzelplatzversionen wie:

- Einsparung von ISDN-Hardware,
- bessere Auslastung der genutzten ISDN-Hardware,
- zur Empfangsbereitschaft muß nur der Fax-Server ständig arbeiten,
- die Gesamtkommunikation kann über eine zentrale Stelle überwacht werden.

Beim Einsatz einer netzwerkfähigen Faxlösung erweitern sich auch die Anforderungen an die Gesamtlösung. Die Dokumente sind über das Netzwerk zwischen dem Fax-Server und dem Computer am Arbeitsplatz zu übertragen. Als Übertragungsmedium bietet sich oft das Mailsystem an, das von vielen bereits genutzt wird und in den modernen Betriebssystemen auch bereits enthalten ist. Auf dem

Arbeitsplatz werden eingehende Dokumente und die Quittungen für versendete Dokumente empfangen.

Für den Empfang bietet das ISDN dem Fax-Server die Möglichkeit, eine Durchwahlfähigkeit zu realisieren. Das bedeutet, daß jeder Netzwerkstation mit Faxempfangsmöglichkeit eine eigene Rufnummer zugeteilt werden kann. Der Fax-Server übernimmt dabei Funktionen einer Nebenstellenanlage (NT2) und setzt die Durchwahlnummern in Computer- bzw. Mailadressen um. Dazu muß der ISDN-Anschluß als Anlagenanschluß eingerichtet sein und ein Rufnummernblock von der Telekom zugeteilt worden sein. Soll die Durchwahlfähigkeit nicht genutzt werden, können alle eingehenden Dokumente einem ausgezeichneten Teilnehmer (Postmaster) zugestellt werden, der die Dokumente manuell weiterleitet.

8.1.2 Euro-Filetransfer

Der Euro-Filetransfer ist rein für den Einsatz im ISDN entwickelt worden und setzt daher in fast allen Fällen auf der ISDN-Schnittstelle CAPI auf.

Ursprünglich haben viele Hardwarehersteller eine eigene Applikation zum Dateitransfer zu ihren ISDN-Adaptern mit ausgeliefert. So sind ixConnect bei ITK, ACopy bei Diehl und IDTrans bei AVM entstanden. Ein Versuch der Vereinheitlichung ist unternommen worden, indem die Deutsche Telekom das Teletexprotokoll um einen transparenten Modus erweitert hat. Statt der Übertragung des festgelegten Zeichensatzes im Teletex-Dienst sind die Dateien byteweise übertragen worden und auf der fernen Seite wieder als Datei zusammengefügt worden. Der Dateitransfer im Transparent Mode basiert auf den deutschen Richtlinien T.61 und T.70NL und unterstützt nur das Senden einzelner Dateien. Das Holen von Dateien oder interaktives Arbeiten war nicht möglich.

Eine Lösung bietet der Euro-Filetransfer. Er entstand aus dem französischen Protokoll Teledisquette und ist von der ETSI standardisiert worden. Der Standard bietet fast alles, was ein moderner Dateitransfer realisieren kann. Er bietet die Möglichkeit, die Dateien einzeln zu übertragen oder interaktiv auf dem Dateisystem zu arbeiten. Man kann also Verzeichnisse wechseln und Verzeichnisinhalte lesen, bevor die Datei kopiert wird. Neben dem Übertragungsprotokoll ist auch die Art der Datenkomprimierung im Standard mit festgelegt. Sie kann auf 3 verschiedenen Ebenen erfolgen: als einfache Lauflängenkomprimierung, nach Modified Huffman und entsprechend V.42bis, die beim Verbindungsaufbau ausgehandelt werden. Weitere Leistungmerkmale für den Euro-Filetransfer sind:

- zeitversetztes Senden,
- Rundsenden,
- Paßwortschutz,
- Verzeichnisschutz,
- Kanalbündelung,
- Logbuch bzw. Kommunikationsjournal.

Als Alternative zum reinen ISDN-Dateitransfer kann auch der Dateitransfer für lokale Netze über ISDN-Verbindung genutzt werden. Dazu wird ein LAN-

Protokoll (z.B. TCP/IP) über die ISDN-Verbindung aufgebaut und über diesen Weg Dateien (z.B. über FTP) übertragen. Der Euro-Filetransfer basiert nicht auf einem Netzwerkprotokoll und kann daher unabhängig von einer Netzwerk-Installation arbeiten. Auch wenn zwei Systeme unterschiedliche LAN-Protokolle nutzen (wie z.B. Appletalk und NetBEUI), wird die Dateiübertragung mit Euro-Filetransfer gewährleistet werden.

8.2 Online-Dienste

Die Online-Dienste bieten unterschiedlichste Informationen über Datenfernübertragung an. Dabei werden nicht, wie im Internet, Informationen von jedem für jeden zu Verfügung gestellt, sondern alles aus einer Hand – also von einem Anbieter. Die kleinste Form der Online-Anbieter bilden die Mailboxen. Man muß bezahlen, kann sich einwählen und dann die gesuchten Informationen holen. Verkauft werden auf diesem Weg Texte, Bilder, Programme und was man sonst auf dem Computer nutzen kann. Die Online-Dienste sind genau genommen nichts anderes als große Mailboxen. Im Gegensatz zum Internet sind die Online-Dienste verantwortlich für die Informationen, die sie zur Verfügung stellen.

Für die preiswerte Nutzung haben die Anbieter der Online-Dienste mehrere Einwahlknoten geschaffen. Die Telefongebühren fallen nur für eine kurze Verbindung an, den Rest übernimmt der Anbieter.

Durch den Internet-Aufschwung sind die Anbieter der Online-Dienste zu einer großen Konkurrenzmacht gekommen, der man fast nichts entgegenstellen kann. Die Anbieter der Online-Dienste wechseln schrittweise selbst zum Internet-Anbieter. Aufgrund der bereits vorhandenen Zugangsknoten können sie einen preiswerten Internet-Zugang bieten. Aber auch zusätzliche Leistungen wie die Vergabe von Internet-Mailadressen und die persönliche Homepage für das WEB machen den Online-Dienst als Internet-Provider interessant.

8.2.1 Compuserve

Compuserve ist ein amerikanischer Online-Dienst. Die Informationen sind in Foren für Nachrichten, Sport, Hobby und Freizeit enthalten. Auch spezielle Foren für besondere Autos, Computer und Umwelt sind eingerichtet. Bis zum Durchbruch des Internet war Compuserve die Nr.1 bei Treiber-Updates für Hardware aller Art. Als Applikation dient der Windows Compuserve Information Manager (WinCIM).

Der Online-Dienst setzt auf ein leistungsstarkes Netz mit weltweit 500 Knoten und 100 000 Einwahlpunkten auf. Zugänge existieren für Modems bis 28,8 kBit/s und für ISDN bis 64 kBit/s, aber auch für Frame Relay und X.25. In Deutschland wurde 1995 der erste ISDN-Zugang über Bitratenadaption nach V.110 und einer Geschwindigkeit von 9,6 kBit/s angeboten. Später wurde der Zugang auf 38,4 kBit/s verbessert. Heute existieren Zugänge über die Protokolle V.120 und X.75 in voller ISDN-Geschwindigkeit.

Bei der Nutzung des WinCIM auf ISDN gibt es ein technisches Problem. Es ist keine ISDN-Schnittstelle implementiert. Es ist also eine Modememulation notwendig. In den neueren Versionen wird der CFOS-Treiber mitgeliefert, der auf der CAPI aufsetzt und ein Modem emuliert.

Compuserve bietet auch einen Internet-Zugang an. Dieser kann nach dem Verbindungsaufbau mit WinCIM genutzt werden. Es besteht aber auch die Möglichkeit, sich direkt, ohne WinCIM, in das Internet einzuwählen. Dazu wird das DFÜ-Netzwerk von Windows 95 oder Windows NT genutzt. Auch dieser Weg ist nicht ohne Probleme nutzbar. Die Anmeldung bei Compuserve basiert nicht auf PPP sondern erfolgt im Dialog, der ohne WinCIM nur im Terminalfenster realisiert werden kann. Dazu kann die Option „Terminalfenster nach Anwahl" im DFÜ-Netzwerk genutzt werden. Zur Vereinfachung kann die Kommunikation im Terminalfenster über ein vorgefertigtes Script abgearbeitet werden. Das Script wird mit einem Texteditor an die jeweilige Benutzeridentifikation angepaßt.

Die Anmeldung über Terminal oder Script funktioniert aber nur über eine Modememulation, nicht über reine ISDN-Unterstützung durch einen WAN-Miniporttreiber. Der Datenstrom im WAN-Miniport wird nicht wie beim Modem an den COM-Port übergeben, sondern direkt zum PPP-Protokoll-Stack gereicht, der mit den Informationen im Klartext nichts anfangen kann.

8.2.2 T-Online

T-Online ist der Online-Dienst der Deutschen Telekom. Er wird als Bildschirmtext (BTX) seit 1982 angeboten und ist durch die flächendeckende Verfügbarkeit mit einer einheitlichen Zugangsnummer besonders kostengünstig. Der Zugang wird in ganz Deutschland zum Ortstarif angeboten.

Im Zusammenhang mit T-Online werden die folgenden 3 Begriffe immer wieder auftauchen:

- Bildschirmtext (BTX),
- Datex-J und
- T-Online.

Das BTX ist ein Dienstangebot der Telekom mit Informationen wie z.B. das elektronische Telefonbuch, Waren- und Dienstleistungsangebote und ähnliches. Durch einen Zugriff auf externe Rechner wurden für verschiedene Anbieter im BTX die Möglichkeiten stark erweitert. So konnten z.B. Software-Download für Spiele, Treiber und Demoprogramme realisiert werden, und für die Banken und Sparkassen wurde die Kontoführung über BTX (Onlinebanking) zu einem realisierbaren Angebot. Zahlreiche Sicherheitsmaßnahmen haben dazu geführt, daß BTX heute noch als Medium für Onlinebanking in Deutschland an erster Stelle steht. Für andere Onlinedienste oder das Internet sind solche Sicherheitsmaßnahmen noch nicht erreicht.

Die Kommunikation im BTX arbeitet zeichenorientiert, wobei der Zeichensatz CEPT (Confèrence Europèenne des Administration des Post et Telekommunication) auch für das Darstellen einfacher Grafiken geeignet ist. Diese „Klötzchengrafik" orientierte sich ursprünglich an TV-Geräten und erstreckt sich auf 25 Zeilen mit je 40 Zeichen. Mittlerweile wird T-Online von mehr als 90% der Kunden vom Computer aus genutzt. Da die Computer eine weitaus bessere Darstellungsmöglichkeit besitzen, ist der Standard KIT (Kernsystem für intelligente Terminals) eingeführt worden. KIT erlaubt es, BTX-Programme mit einer Oberfläche zu gestalten, die im Aufbau an Windows orientiert ist.

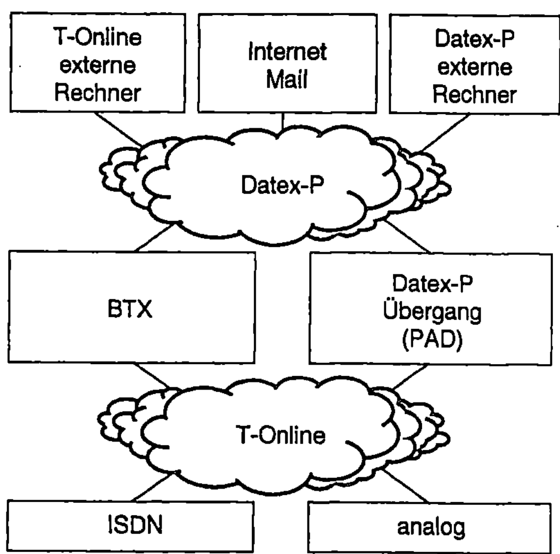

Abb. 8.1. Schnittstellen am T-Online-Dienst

Datex-J (J steht für Jedermann) ist ein Zugangsnetzwerk für BTX und andere Anbieter. So kann über Datex-J auch auf das paketorientierte Netz der Telekom Datex-P, auf andere private Datex-J Anbieter und auf das Internet zugegriffen werden (Abb. 8.1). Datex-J besitzt Einwahlknoten in jedem Ortsnetz Deutschlands, die unter der einheitlichen Rufnummer 01910 zu erreichen sind. Alle Einwahlknoten unterstützen den analogen Zugang mit 1 200 Bit/s bis 14 400 Bit/s und den ISDN Zugang mit 64 kBit/s. Zusätzlich werden in einigen Städten auch Zugänge bis 28 800 Bit/s unter der Rufnummer 19304 angeboten.

Der T-Online-Zugang ist relativ gut geschützt. Die persönlichen Daten für die Zugangsberechtigung bestehen aus

- der Anschlußkennung,
- der Teilnehmernummer und
- einem persönlichen Kennwort.

Die Anschlußkennung definiert die Identität zur finanziellen Abrechnung. Die Teilnehmerkennung identifiziert den Teilnehmer. Diese Nummer besteht aus zwei Teilen. Die Hauptnummer ist in der Regel identisch mit der eigenen Rufnummer inklusive Vorwahl. Der Mitbenutzerzusatz ermöglicht die persönliche Einrichtung mehrerer Benutzer an einem Zugang. Das persönliche Kennwort besteht aus 4 bis 8 Ziffern oder Buchstaben. Für den Erstzugang wird ein initiales Kennwort festgelegt, das sofort durch ein eigenes Kennwort ersetzt werden muß. Alle Mitbenutzer erhalten ihr Kennwort vom Verwalter des Zugangs.

Für alle nicht registrierten Benutzer existiert zusätzlich ein Gastzugang. Über diesen Zugang sind nur wenige BTX-Seiten verfügbar, um einen Überblick über das Angebot zu ermöglichen.

Das BTX arbeitet seitenorientiert. Nach der Einwahl befindet man sich auf der Grundseite. Die Orientierung innerhalb der Seiten ist alleine mit Ziffern und den Sonderzeichen * und # möglich. Das ermöglicht auch eine Steuerung über das Tastenfeld des Telefons. Die Steuerung vom Computer aus mit Tastatur und Maus ist wesentlich komfortabler.

Programme für die Nutzung des BTX am Computer sind ursprünglich von vielen unterschiedlichen Softwarefirmen angeboten worden. Diese Programme hatten sehr unterschiedliche Leistungsmerkmale und waren den Veränderungen bei der Telekom immer im Nachzug. Mit Einführung des T-Online-Dienstes bietet die Telekom einen eigenen Decoder an, der auch alle angebotenen Leistungsmerkmale unterstützt und natürlich immer aktuell ist. Leider können andere Anbieter von Softwaredecodern nur noch auf Nischenmärkten, wie angepaßte Onlinebankingprogramme für Banken und Sparkassen, arbeiten.

Der T-Online-Decoder der Telekom wird für Windows, OS/2 und Macintosh-Rechner angeboten. Als Softwareschnittstellen kann er auf analoge Modems über COM-Port und über die CAPI auf ISDN-Geräte zugreifen. Ab Version 1.2 des Decoders wird auch die CAPI 2.0 unterstützt. Der Decoder ist kostenlos und wird auf CD jedem Teilnehmer zur Verfügung gestellt.

Das Benutzerfeld des Decoders besteht aus Darstellungsfeld, Menü, Symbolleiste, Anbieterleiste und Statusfeld. Im Darstellungsfeld werden die empfangenen Seiten dargestellt. Je nach Seite können auch Auswahlmenüs, Eingabemasken und Schaltflächen enthalten sein. Das Feld entspricht also der eigentlichen Arbeitsfläche.

Ein besonderes Leistungsmerkmal für T-Online wird vom ISDN-Adapter nicht benötigt. Die Protokolle auf Schicht 2 und 3 sind X.75 und T.70NL. Ursprünglich wurde BTX über einen eigenen ISDN-Service genutzt. Mit der Einführung des Euro-ISDN wird dazu übergegangen, anstelle des ISDN-BTX-Dienstes, den digitalen Datendienst für T-Online zu nutzen. Für die Benutzung hat das keine Auswirkung.

Ab Juli 1997 wird die Version 2.0 des T-Online-Decoders ausgeliefert. Wesentliche Neuerung ist der Internet-Zugang. Die Nutzer wählen sich über neue Zugangsrechner mit dem Point-to-Point Protocol (PPP) direkt ins Telekom-eigene Netz ein, statt wie bisher über Datex-P und ein besonderes Gateway. Der Weg verkürzt sich und der Datenverkehr im Datex-P wird deutlich entlastet, was wiederum dem eigentlichen BTX zugute kommt. Die Oberfläche von T-Online ist nahezu unverändert geblieben. Enthalten sind auch die WEB-Browser von Microsoft und Netscape. Zudem bekommen T-Online-Nutzer ein Bankingmodul, mit dem sie ihre Bankgeschäfte bequem und geldsparend Off-Line vorbereiten können, um sie dann in einem, verzögerungsfrei zu übertragen. Mit dem Homepage-Editor schließlich kann jeder seine eigene WEB-Seite gestalten. Die neuen Zugänge sind vorerst über die einheitliche Rufnummer 0191011 zu erreichen.

8.2.3 Microsoft Network (MSN)

Auch der Softwaregigant Microsoft bietet einen Online-Dienst an. Das Microsoft Network (MSN) ist mit dem Betriebssystem Windows 95 zusammen auf dem Markt präsentiert worden. Die Clientsoftware ist bereits im Betriebssystem enthalten und wird nach der Installation für jeden sichtbar auf dem Windows 95 Desktop dargestellt.

Das MSN ist ein sehr junger Online-Dienst. Informationen werden gleichermaßen für technisch Interessierte als auch zum Thema Freizeit und Hobby angeboten. Fast täglich gibt es ein Online Chat mit Prominenten. Die Ausrichtung geht aber eindeutig zu einem Internet-Anbieter. Die neuen Beta-Softwares vom Windows 95-Nachfolger und dem neuen Internet-Explorer von Microsoft zeigen eine immer engere Verschmelzung von Betriebssystem und Internet-Zugriff.

Der MSN-Client setzt auf das Protokoll TCP/IP auf. Dazu kann sowohl der Zugang über das lokale Netz als auch das DFÜ-Netzwerk genutzt werden. Die Verbindungssteuerung des DFÜ-Netzwerks wird vollständig über den MSN-Client realisiert. Über diesen Weg ist auch der ISDN-Zugang realisiert. Das DFÜ-Netzwerk kann unter Nutzung des MS Accelerator Pack einen ISDN-Zugang nutzen. Der in Windows 95 enthaltene MSN-Client ist allerdings nicht in der Lage, den ISDN-Zugang zu nutzen. Erst ab Version 1.2 kann der ISDN-Zugang genutzt werden. Diese Version ist also vorher über einen analogen Zugang herunterzuladen oder von einer Microsoft-CD zu installieren. Die Version ist dann in der Lage, auf schnelle Zugänge auch mit Kanalbündelung zuzugreifen. In Deutschland werden die Zugänge von EuNet und der Telekom angeboten.

8.2.4 America Online (AOL)

AOL ist wahrscheinlich der Mitgliederstärkste Online-Anbieter weltweit. Verbreitet ist AOL hauptsächlich in den USA. Zusammen mit Bertelsmann bietet AOL seinen Dienst auch in Deutschland an.

Der Inhalt ist sehr stark auf Freizeit, Spiele und Chat ausgerichtet und weniger auf Technik und neue Treiber. Durch die einfache Bedienoberfläche wird der Dienst auch von Kindern gut angenommen.

Einen ISDN-Zugang in Deutschland für AOL gibt es erst seit Mitte 1997. Ursprünglich wurde mit einem Testzugang über das V.110-Protokoll mit 9,6 kBit/s gearbeitet. Der freigegebene ISDN-Zugang unterstützt das X.75-Protokoll mit 64 kBit/s. Da die Clientsoftware nicht direkt ISDN unterstützt, ist ein FOSSIL-Treiber ab Version 3.0 mitgeliefert. Der FOSSIL-Treiber setzt die CAPI-Schnittstelle des ISDN-Adapters auf eine AT-Kommandoschnittstelle um, die dann von dem AOL-Client genutzt werden kann.

8.3 Telefonie

Bereits in den 70er Jahren entstanden CTI-Lösungen (Computer Telephony Integration) im Rahmen der ersten Call-Center. Seitdem haben sich viele Hard- und Softwareanbieter mit diesem Thema beschäftigt und eigene Architekturen und Standards entwickelt.

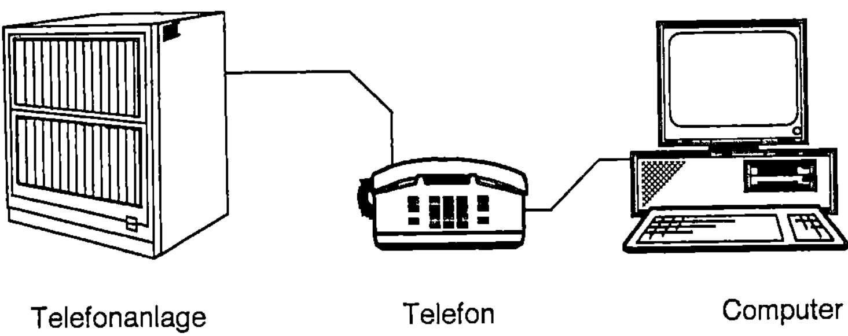

Abb. 8.2. First-Party-Telephony, telefonzentrisch

Die CTI-Architektur umfaßt die Art und Weise der Kopplung zwischen der Telefon- und der Computerwelt. Hier wird generell unterschieden zwischen First-Party-Telephony und Third-Party-Telephony. Oft finden sich auch die Bezeichnungen Desktop-CTI und System-CTI. Diese Begriffe sind im wesentlichen gleichbedeutend mit den genannten Begriffen. Bei der First-Party-Telephony handelt es sich um eine physikalische Kopplung auf Endgeräteebene. Der Computer und das Telefon sind direkt miteinander verbunden. Dabei ist zu unterscheiden zwischen einer telefonzentrischen Kopplung und einer computerzentrischen Kopplung (Abb. 8.2 und 8.3).

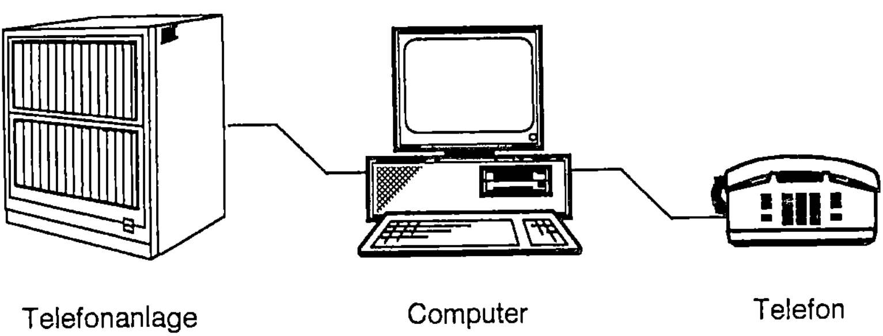

Abb. 8.3. First-Party-Telephony, computerzentrisch

Dazu ist entweder am Telefon oder am ISDN-Adapter des Computers ein Ausgang für das andere Gerät notwendig. Für die computerzentrische Konfiguration bedeutet das auch, daß der Computer ständig eingeschaltet sein muß, damit das

Telefon funktioniert. Die Art der Konfiguration ist stark von den verfügbaren Geräten abhängig. Eine günstige Variante muß für jeden Einsatz speziell ermittelt werden.

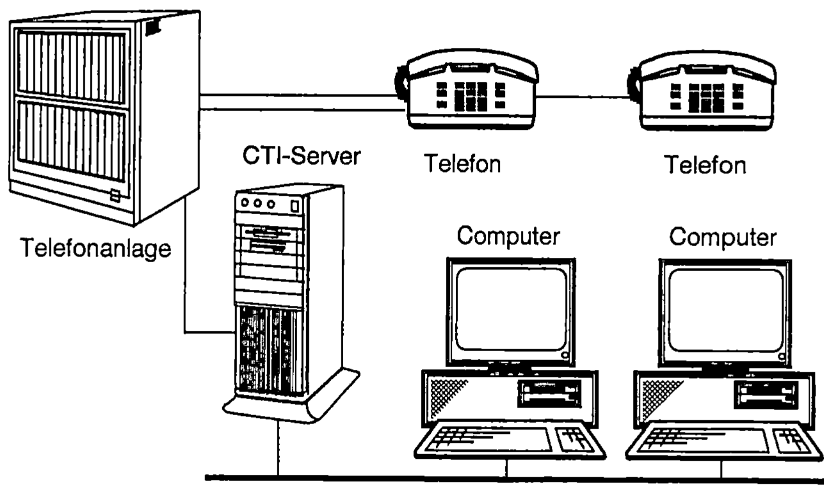

Abb. 8.4. Third-Party-Telephony

Bei der Third-Party-Telephony übernimmt ein gesonderter CTI-Server die Kopplung des lokalen Netzwerks mit der Telefonanlage (Abb. 8.4).

Im Umfeld der CTI sind verschiedene Standards entstanden. Bei der Vielzahl der unterschiedlichen Sichtweisen, denen die Computer-Telefonieintegration ausgesetzt ist, sind auch sehr unterschiedliche Standards entstanden.

Die Computer Supported Telecommunications Applications (CSTA) wurde gemeinsam von Dialogic und der European Computer Manufacturers Association (ECMA) als Standard für Computer- und Telefonanlagenhersteller entwickelt. Im Gegensatz zu anderen Standards ist CSTA keine spezifizierte Schnittstelle, sondern vielmehr ein Leitfaden zur standardisierten Implementierung der CTI-Funktionalität. Demzufolge ist CSTA als Schnittstelle zwischen Telefonanlage und Computernetz allgemein akzeptiert, aber nur selten vollständig implementiert. CSTA ist systemunabhängig und sowohl für den Desktop- als auch den Systembereich definiert und beinhaltet CTI-Modelle, Protokolle und Funktionen. Der Umfang wurde in 2 Phasen verabschiedet: Phase 1 als ECMA 197/180 und Phase 2 als ECMA 217/218.

Novell und AT&T haben gemeinsam die Telephony Services API (TSAPI) entwickelt, die Applikationsschnittstelle der Novell Telephony Services (NTS).

Die TSAPI-Softwarestruktur besteht aus einem Telephony-Server-NLM und einem Telephony Client für die Betriebssysteme Windows, OS/2, System 7 und Unixware sowie einem CTSA-PBX-Treiber, der die TSAPI-Funktionalität an die Gegebenheiten der eingesetzten Telefonanlage anpaßt. Dieser CSTA-PBX-Treiber ist somit abhängig von der Telefonanlage und wird in der Regel vom Telefonanlagenhersteller zur Verfügung gestellt.

Die Telephony API von Microsoft und INTEL stellt die Telefonieschnittstelle für alle Windows-Systeme dar. Es ist eine Schnittstelle zwischen den Geräten für den Telefonanschluß, wie Modems und ISDN-Adapter, und den Applikationen. Die TAPI wird daher hauptsächlich im First-Party-Bereich genutzt. Erst ab Version 2.0, die in Windows NT 4.0 zur Verfügung steht, ist eine Client-Server-Variante verfügbar. Was fehlt ist eine zentrale Kopplung der TAPI auf der Basis CSTA, wie es Novell bietet. Viele Hersteller haben bereits die Unterstützung der TAPI 2.0 zugesagt, um Third-Party-Lösungen basierend auf der TAPI anzubieten. Durch die unzureichende Spezifikation sind noch keine Lösungen verfügbar. Durch den hohen Verbreitungsgrad von Windows kann die TAPI aber schnell an Bedeutung gewinnen.

8.4 Videokonferenz über ISDN

Das Verhältnis von Dienstreisen für Konferenzen zum effektiven Ergebnis ist oft sehr schlecht, so daß die Konferenzteilnahme über Telefon oder Bildtelefon hohe Einsparungen verspricht.

Für die Bildtelefonie über Computer muß zusätzliche Hardware verfügbar sein. Zum einen sind zur Sprachübertragung Mikrofon und Lautsprecher notwendig. Zum anderen wird für die Bildübertragung eine Kamera und der Monitor genutzt (Abb. 8.5).

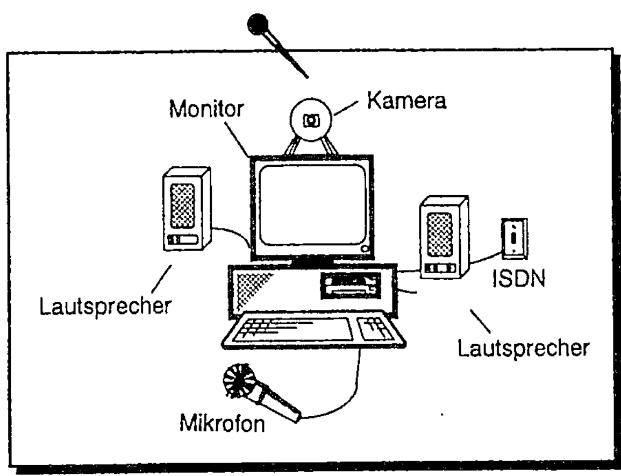

Abb. 8.5. Für Bildtelefonie ausgerüsteter Computer

Die Bildtelefonie nutzt parallel die Sprach- und Bewegtbildkommunikation. Die Informationen werden im Multiplexverfahren auf einer Verbindung übertragen. Der Aufbau eines Bildtelefons ist in der ITU-T Empfehlung H.320 beschrieben. Bild 8.6 zeigt die Verbindungen der einzelnen Module des Bildtelefons.

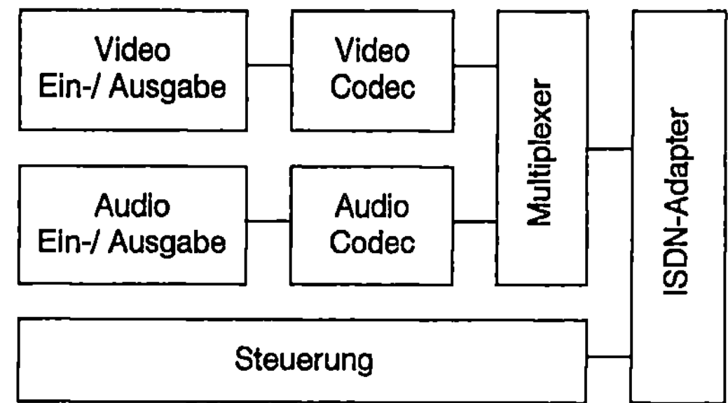

Abb. 8.6. Aufbau eines Bildtelefons nach H.320

Unter Video Ein-/Ausgabe sind Kamera, Monitor und Bilddigitalisierung zusammengefaßt. Die Audio Ein-/Ausgabe beinhaltet Mikrofon und Lautsprecher. Die Codec-Bausteine entfernen unrelevante Informationsteile aus den Bild- und Sprachsignalen und komprimieren die Daten vor der Übertragung. Die Steuerung dient zum Verbindungsauf- und -abbau.

Der Multiplexer/Demultiplexer fügt Sprach- und Bilddaten zusammen und trennt sie beim Empfang wieder. Der Anteil der jeweiligen Daten wird in den ITU-Empfehlungen H.221 und H.242 festgelegt.

Tabelle 8.1. Aufteilung Video-/Audio-Daten

Anz. der Kanäle	Video (kBit/s)	Audio (kBit/s)
1	46,4	16
2	68,8	56
	92,8	32
	108,8	16

Für die Videokonferenz werden mehrere Bildtelefonverbindungen nach Konferenzschaltung zusammengefaßt. Bis vor kurzem gab es zwei Gruppen, die einen Standard für Videokonferenz setzen wollten. Die International Multimedia Teleconferencing Consortium (IMTC) umfaßt die wichtigsten Computerhersteller weltweit. Sie hat maßgeblich an der Entwicklung und der Verbreitung des ITU-Standards H.320 teilgenommen. Die Personal Conferencing Work Group (PCWG) ist im Januar 1995 gegründet worden von INTEL, AT&T, Northern Telecom und anderen Firmen, um eine offene Spezifikation für Videokonferenz zu gestalten. Entstanden ist das Personal Conferencing System (PCS), das in der Version 1.0 viele ITU-Empfehlungen unterstützt. Wichtigster Unterschied ist der Codierungsalgorithmus Indeo (INTEL Video), der anstelle des Algorithmus nach H.261 genutzt wird. Im Februar 1995, nach einigen heftigen Debatten, wurde die Version PCS 2.0 angekündigt, die auch H.261 unterstützt.

9 Ausblick

ISDN hat einen festen Stand in der Zukunft. Auch wenn oft davon gesprochen wird, daß ISDN schnell abgelöst wird oder gar in der Entwicklung einiger Länder übersprungen werden soll. Die Geschwindigkeit und Stabilität ist immer noch den 56k-Technologien vorzuziehen. Hier macht allein der Preis den Unterschied.

Die Entwicklung des ISDN ist aber auch noch nicht abgeschlossen. Ständig werden Leistungsmerkmale erweitert und verbessert. Eines der neuesten Leistungsmerkmale, das die Deutsche Telekom anbietet, ist der Rückruf bei Besetzt (Completion of Calls to Busy – CCBS). Der Anrufer, dessen Ziel gerade besetzt ist, kann diesen Dienst nutzen. Beendet der Zielteilnehmer sein Gespräch, wird dem Anrufer signalisiert, daß sein Ziel jetzt frei ist. Mit Abnehmen des Hörers wird die Verbindung sofort aufgebaut. In Deutschland wird das ISDN auf diese Weise immer weiter vervollkommnet. In Amerika zeichnet sich ein anderer Weg ab, der auch auf Europa Einfluß nehmen wird.

9.1 ISDN in Nordamerika

Der Zuspruch zum ISDN in Nordamerika ist angeblich nicht so gut, weil das System zu kompliziert ist. Aus diesem Grund haben sich verschiedene Interessengemeinschaften gebildet, die das ISDN einfacher gestalten wollen. An erster Stelle ist das National ISDN User Forum (NIUF) zu nennen, deren Mitglieder hauptsächlich aus Herstellern von ISDN-Technik für den Teilnehmerbereich besteht. Eine weitere Organisation ist die Vendor ISDN Association (VIA), die sich 1996 gebildet hat und sowohl aus Herstellern für den Teilnehmerbereich als auch aus Herstellern von Vermittlungsanlagen und aus Telefongesellschaften besteht.

9.1.1 56k-Switches

Das ISDN in Nordamerika hat mehrere Besonderheiten. Einige alte Vermittlungsstellen arbeiten mit einem System, das von 8 übertragenen Bits nur 7 Bit Nutzinformation zulassen. Das achte Bit war reserviert für eigene Steuerinformationen. Zudem besteht die Forderung, daß von den 8 Bit mindestens ein Bit gesetzt sein muß. Diese Vermittlungsstellen übertragen also die Nutzdaten mit 56 kBit/s und werden daher 56k-Switch genannt. Sobald sich zwischen den Teilnehmern nur eine solche Vermittlungsstelle befindet, muß das Protokoll darauf angepaßt werden. Realisiert werden diese Verbindungen dadurch, daß die Endgeräte jedes achte Bit auf 1 setzen. Das große Problem aber ist, daß es keine Möglichkeit gibt, vorher abzufragen, ob sich eine solche Vermittlungsstelle zwischen den Teilnehmern befindet. Man kann es nur nach erfolgloser Verbindung mit 64 kBit/s noch mal mit 56 kBit/s versuchen.

Gegen das Problem mit den alten 56 k-Switches kann man keine technische Lösung aufbringen. Da aber seit Jahren keine neuen 56k-Systeme mehr eingerichtet werden, sterben sie langsam aus.

9.1.2 Service Profile Identification (SPID)

Eine weitere Komplizierung des ISDN in Nordamerika bildet die Service Profile Identification (SPID). Die SPID ist von jedem Endgerät beim Verbindungsaufbau mit anzugeben. Beim Basisanschluß hat jeder Kanal seine eigene SPID. Daher ist beim Einrichten des Endgerätes die SPID anzugeben, die von dem ISDN-Anbieter vergeben worden ist. Beim Wechsel an einen anderen Anschluß muß auch die SPID umkonfiguriert werden.

Die SPID ist ursprünglich eingeführt worden, damit die Vermittlungsstelle für einfache, preiswerte Telefone bestimmte Funktionen ausführen kann. Nach Übergabe der SPID kann die Vermittlungsstelle auf freie Sondertasten die Funktionen geben, die bei Nutzung nicht vom Telefon sondern von der Vermittlungsstelle ausgeführt werden. Heute wird die SPID hauptsächlich genutzt, um die Freischaltungen zu kontrollieren.

Anstatt die SPID abzuschaffen, gibt es Bestrebungen, einen Dialog zwischen Endgerät und Vermittlungsstelle zu realisieren, der die ISDN-Anschlußwerte von der Vermittlungsstelle abfragt und automatisch einstellt. Das hat den Vorteil, daß nicht nur die SPID, sondern auch die eigene Rufnummer und andere Besonderheiten des Anschlusses automatisch erkannt werden können. Diese Funktionalität wird als Auto-SPID oder SPID Detection bezeichnet. Der Dialog ist unter Leitung der VIA spezifiziert worden. Auch für Europa wäre es sinnvoll, über einen Dialog die eigene ISDN-Konfiguration oder wenigstens die eigenen Rufnummern zu erkennen.

9.1.3 Always On / Dynamic ISDN (AO/DI)

Eine weitere Besonderheit im amerikanischen ISDN ist die Gebührenabrechnung. Wie beim analogen Telefonieren sind Ortsgespräche gebührenfrei. Bei ISDN bedeutet das völlig andere Anforderungen an die Verbindung als in Europa. Für Datenverbindungen haben Short Hold Mode und die damit verbundenen Protokollfilter und Spoofing-Methoden keine Bedeutung. Statt dessen ist Kanalbündelung gefragt. Die Datenverbindungen in Nordamerika werden hauptsächlich im Ort zum Internet-Provider aufgebaut. Damit diese Verbindungen nicht 24 Stunden am Tag aufgebaut bleiben, aber trotzdem eine Internet-Verbindung bestehen bleibt, ist das AO/DI entwickelt worden (Abb. 9.1).

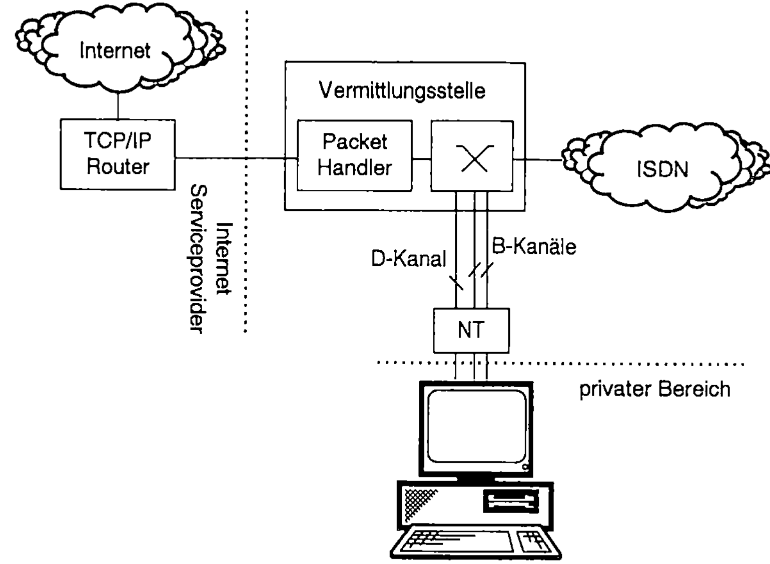

Abb. 9.1. Konfiguration für Always On / Dynamic ISDN (AO/DI)

Das AO/DI ist ein Leistungsmerkmal des ISDN, das die ständige Verbindung mit dem Internet über eine X.31-Verbindung im D-Kanal des ISDN gewährleistet. Sobald Daten zu übertragen sind, z.B. wenn eine Mail eintrifft, wird ein B-Kanal aufgebaut, worüber die Daten übertragen werden.

Die benötigte Konfiguration stellt an den privaten Bereich, an den Bereich des öffentlichen ISDN und an den Internet-Serviceprovider spezielle Anforderungen.

Der Computer im privaten Bereich und der Internet-Provider müssen neben den TCP/IP und dem PPP auch die dynamische Kanalbündelung, also Bandwidth Allocation Control Protocol (BACP) und damit auch das Multilink PPP (MLPPP) unterstützen.

Der ISDN-Anbieter hat das X.31 im D-Kanal zu realisieren. Dazu wird ein eigener Packet Handler in der Vermittlungsstelle aufgebaut, der dieses Protokoll realisieren kann. Einziges Ziel ist aber der Internet-Serviceprovider. Es kann über diesen Weg natürlich auch der generelle Übergang zu einem X.25-Netz realisiert werden.

Die Kanalbündelung der beiden B-Kanäle erlaubt eine weitere Performancesteigerung bei der Internet-Nutzung. Damit auch andere Dienste genutzt werden können, muß die zweite Verbindung zum Internet abgebaut werden, sobald dieser Kanal anderweitig benutzt werden soll. So kann z.B. ein Telefonanruf kommen, während die Internet-Verbindung auf beiden Kanälen arbeitet. Die zweite Verbindung wird abgebaut, wenn der Telefonanruf angenommen wird. Diese Funktionalität wird Call Bumping genannt. Sie wird nur vom Teilnehmer realisiert, weil das ISDN immer einen dritten Ruf realisieren konnte und der Internet-Provider vom Teilnehmer informiert wird, wenn nur noch ein Kanal genutzt werden soll. Das Call Bumping steht aber nicht im direkten Zusammenhang mit AO/DI.

9.2 Breitband-ISDN

Wegen des ständig wachsenden Bandbreitenbedarfs ist das Breitband-ISDN entwickelt worden. Das Breitband-ISDN arbeitet mit konstanten und wechselnden Bitraten bis 140 MBit/s und darüber. Es dient sowohl als Übertragungsmedium für Multimediadienste als auch zur schnellen Kopplung von lokalen Netzen.

Als grundlegendes Übermittlungsverfahren dient der Asynchronous Transfer Mode (ATM). Die Vorteile des ATM liegen im wesentlichen in der unterschiedlichen Bandbreite, die nach Bedarf angeboten werden kann und in der einfachen Multiplexingmöglichkeit durch die Zellenstruktur.

Derzeit werden im Breitband-ISDN die Bitraten von 155,520 MBit/s und 622,080 MBit/s angeboten. Die beiden Werte sind identisch mit den kleinsten Werten der Synchronen Digitalen Hierarchie (SDH, Synchronous Digital Hierarchy) nach der ITU-T Empfehlung G.707.

Wegen der hohen Bandbreite setzt ATM bei der 622,080 MBit/s-Variante Lichtwellenleiter im Anschlußnetz voraus. Geringere Bandbreiten können auf Koaxialkabel genutzt werden.

9.2.1 ATM

Nach dem ATM-Prinzip werden alle Datenströme verschiedener Bitraten in ATM-Zellen fester Länge abgebildet. Eine ATM-Zelle besteht aus dem 5 Byte großen Zellenkopf (Header) und einem Informationsteil von insgesamt 48 Byte (Abb. 9.2).

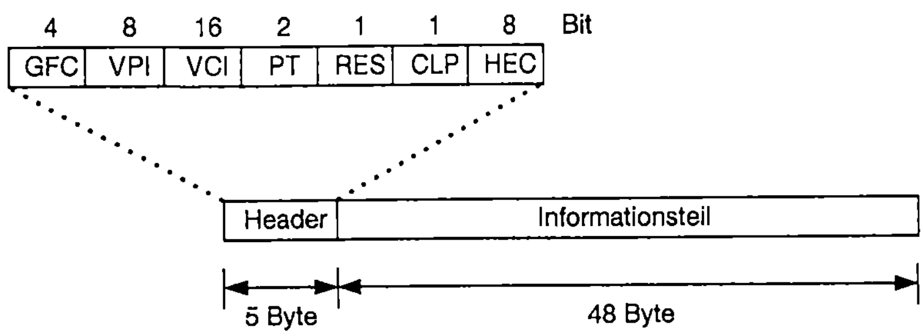

Abb. 9.2. Aufteilung der 53 Byte einer ATM-Zelle

GFC	Generic Flow Control (Flußkontrolle)	PT	Payload Type (Nutzlasttyp)
VPI	Virtual Path Identifier (Virtueller Pfad)	RES	Reserve
VCI	Virtual Circuit Identifier (Virtueller Kanal)	CLP	Cell Loss Priority (Zellenverlust Priorität)
		HEC	Header Error Control (Fehlerprüfung)

Die Werte für den virtuellen Pfad und den virtuellen Kanal ermöglichen eine eindeutige Zuordnung der Zelle zu ihrer Verbindung. Die Zellen werden über die virtuellen Pfade vermittelt, wobei für die Dauer einer Verbindung ein logischer Pfad aufgebaut wird. Der virtuelle Kanal belegt eine bestimmte Bandbreite der Verbindung zur Übertragung der Daten (Abb. 9.3).

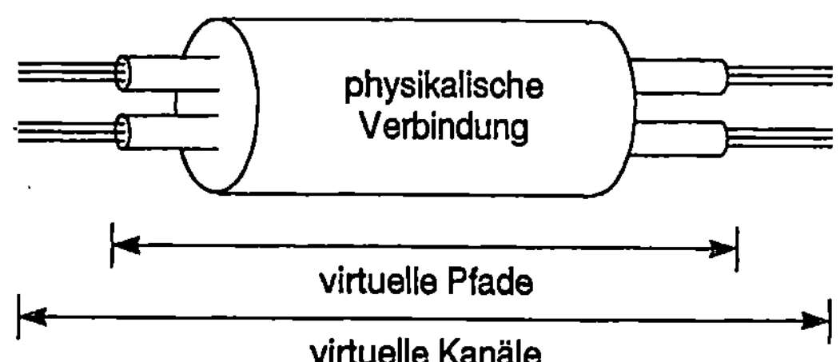

Abb. 9.3. Konzept der virtuellen Pfade und Kanäle im ATM

Die zur Verfügung stehende Transportkapazität wird nicht immer von den Zellen voll ausgenutzt. Die verbleibende Kapazität wird in der physikalischen Schicht mit Leerzellen belegt.

9.2.2 Protokoll-Referenzmodell

Die Protokollarchitektur im Breitband-ISDN wird anhand eines Referenzmodells dargestellt. Da das Breitband-ISDN in mehreren Ebenen geteilt ist, wird zur Veranschaulichung ein dreidimensionales Bild genutzt (Abb. 9.4).

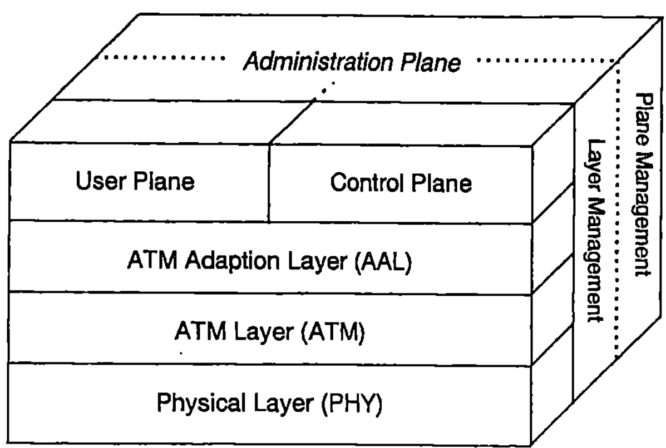

Abb. 9.4. Protokoll-Referenzmodell für Breitband-ISDN

Die physikalische Schicht (PHY) ist abhängig vom Übertragungsmedium und realisiert folgende Funktionen:

- Bitübertragung,
- Synchronisation,
- Zellenerkennung und
- Fehlerprüfung.

Innerhalb der ATM-Schicht (ATM) werden die Zellen mit der konstanten Länge von 53 Bytes.übertragen. Die wichtigsten Aufgaben dieser Schicht sind:

- ATM-Zellentransport,
- Adressierung der virtuellen Verbindungen,
- Multiplexing,
- Flußkontrolle und,
- Fehlerbehandlung.

Die ATM-Adaptionsschicht (AAL) realisiert die unterschiedlichen Dienste im Breitband-ISDN.

9.2.3 Dienste und Protokolle im Breitband-ISDN

Die Dienste im Breitband-ISDN sind in unterschiedliche Klassen eingeteilt. Die Klasse A umfaßt die Pulscode-modulierte Sprachkommunikation und Videokommunikation mit konstanter Bandbreite. Videokommunikation mit variabler Bandbreite (wie z.B. beim Abruf von bewegten Bildern) bildet die Klasse B. Die Klasse C enthält alle verbindungsorientierten Datenübertragungen (wie z.B. den Dateitransfer) und arbeitet mit variabler Bandbreite. In der Klasse D ist der gesamte verbindungslose Datentransfer, wie er zur Netzkopplung genutzt wird, enthalten.

Die Protokolle, die auf der ATM-Adaptionsschicht (AAL) arbeiten, werden in Typen, AAL-Typ 1 bis AAL-Typ 5, zusammengefaßt. Der AAL-Typ 1 unterstützt die Dienste der Klasse A und realisiert den Datentransfer für die höheren Schichten mit Fehlererkennung und Fehlerkorrektur. Der AAL-Typ 2 wird für die Dienste der Klasse B verwendet. Die Funktionen sind nahezu identisch mit denen des Typs 1. Die AAL-Typen 3 und 4 weisen so viele Gemeinsamkeiten auf, daß sie in der ITU-T Empfehlung I.363 gemeinsamen spezifiziert worden sind. Der Typ 3 unterstützt die Dienste der Klasse C und Typ 4 die Dienste der Klasse D. Der AAL-Typ 3/4 bietet dem Anwender den Message Mode Dienst und den Streaming Mode Dienst. Im Message Mode Dienst werden die von der höheren Schicht übergebenen Daten als Dateneinheit und komplett weiterverarbeitet. Im Streaming Mode Dienst werden die Daten in mehrere kleine Dateneinheiten aufgeteilt, die dann von der AAL-Schicht weiter verarbeitet werden. Der AAL-Typ 5 ist ein weiterer Protokolltyp für die Klasse C. Der Unterschied zum Typ 3/4 besteht in wesentlichen Vereinfachungen in der Struktur und den Kodierungen der Dateneinheiten.

Im Unterschied zur Signalisierung im herkömmlichen ISDN gibt es im Breitband-ISDN keinen gesonderten, physikalischen D-Kanal. Im Breitband-ISDN ist nur ein standardisierter ATM-Zellenstrom verfügbar, der in virtuelle Kanäle aufgeteilt ist. Diese Kanäle realisieren auch den Nachrichtenaustausch zur ATM-Signalisierung. Die speziellen Zellen werden Meta Signaling Cells genannt und haben festgelegte Adressen. Das Protokoll zur Schicht 3-Signalisierung wird als DSS2 bezeichnet.

Literatur

Peter Bocker, ISDN-Digitale Netze für Sprach-, Text-, Daten-, Video- und Multimediakommunikation, 4. erw. Auflage, Springer-Verlag Berlin Heidelberg, 1997

Andreas Kanbach, Andreas Körber, ISDN – Die Technik, 2. Auflage, Hüthig Buch Verlag Heidelberg, 1991

Gerhard Kafka, Erfolgreiche Vernetzung mit ISDN, Interest Verlag, 1995–97

Guido Gluschke, Grundlagen der Netzwerkkopplung via ISDN, 2. Auflage, Hüthig Buch Verlag, 1994

Anatol Badach, ISDN im Einsatz, DATACOM Verlag Bergheim, 1994

Matthias H. Nolden, Wolfgang Voigt, Wolfgang Bartelt, ISDN – na und?, AWI Verlag München, 1994

Informationen zur beiliegenden CD

Zur weitergehenden Information ist dem Buch eine CD beigelegt. Neben den im Buch erläuterten Beispielprogrammen sind Informationen zu Angeboten der Deutschen Telekom sowie die komplette CAPI-Spezifikation inklusive einer CAPI-Entwicklungsumgebung und einige Hilfsprogramme enthalten.

Zur besseren Orientierung ist die CD in einzelne Verzeichnisse zu den Themen aufgeteilt:

- Das Verzeichnis **\Samples** enthält die im Buch beschriebenen Beispielprogramme zur CAPI- und TAPI-Programmierung.
- Das Verzeichnis **\Capi** ist für die ISDN Schnittstelle CAPI angelegt.
- Im CAPI-Unterverzeichnis **\Adk** ist die Entwicklungsumgebung für CAPI-Applikationen enthalten. Diese ist auch im Internet unter der Adresse WWW.AVM.DE/DOWNLOAD/CAPI-ADK verfügbar.
- In dem Unterverzeichnis **\Doc** ist die vollständige CAPI 2.0 Dokumentation (in englisch) enthalten. Die Informationen sind auch im Internet unter WWW.CAPI.ORG/DOWNLOAD erhältlich.
- Zum Lesen der CAPI-Dokumentation ist der ACROBAT Reader notwendig. Er ist auf der CD im Verzeichnis **\Acrobat** für Windows 3.1 unter **\Win16** und für Windows 95 und Windows NT unter **\Win32** enthalten.
- Das Verzeichnis **\Demos** enthält den CFos-Treiber als Shareware-Programme für verschiedene Betriebssysteme.
  - CFos-DOS ist ein FOSSIL-Treiber und Int14-Emulator, der auf CAPI 2.0 aufsetzt.
  - CFos-95 ist ein COMM.DRV-Ersatz mit dazugehörigem Porttreiber, der auf der CAPI20.DLL aufsetzt.
  - CFos-NT ist ein serieller Kernel-Mode Device Driver, der auf eine Kernel-Mode CAPI 2.0 aufsetzt.
  - CFos-OS2 ist ein physikalischer Device-Driver, der auf der OS/2 CAPI 2.0 PDD aufsetzt.
- In dem Verzeichnis **\Tools** sind Testprogramme für die CAPI und ein ISDN-Monitor enthalten. Der ISDN-Monitor ist ein CAPI-basierendes Programm, das alle Verbindungen eines ISDN-Anschlusses überwachen und protokollieren kann. Mit den CAPI-Testprogrammen der Firma ACOTEC, für Windows 16-Bit- und Windows 32-Bit-CAPI-Schnittstellen, ist man auf einfache Art in der Lage, den Anschluß und die CAPI-Schnittstelle zu prüfen.
- Das Verzeichnis **\Telekom** enthält Programme der Telekom zur ISDN-Produktinformation, zur Wirtschaftlichkeitsberechnung für ISDN und zu den Standardfestverbindungen, die von der Telekom angeboten werden.

- In dem Verzeichnis **\T-Online** ist das Zusatzprogramm zur TELEX-Kommunikation mit T-Online enthalten. Es kann als Demo-Programm und als Vollversion installiert werden.

Voraussetzung zur Nutzung der CD ist ein Computer mit den Betriebssystemen Windows, Windows 95 oder Windows NT inklusive eines installierten CD-ROM Laufwerkes. Für die Nutzung der CAPI-basierenden Programme ist ein ISDN-Adapter mit Treibern für die CAPI 2.0 Schnittstelle notwendig.

Sachverzeichnis

56k-Switch   171

Advice of Charge   7
Always On / Dynamic ISDN (AO/DI)
   172
America Online (AOL)   165
AMI-Code   29
Anklopfen   10
Anrufweiterschaltung   9
APPLI/COM   116
ARCOFI   68
Asynchronous Transfer Mode (ATM)
   174
AT-Befehle   119

Bandwidth Allocation Control Protocol
   (BACP)   173
Bildtelefonie   168
Bitratenadaption   38
Breitband-ISDN   174
Bridge   83

Call Forwarding   7
Call Waiting   7
Calling Line Identification Presentation   7
Calling Line Identification Restriction   7
CAPI-Funktionen   103
CAPI-Nachrichten   111
CAPI-Subsystem   135
CFOS   121
Closed User Group   7
Common Channel Signaling System No. 7
   27
Common-ISDN-API (CAPI)   101
Compuserve   161
Computer-Telefonie Integration (CTI)
   66
Computervernetzung   37
Connected Line Identification Presenta-
   tion   7

Connected Line Identification Restriction   7
CSMA/CD (Carrier Sense Multiple Access
   with Collision Detection)   73
CTI (Computer Telephony Integration)
   166

DES   90
Digitaler Signalprozressor (DSP)   65
Direct Dial In   7
Dreierkonferenz   11
Durchwahl zur Endstelle   9

EISA (Extended ISA)   64
Ethernet   73
Euro-Filetransfer   42, 160
Euro-ISDN   2, 32
European Telecommunication Standard
   Institute   14

FALC-Baustein   69
Firewalls   90
First-Party-Telephony   166

Gateway   85
Gebührenanzeige   10
General Packet Radio Service (GPRS)   55
geschlossene Benutzergruppe   9
GroupGate   133

Halten der Verbindung   9
High Speed Circuit Switched Data
   (HSCSD)   55
HSCX-Baustein   67

Internationale Telecommunication
   Union   13
Internet-Adresse   79
Internet Engineering Task Force
   (IETF)   80

IOM2-Bus   68
IPX-Protokoll   75
ISA-Bus (Industry Standard Archi-
    tecture)   64
ISDN Accelerator Pack   143
ISDN-Datenübertragung   6
ISDN-Festverbindung   12
ISDN-Telefax   4
ISDN-Telefonanlage   23
ISDN-Telefonie   4
ISDN-Telex   5
ISDN-Terminaladapter   24
ISDN User Part   27

Kanalbündelung   88
Kompression   88

LAN Distance   152
LAP-D (Link Access Protocol
    D-channel)   30

Management Information Base (MIB)   91
Maximale Integration X.31   51
Mehrfachrufnummer   10
Micro Channel Architecture (MCA)   64
Microsoft Network (MSN)   165
Minimale Integration X.31   50
Multilink Point-to-Point Protocol
    (MLPPP)   98, 173
Multiple Subscriber Number   7

Nachrichtenverschlüsselung   90
National ISDN User Forum (NIUF)   171
National ISDN-1 (NI-1)   32
NCCI (Network Control Connection
    Identifier)   114
NDIS-Treiber   133, 150
NetBEUI (NetBIOS Extended User
    Interface)   77
NetWare CAPI-Manager   154
Network Device Interface Specification
    (NDIS)   129
Netzabschluß (NT1)   17

PC-Card   60
PCI-Bus (Peripheral Component Interface)
    64
PCMCIA   60
PLCI (Physical Link Connection Identi-
    fier)   114

Point-to-Point Protocol (PPP)   92
Point-to-Point Tunneling Protocol
    (PPTP)   99
Port-Connection Manager   152
Primärmultiplexanschluß   11
Protokollfilter   87
Pulscodemodulationsverfahren (PMC)   36

Quantisierungskennlinie A-law   36

Referenzkonfiguration   15
Remote Access Service (RAS)   123, 135,
    143, 146
Repeater   82
Request for Comment (RFC)   81
Router   84
RSA   90
Rückruf   87
Rückruffunktion   89
Rufnummernidentifizierung   89
Rufnummernübertragung   8
Rufnummernunterdrückung   9

Service Access Point Identifier (SAPI)   31
Service Profile Identification (SPID)   172
Short Hold   134
Short Hold Mode   86
Simple Network Management Protocol
    (SNMP)   91
Spoofing   87
Sprachübertragung   36
S-Schnittstelle   18
Subadressierung   11
System Network Architecture (SNA)   75

TAPI   168
TCP/IP-Protokoll   78
TDM Highway   69
Teilnehmer-zu-Teilnehmer-Signalisierung
    11
Telefax   157
Telefax analog   5
Telefax Gruppe 3   42
Telematik   41, 157
Telephone User Part   27
Telephony API (TAPI)   122, 137
Telex-Dienst   46
Telex-Kennung   48
Terminaladapter a/b   25, 57
Terminaladapter V.24   25, 58

Terminaladapter X.21   25, 59
Terminaladapter X.25   25, 60
Terminal Endpoint Identifier (TEI)   31
Terminal Portability   7
Third-Party-Telephony   166
Token Ring   71
T-Online   6, 162
T.30   42

Übergang zum GSM   52
Übergang zum X.25-Netz   49
Umstecken am Bus   9
Unimodem   122, 140

Universal Serial Bus (USB)   62
U-Schnittstelle   16
User User Signaling   7
Vendor ISDN Association (VIA)   171
Video Engineering Standard Association
   (VESA)   64
virtuelle CAPI   156
V.110   38, 54
V.120   38

WAN-Miniport   123, 146

X.31   49, 173

BIN TRAVERLER FORM

Cut By: Iris C. # 12   **Qty** 40   **Date** 8-19-26

Scanned By: **Qty**   **Date**

Scanned Batch ID's

Notes / Exceptions